卓越系列·21世纪高职高专精品规划教材

钳工知识与技能

Fitter Knowledge and Skills

主　编　王庭俊　赵东宏
副主编　王　波　殷志碗
参　编　沈祥智　梁　宝
主　审　柳青松

内 容 提 要

本书以项目教学法思路组织教学内容，形成了新的课程体系，将理论知识融合于项目实践过程之中，以实现“学中做，做中学，学做结合”，每个项目的完成，都使学生经历一次理论与实践结合、知识与技能交融的完整过程。内容涉及钳工入门指导、常用钳工工具、量具、划线、锯削、錾削、锉削、钻削、铰削、攻螺纹、套螺纹等，覆盖了钳工要求掌握的基本操作技能和相关理论知识。另外，书中还安排了相关的拓展性题目，为学有余力的学生提供了自主发挥的空间。

本书既可作为高职高专机电类专业和非机类相关专业钳工实训用书，同时又可供本科、中职、技校学生学习使用，也可作为工厂、企业职工职业培训用教材，还可作为技术人员的参考资料。

图书在版编目(CIP)数据

钳工知识与技能/王庭俊，赵东宏主编．—天津：
天津大学出版社，2012.9
(卓越系列)
21世纪高职高专精品规划教材
ISBN 978-7-5618-4492-2

Ⅰ.①钳…　Ⅱ.①王…②赵…　Ⅲ.①钳工-高等职
业教育-教材　Ⅳ.①TG9

中国版本图书馆CIP数据核字(2012)第227382号

出版发行　天津大学出版社
出 版 人　杨欢
地　　址　天津市卫津路92号天津大学内(邮编:300072)
电　　话　发行部:022-27403647
网　　址　publish.tju.edu.cn
印　　刷　廊坊市长虹印刷有限公司
经　　销　全国各地新华书店
开　　本　185mm×260mm
印　　张　12.5
字　　数　312千
版　　次　2012年10月第1版
印　　次　2012年10月第1次
印　　数　1-3 000
定　　价　27.00元

前　言

近年来，我国高等职业教育得到了蓬勃的发展，“以就业为导向，以能力为本位”的教学改革不断深化，以开发职业能力为宗旨的新教育理念组织课程内容逐渐取代了以往的实验和认知课程。编写适应以培养职业能力为导向的理实一体化教材，已成为高等职业技术院校教学改革实践中的渴求。

本书以钳工基础知识和技能训练为主线，将理论与实践有机地融合于本书之中。本书适用范围广，既可作为高职高专机电类专业和非机类相关专业钳工实训用书，同时又可供本科、中职、技校学生学习使用，也可作为工厂、企业职工职业培训用教材，还可作为技术人员的参考资料。

本书作为钳工基本知识和技能训练的教材，既可与相关课程教材配套使用，也可单独选用。本书内容主要包括钳工工具、量具知识、钳工知识与技能训练等。

1. 本教材的编写特点

本教材编写的依据是工作过程系统化理论。强调教学做一体化，避免深奥的理论推导，以够用为度，讲练结合。以职业能力为核心，以课题为学习单元，在教学过程、方法以及情感、态度与价值观等方面，培养学生爱岗敬业、团结协作、吃苦耐劳的职业精神。坚持基础性与时代性、常规工艺与新技术的结合，并参照《国家职业标准》，同时以适当的形式为学有余力的学生提供更多可选择的新技术、新工艺等学习内容，其中包括一些可开阔学生科学视野的内容，为学生提供更广阔的发展空间。

2. 本教材的主要内容

本教材以项目教学法思路组织教学内容，形成了新的课程体系，将理论知识融合于项目实践过程之中，以实现“学中做，做中学，学做结合”，每个项目的完成，都使学生经历一次理论与实践结合、知识与技能交融的完整过程。内容涉及钳工入门指导、常用钳工工具、量具、划线、锯削、錾削、锉削、钻削、铰削、攻螺纹、套螺纹等，覆盖了钳工要求掌握的基本操作技能和相关理论知识。另外，教材中还安排了相关的拓展性题目，为学有余力的学生提供了自主发挥的空间。

3. 本课程的教学过程与方法建议

（1）理论实践一体化的项目式教学过程

本课程的教学实施过程，主要以实训项目为主线展开，理论教学根据实践需求予以穿插。教学场地一般应选择在校内实习工厂，理论教学内容一般应在实习现场讲授，不再单独安排。整个教学过程将集中在一周或几周时间内完成。

（2）自主式实施、启发式引导的教学方法

每个项目的实施均应充分体现学生的主体性。即从相关知识学习、零件设计、工艺编制到实践操作、完成作品、撰写项目报告、进行交流讨论，直到最后的结果认定、成绩评价等均应由学生自主完成，教师从中给以正确指导与引导，保证项目按期、圆满完成。

(3)关注情感、态度与价值观变化

初步形成对制造技术的好奇心和求知欲,产生热爱祖国、积极向上的学习情感。逐步形成热爱工厂、热爱技术、热爱劳动的工程素养和一丝不苟、不怕苦、不怕累、不怕脏、不怕热的良好思想品德。培养安全文明生产、环境保护和质量与效益的意识。尊重科学,勇于探索,关注国内外科技发展现状与趋势,培养振兴中华的使命感和责任感以及将科学技术服务于人类的意识。

(4)可将材料基础知识单列讲授,也可穿插在钳工实训环节中讲授

教材中各课题(即模块)均遵循学生的认知规律和技能养成规律来设计,并将理论知识与动手实践相融合(即一体化)。各课题既相对独立,又循序渐进,课题安排顺序由易到难、由简单到综合,形成岗位或岗位群的以职业能力为核心的技能培训系统。

本教材始终贯穿"以人为本"的教育理念和"自主—探究—合作—创新"的学习理念,坚持基础性与时代性、常规工艺与新技术的结合;同时以适当的形式为学有余力的学生提供更多可选择的新技术、新工艺等学习内容,甚至可以包括暂时还不能完全掌握,但又可开阔学生科学视野的内容,为学生提供更广阔的发展空间。

参加本书编写的有扬州工业职业技术学院王庭俊(绪论、课题五、课题六、课题七、课题十五、课题十六、课题十七、附录7至附录9)、赵东宏(课题一、课题二、课题三、课题四)、殷志碗(课题十二、课题十三)、王波(课题八、课题九、课题十、课题十一)、沈祥智(附录1至附录6)、梁宝(课题十四)。本书由扬州工业职业技术学院王庭俊和赵东宏老师任主编,全书由王庭俊副教授统稿,由扬州工业职业技术学院柳青松教授担任主审。本书在编写过程中引用了许多同行所编著的教材和著作中的大量资料,在此表示衷心感谢!

本教材的编写基于工作过程系统化理念并采用项目引导和任务驱动模式,对以前的知识技能内容进行了部分重组和编排,力求使学生在学习知识、掌握技能后形成一定的职业素养。由于是新的尝试,加之编者水平有限、时间仓促,书中难免有错误和不当之处,恳请广大师生和工程技术人员批评指正。

编　者

2012年5月

目　录

① 标星号的课题为选学选教课题,可根据实际情况灵活安排。

钳工知识及技能

● 教学要求

➢ 通过钳工实习,使学生全面了解钳工的安全生产知识。

➢ 熟悉钳工的加工特点、工艺范围及应用。

➢ 掌握钳工的基本操作方法,正确使用常用工具、量具,能加工中等难度的零件。

➢ 培养学生热爱劳动的观念和遵守纪律的意识及团结协作的精神。

● 教学方法

➢ 集中进行现场的理论分析、讲解及操作示范,随后独立进行操作训练(一人一台虎钳)。

一、钳工实习的性质和任务

钳工实习是机电类各专业的一门必修实训课程,也是其他工程类相关专业教学计划中重要的实践教学环节之一。

本课程的学习要求学生了解钳工基本知识,掌握钳工操作技能;同时,通过了解机械产品的生产过程,加强对其他工业生产过程的理解和认识;在劳动观点、质量意识、经济观念、理论联系实际和科学作风等技术人员应具备的基本素质方面受到培养和锻炼。

二、机械制造的一般过程和钳工实习内容

任何机器都是由相应的零件装配而成的,只有制造出符合要求的零件,才能生产出合格的机器。零件可以直接用型材经机械加工制成,如某些尺寸不大的轴、销、套类零件。在加工时一般情况下则要将原材料经铸造、锻压、焊接等方法制成毛坯,然后由毛坯经钳工和机械加工制成零件。因此,一般的机械生产过程由毛坯制造、加工、装配调试三个阶段组成。

加工的方法有:钳工、车削、铣削、刨削、磨削、钻削和镗削等。毛坯要经过若干道钳工和机械加工工序才能成为成品零件。随着现代制造技术的发展,数控加工设备层出不穷,有些十分复杂的零件已可以在同一台数控加工设备(如加工中心)中完成,生产效率大大提高。

在毛坯制造和切削加工过程中,为便于加工和保证零件的性能,有时还需在某些工序之前或之后对工件进行热处理。限于篇幅及教材的适用范围,本教材主要涉及钳工基本知识及钳工操作技能。

钳工是切削加工、机械装配和修理作业中的手工作业,是机械制造中最古老的金属加工技术,因常在钳工工作台上用台虎钳夹持工件操作而得名,目前仍是广泛使用的基本技术。

三、钳工实训守则

①实习时应按规定穿戴好劳动防护用品。

②培养劳动观念,爱岗敬业,珍惜劳动成果。

③遵守劳动纪律,尊重老师和师傅,服从管理,建立融洽的师生关系。

④爱护公物,注意节约水、电、油和原材料。

⑤专心听讲,细心观察,认真操作,不怕苦、脏、累。

⑥严格遵守安全规程,保证实习时人身和设备的安全。

绪论　钳工入门指导

【项目描述】

钳工是切削加工、机械装配和修理作业中的手工作业，是机械制造业中的重要工种，因常在钳工工作台上用台虎钳夹持工件操作而得名。钳工作业主要包括划线、錾削、锯削、锉削、钻孔、攻螺纹、套螺纹、刮削、研磨、矫正、弯曲和铆接等。

- **拟学习的知识**

➢ 钳工安全生产知识。

➢ 钳工的工作范围。

- **拟掌握的技能**

➢ 熟悉钳工的工作范围。

一、钳工实习中的安全生产知识

人身安全、设备和工具的安全使用及整齐清洁的工作环境，是做好钳工实习的必要条件。要做好钳工实习，必须做好以下各项工作。

①工作前，必须按规定穿戴好防护用具，否则不准上岗。

②工作场地要保持整齐、清洁，搞好环境卫生。

③工、夹、量具应分类摆放整齐，常用的放在工作位置附近，便于随时拿取，并排列整齐，以保证操作安全和方便，严禁乱堆乱放。注意工件放置不要伸出钳桌的边缘，特别注意易翻的工件应垫放牢靠。量具用后应放在量具盒里，工具用后应整齐地放在工具箱内，不得随意堆放，精密量具要轻取轻放。

④多人使用的钳工工作台，各工位中间必须安装安全网，工人操作时要互相照顾，防止意外。

⑤使用钻床、砂轮机、手电钻等设备前要仔细检查，如发现故障或损坏，应停止操作，待修复后方可使用。使用电气设备时，必须严格遵守操作规程，以防触电而造成人身事故，如果发现有人触电，不要慌乱，应及时切断电源，进行抢救处理。

⑥清除切屑时要使用工具，不要直接用手去拉或擦，更不能用嘴吹，以免切屑伤害手和眼睛。

⑦在进行某些操作时，必须使用防护用具(如防护眼镜、胶皮手套和胶鞋等)，如果发现防护用具失效，应立即修补或更换。

⑧对不熟悉的机床和工具不准擅自使用。

二、钳工的工作范围

钳工是一个古老的工种，是利用工具，以手工操作方法为主对工件进行加工的，在现代的工厂里至今仍然发挥着重要的作用。工具主要是指台虎钳和各种手工工具以及钻床等机具。随着科技的发展和工业技术的进步，现代化机械设备不断出现，钳工所掌握的技术知识和技能、技巧越来越复杂，钳工的分工也越来越细。钳工一般分为普通钳工、划线钳工、工具钳工、装配钳工和机修钳工等。其中，装配钳工和机修钳工所占的比例越来越大。化工机械维修钳工属于机修钳工的一种，担负着化工机器和设备的维护、修理及调试工作。尽管钳工的分工不同，工作的内容不同，但都应熟练掌握钳工的基本操作技能，无论何种钳工，进行何种钳工工作，都离不开钳工基本操作。钳工基本操作是各种钳工的基本功，其熟练程度和技术水平的高低，决定着机器制造、装配、安装和修理的质量和工作效率。因此，学习钳工必须牢固掌握此工种的基础理论知识和基本操作技能，做到理论联系实际，通过解决工作中的具体问题，不断提高本工种的技术理论水平和操作技能及技巧。

钳工操作技术内容很广泛，主要有划线、錾削、锉削、锯削、钻孔、扩孔、锪孔、铰孔、攻螺纹和套螺纹、矫正和弯曲、铆接、刮削、研磨、装配、调试和基本测量等。

三、学习本课程应注意以下方法

钳工基本操作项目较多，各项技能的学习、掌握都具有一定的相互依赖性，因此要求学生必须循序渐进、由易到难、由简单到复杂，按要求一步一步地对每项操作学习好、掌握好，不能偏废任何一个方面；还要自觉遵守纪律，有吃苦耐劳的精神，严格按照每个课题要求进行操作。只有这样才能很好地完成基础训练。

①因钳工技术涉及面非常广，与技术基础课联系密切，因此要提高思想认识。

②本课程实践性强，在学习过程中要与技能训练教学相结合，以利于加深理解。

③要积极尝试解决工艺问题，学习和实践过程中应努力克服畏难心理，要勤于观察，善于思考，进行分析与选择。

④切实加强实践知识的积累，勤于学习相关理论知识，善于综合运用本课程的知识指导生产实践，“在实战中学习战争”。

【思考与练习】

1. 常见的钳工操作技术内容有哪些？
2. 简述钳工安全生产知识。

课题一　常用钳工工具

【项目描述】

钳工工具是钳工用来完成钳工任务的工具。在操作时会常用到钳工工具,因此熟悉并能合理、正确地使用钳工工具十分重要,钳工工具也是衡量钳工技能水平高低的一项标准。

- **拟学习的知识**

➢ 常用钳工工具的基本知识。

➢ 常用钳工工具的使用方法。

- **拟掌握的技能**

➢ 常用钳工工具的使用方法及注意事项。

常用钳工工具有划线工具、錾子、手锤、锯弓、锉刀、刮刀、钻头、螺纹加工工具(丝锥、板牙)、螺钉旋具、扳手和电动工具等,现分别介绍如下。

一、螺钉旋具

螺钉旋具由木柄(或胶柄)和工作部分组成,按结构分为一字槽螺钉旋具和十字槽螺钉旋具两种,见图1-1。

1. 一字槽螺钉旋具

一字槽螺钉旋具见图1-1(a),用来旋紧或松开头部带一字形沟槽的螺钉。其规格以工作部分的长度表示,常用规格有100 mm、150 mm、200 mm、300 mm和400 mm等几种。应根据螺钉头部沟槽的宽度来选择相适应的旋具。使用时,左手扶住已进入一字槽内的旋具头部,右手握紧木柄,垂直用力并旋转旋具,直至拧紧或松开为止。

2. 十字槽螺钉旋具

十字槽螺钉旋具见图1-1(b),用来拧紧或松开头部带十字形沟槽的螺钉。其规格有2~3.5 mm、3~5 mm、5.5~8 mm、10~12 mm四种。十字槽螺钉旋具能用较大的拧紧力而不易从螺钉槽中滑出,使用可靠,工作效率高,其使用方法同一字槽螺钉旋具。

3. 快速螺钉旋具

快速螺钉旋具见图1-1(c),利用螺旋原理快速拧紧或松开头部带一字或十字槽的螺钉。

二、扳手类工具

扳手类工具是装拆各种形式的螺栓、螺母和管件的工具,一般用工具钢、合金钢制成,常用的有活扳手、呆扳手、梅花扳手、成套套筒扳手、钩形扳手、内六角扳手、管子钳等。

1. 活扳手

活扳手由扳手体、活动钳口和固定钳口等主要部分组成,见图1-2(a),主要用来拧紧外六角头、方头螺栓和螺母。其规格以扳手长度和最大开口宽度表示,见表1-1。活扳手的开口宽度可以在一定范围内进行调节,每种规格的活扳手适用于一定尺寸范围内的外六角头、方头螺栓和螺母。

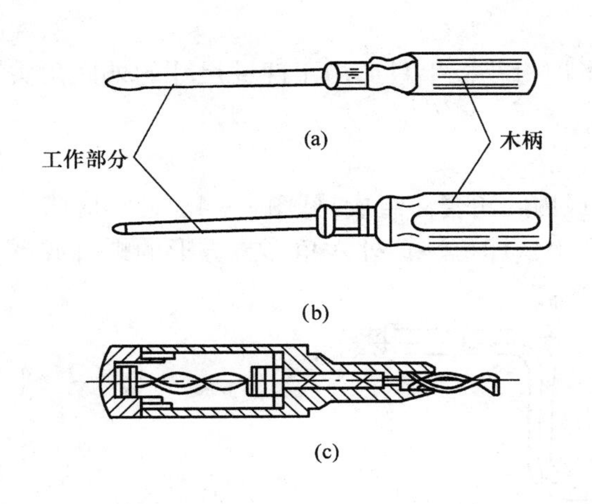

图1－1　螺钉旋具

(a)一字旋具　(b)十字旋具　(c)快速旋具

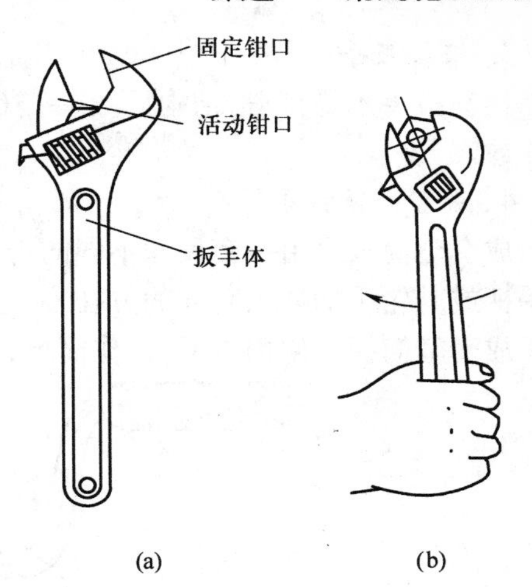

图1－2　活扳手的结构及使用方法

(a)结构　(b)使用方法

表1－1　活扳手的规格

长度	米制/mm	100	150	200	250	300	375	450	600
	英制/in	4	6	8	10	12	15	18	24
最大开口宽度/mm		14	19	24	30	36	46	55	65

使用活扳手首先应正确选用其规格，要使开口宽度适合螺栓头或螺母的尺寸，不能选过大的规格，否则会扳坏螺栓头或螺母；应将开口宽度调节得使钳口与拧紧物的接触面贴紧，以防旋转时脱落，损伤拧紧物的头部；扳手手柄不可任意接长，以免拧紧力矩太大，而损坏扳手或螺母、螺栓。活扳手的正确使用方法见图1－2(b)。

2. 呆扳手

呆扳手按其结构特点分为单头和双头两种，其中双头呆扳手见图1－3(a)。呆扳手的用途与活扳手相同，只是其开口宽度是固定的，大小与螺母或螺栓头部的对边距离相适应，并根据标准尺寸做成一套。常用的十件一套的双头呆扳手两端开口宽度(单位为mm)分别为:5.5和7、8和10、9和11、12和14、14和17、17和19、19和22、22和24、24和27、30和32。每把双头呆扳手只适用于两种尺寸的外六角头或方头螺栓和螺母。

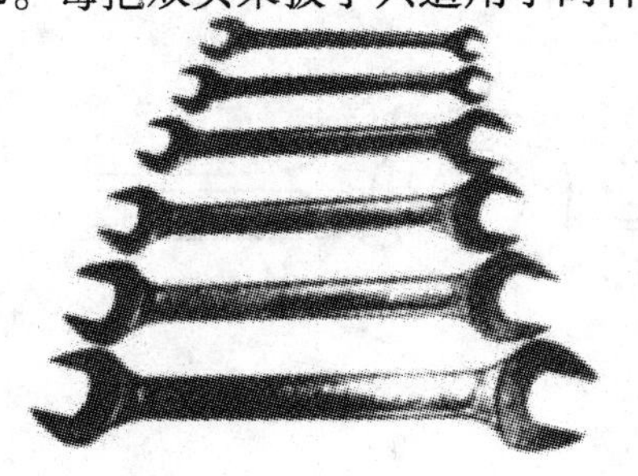

(a)　　(b)

图1－3　呆扳手和梅花扳手

(a)双头呆扳手　(b)梅花扳手

3. 梅花扳手

梅花扳手不易打滑，结构见图 1－3(b)。每把梅花扳手只适用于两种尺寸的外六角头螺栓或螺母。

4. 成套套筒扳手

成套套筒扳手由一套尺寸不同的梅花套筒或内六角套筒组成，见图 1－4。使用时将弓形手柄或棘轮手柄插入套筒的方孔中，连续转动手柄即可装拆外六角形或方形的螺母或螺栓。成套套筒扳手使用方便，操作简单，工作效率高。

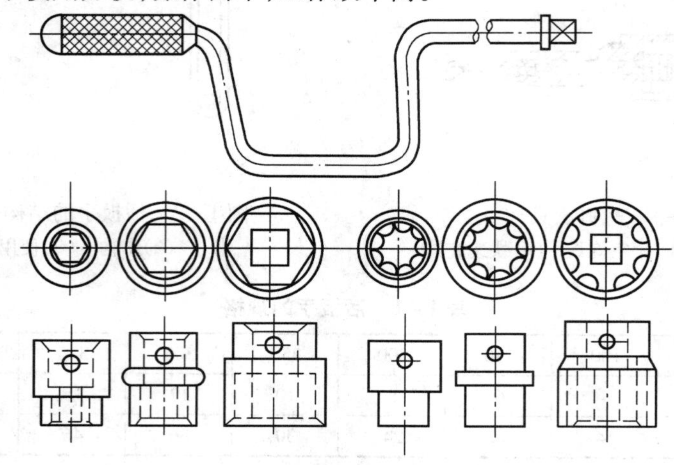

图 1－4　成套套筒扳手

5. 钩形扳手

钩形扳手有多种形式，见图 1－5，专门用来装拆各种结构的圆螺母。应根据不同结构的圆螺母，选择对应形式的钩形扳手，使用时将其钩头或圆销插入圆螺母的长槽或圆孔中，左手压住扳手的钩头或圆销端，右手用力沿顺时针或逆时针方向扳动其手柄，即可锁紧或松开圆螺母。

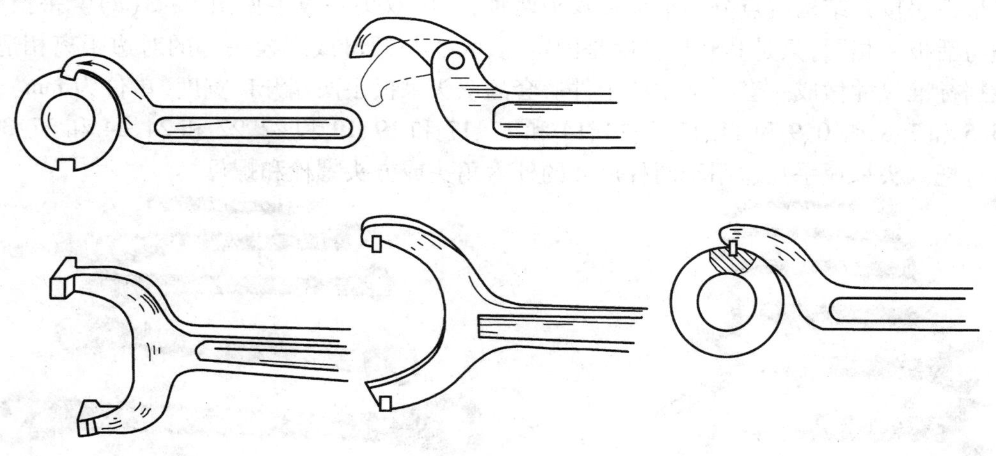

图 1－5　钩形扳手

6. 内六角扳手

内六角扳手主要用于装拆内六角螺钉，见图 1－6。其规格以扳手头部对边尺寸表示。

常用规格为 3 mm、4 mm、5 mm、6 mm、8 mm、10 mm、12 mm、14 mm 等,可供装拆 M4 ~ M30 的内六角螺钉。使用时,先将扳手六角头插入内六角螺钉的六方孔内,左手下按,右手旋转扳手,带动内六角螺钉紧固或松开。

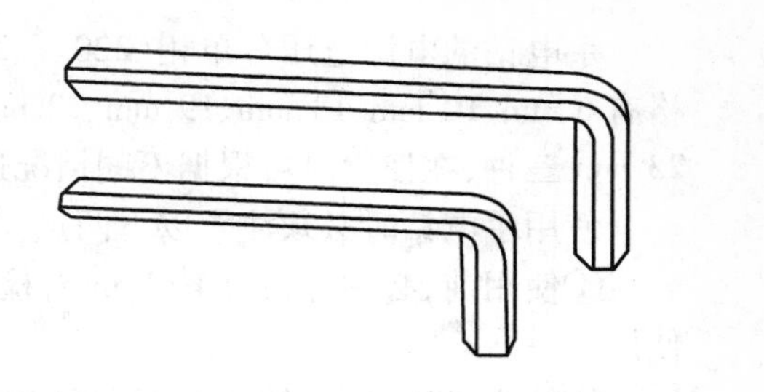

图 1 - 6 内六角扳手

7. 管子钳

管子钳由钳身、活动钳口和调整螺母组成,见图 1 - 7。其规格以手柄长度和夹持管子最大外径表示,常用规格为 200 mm × 25 mm、300 mm × 40 mm 等。管子钳主要用于装拆金属管子或其他圆形工件,是管路安装和修理工作中常用的工具。使用时,钳身承受主要作用力,活动钳口在左上方,左手压住活动钳口,右手握紧钳身并下压,使其旋转到一定位置,取下管子钳,重复上述操作即可旋紧管件。

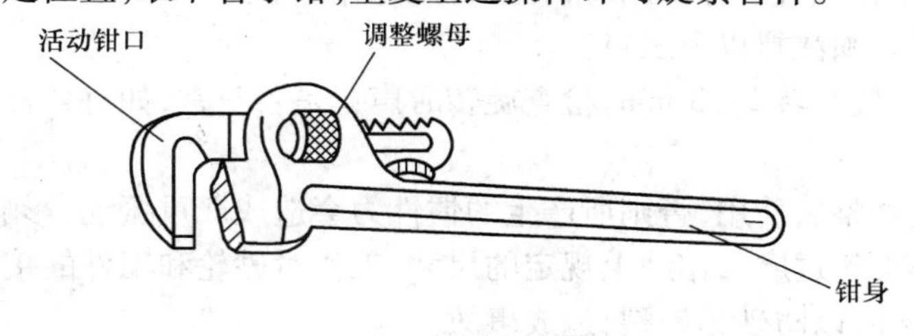

图 1 - 7 管子钳

三、电动和气动工具

钳工常用的电动、气动工具有电钻、电磨头、磨光机、切割机、电剪刀、电动曲线剪、风动砂轮、电动扳手等。电动或气动工具有外部动力源,因此较手工工具有更高的工作效率,可以减轻劳动强度,在批量生产的钳工操作中广泛应用。电动、气动工具一般不受作业场所和工件形状的限制,因此还适用于不便采用大中型机械的作业。

1. 手电钻

手电钻是一种手提式电动工具,分为双侧手柄式电钻和枪柄式电钻两种,见图 1 - 8。当受工件形状或加工部位的限制不能用钻床钻孔时,则可使用手电钻加工。

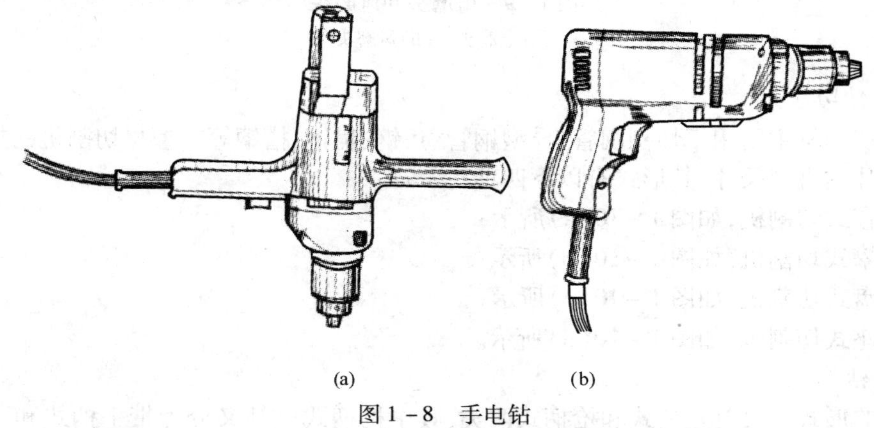

图 1 - 8 手电钻
(a)双侧手柄式电钻 (b)枪柄式电钻

手电钻的电源电压分单相(220 V、36 V)和三相(380 V)两种。采用单相电压的电钻规格有 6 mm、10 mm、13 mm、19 mm、23 mm 五种,采用三相电压的电钻规格有 13 mm、19 mm、23 mm 三种,在使用时可根据不同情况进行选择。

使用手电钻时必须注意以下两点:

①使用前,必须开机空转 1 min,检查转动部分是否正常,如有异常,应排除故障后再使用;

②钻头必须锋利,钻孔时不宜用力过猛,当孔即将钻穿时,应相应减轻压力,以防卡钻或发生事故。

2. 电磨头和风磨头

电磨头(图 1-9(a))是一种手工高速磨削工具,适用于大型工、夹、磨具的装配调整,用来对各种形状复杂的工件进行修磨或抛光;装上不同形状的小砂轮,还可以修磨各种凸凹模的成形面;当用布轮代替砂轮使用时,可进行抛光作业。

使用电磨头时必须注意以下三点:

①使用前,应开机空转 2~3 min,检查旋转时声音是否正常,如有异常,则应排除故障后再使用;

②新装砂轮应修整后使用,否则所产生的惯性力会造成严重振动,影响加工精度;

③砂轮外径不得超过磨头铭牌上规定的尺寸,工作时砂轮和工件的接触力不宜过大,更不能用砂轮冲击工件,以防砂轮碎裂,造成事故。

风磨头(图 1-9(b))与电磨头有同样的用途和用法,主要区别在于其动力源为压缩空气,适用于装备有压缩空气源的作业场所。

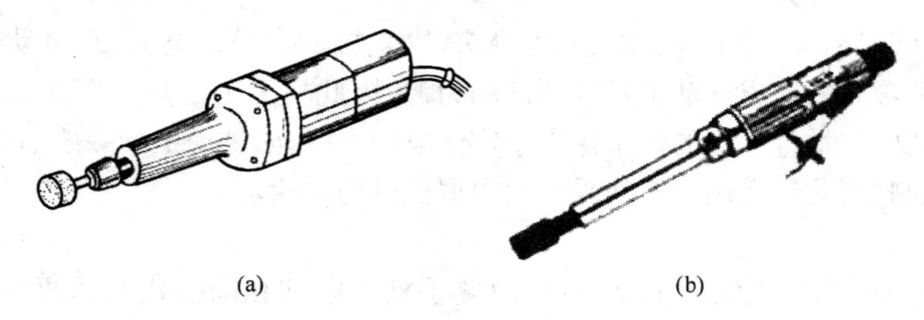

(a) (b)

图 1-9 电磨头和风磨头

(a)电磨头 (b)风磨头

3. 型材切割机

型材切割机主要用于切割圆管、异型钢管、角钢、扁钢、槽钢等。型材切割机的规格是指所用砂轮片的直径尺寸,其形式有以下四种:

①可移式切割机,如图 1-10(a)所示;

②拎攀式切割机,如图 1-10(b)所示;

③转盘式切割机,如图 1-10(c)所示;

④箱座式切割机,如图 1-10(d)所示。

4. 气钻

气钻的形式主要有直柄式和枪柄式两类,其中枪柄式气钻又分为带手柄式和不带手柄式两种,其形式分别如图 1-11 和图 1-12 所示。

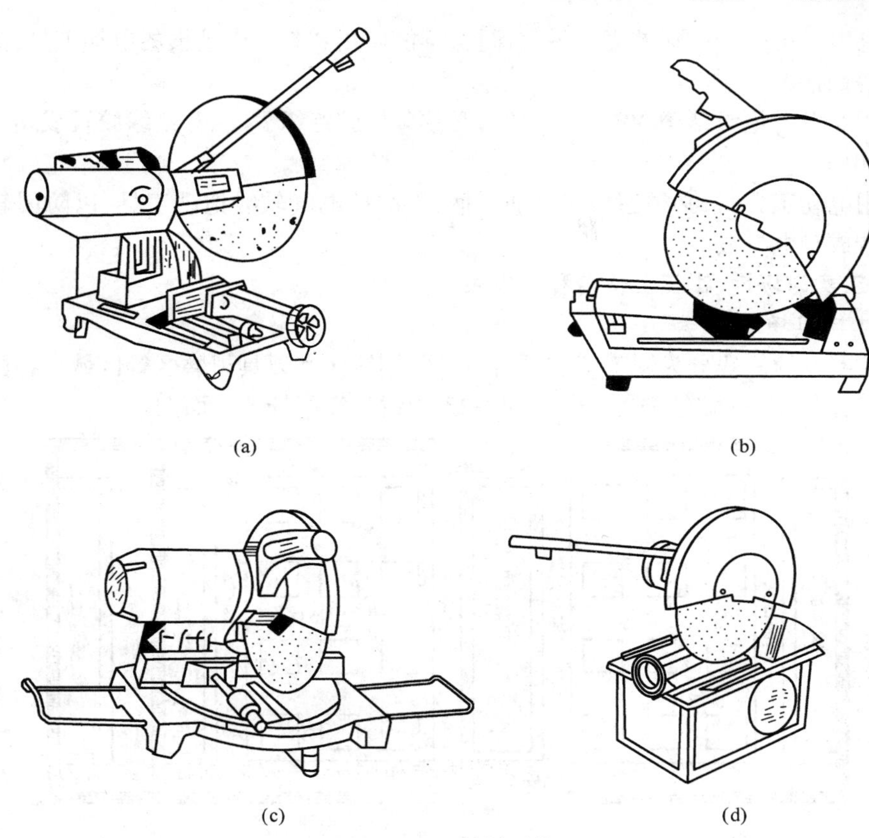

(a)　(b)　(c)　(d)

图 1－10　型材切割机

(a)可移式切割机　(b)拎攀式切割机　(c)转盘式切割机　(d)箱座式切割机

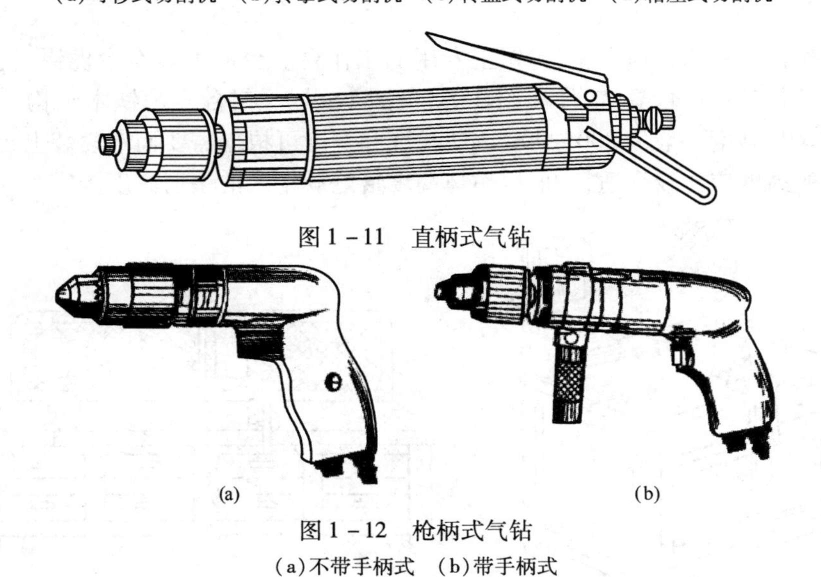

图 1－11　直柄式气钻

(a)　(b)

图 1－12　枪柄式气钻

(a)不带手柄式　(b)带手柄式

5. 使用电动工具的安全技术

①长期搁置不用的电动工具，在启动前必须检查电线是否破损、接地是否安全可靠等。

②电源电压不得超过额定电压 10% 以上。

③各种电动工具的塑料外壳要妥善保护,不能使用塑料外壳破损的电动工具,不能与汽油及其他溶剂接触。

④使用非双重绝缘结构的电动工具时,必须戴橡胶绝缘手套、穿绝缘胶鞋或站在绝缘板上,以防漏电。

⑤使用电动工具时,必须握持工具的手柄,不准拉电气软线拖动工具,以防因软线擦破或划伤而造成触电事故。

四、钳工实习场地、钳工工作台和台虎钳

1. 钳工实习场地

钳工实习场地一般分为钳工工位区、台钻区、划线区和刀具刃磨区等区域。各区域由白线分隔而成,区域之间留有安全通道,图 1－13 为钳工实习场地平面图。

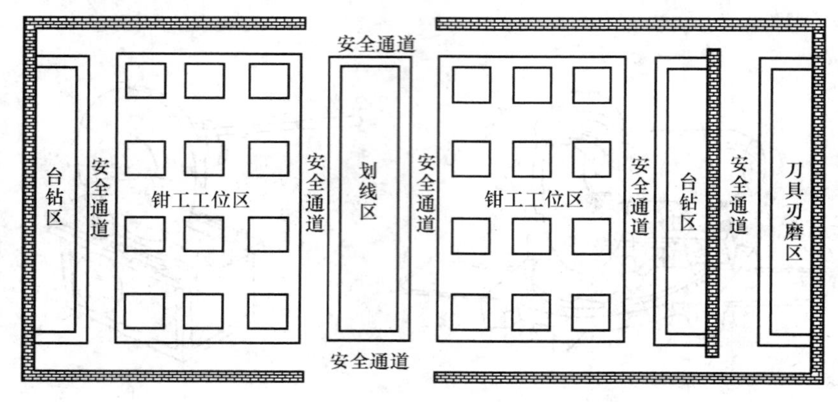

图 1－13　钳工实习场地平面图

2. 钳工工作台

钳工工作台也称钳台或钳桌,是钳工专用的工作台。台面上装有台虎钳、安全网,也可以放置平板、钳工工具、量具、工件和图样等,见图 1－14。钳台多为铁木结构,台面上铺有一层软橡胶。其高度一般为 800 ~ 900 mm,长度和宽度可根据需要而定。装上台虎钳后,操作者工作时的高度应比较合适,一般以钳口高度恰好等于人的手肘高度为宜。

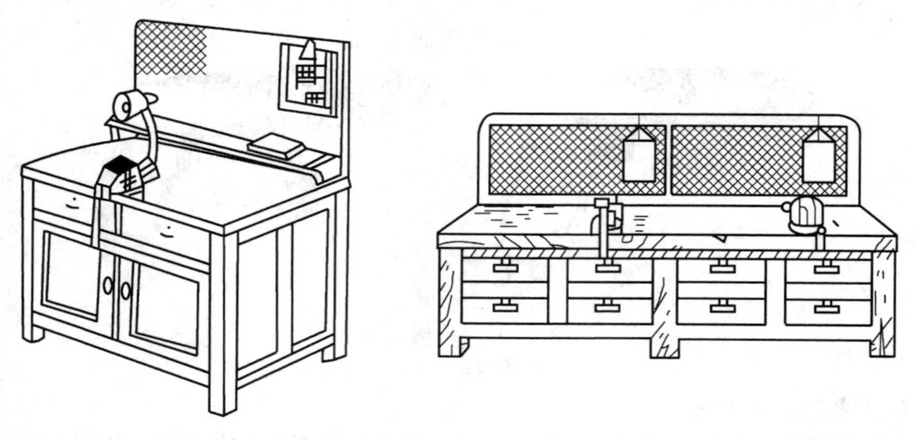

图 1－14　钳工工作台

工作时,钳工工具一般都放置在台虎钳的右侧,量具则放置在台虎钳的正前方,如图1－15所示。此外,还要注意以下几点:

①工具、量具不得混放;

②摆放时,工具的柄部均不得超出钳工台面,以免被碰落砸伤人或损坏工具;

③工具均平行摆放,并留有一定间距;

④量具均平放在量具盒上;

⑤量具数量较多时,可放在台虎钳的左侧。

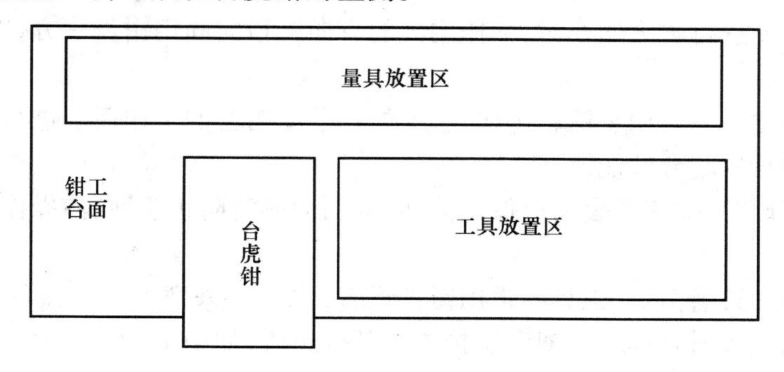

图1－15　工具和量具摆放示意图

3. 台虎钳

台虎钳是钳工中常用的工具,其规格用钳口的宽度来表示,常用的有100 mm(4in)、125 mm(5 in)、150 mm(6 in)等。台虎钳有固定式和回转式两种,如图1－16所示。回转式台虎钳由于使用比较方便,故应用较广;固定式台虎钳的结构与回转式台虎钳的结构相同,只是没有回转装置。

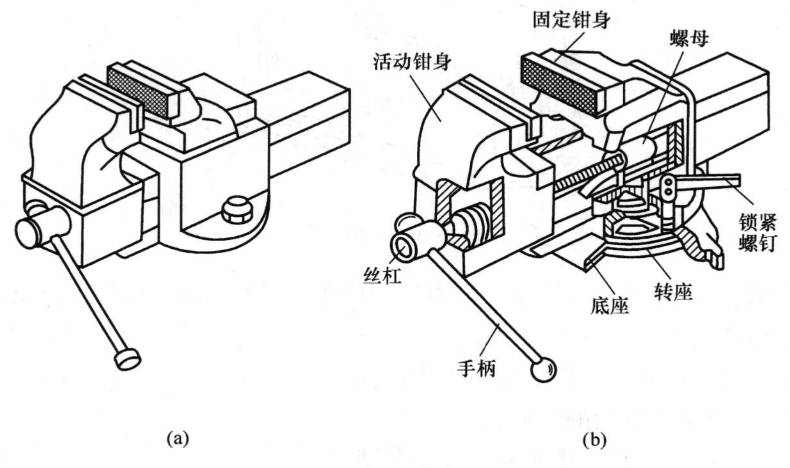

图1－16　台虎钳

(a)固定式　(b)回转式

(1)台虎钳的使用

使用台虎钳时,顺时针转动手柄,可使丝杠在螺母中旋转,并带动活动钳身向内移动,将工件夹紧;相反,逆时针转动手柄可将工件松开。若要将回转式台虎钳转动一定的角度,可逆时针方向转动锁紧螺钉，双手扳动钳台转动到需要的位置后，再将锁紧螺钉顺时针转动，将台虎钳锁紧在钳台上。

(2)使用注意事项

①安装台虎钳时，一定要使固定钳身的钳口工作面露出钳台的边缘，以方便夹持条形工件。将台虎钳安装在钳工工作台上，必须拧紧转座上的三个螺栓。

②夹紧或松开工件时，只允许靠手的力量扳动手柄，不准套上较长管子来扳手柄，以防丝杠、螺母或钳身因过载而损坏，更不允许用锤子等工具敲击手柄。

③在台虎钳上进行强力作业时，强作用力的方向应指向固定钳身一方，以免损坏丝杠和螺母。

④台虎钳的砧座上可用手锤轻击作业，不能在活动钳身的工作面上进行敲击作业，以免降低其与固定钳身的配合性能。

⑤丝杠、螺母和其他配合表面应保持清洁，并加油润滑防止锈蚀，使操作省力。

五、砂轮机

砂轮机是用来刃磨刀具、工具的常用钳工设备，也可用来磨去工件或材料上的毛刺、锐边等。它由电动机、砂轮机座、托架和防护罩等部分组成，如图 1－17 所示。

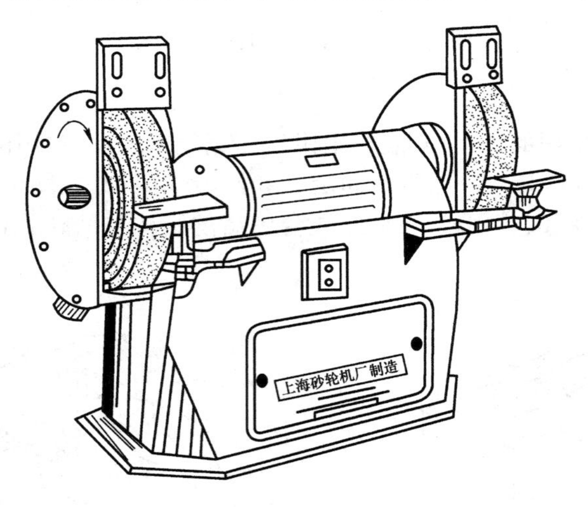

图 1－17　砂轮机

砂轮机启动后，应在砂轮旋转平稳后再进行磨削。若砂轮跳动明显，应及时停机修整。平形砂轮一般用砂轮刀在砂轮上来回修整。

砂轮机使用时应严格遵守以下安全操作规程：

①磨削时，人要站在砂轮的侧面；

②砂轮启动后应等到转速正常后再开始磨削；

③磨削时刀具或工件对砂轮施加的压力不应过大；

④砂轮外围误差较大时，应及时修整；

⑤砂轮的旋转方向应正确，使磨屑向下飞离砂轮；

⑥砂轮机架和砂轮之间的距离应保持在 3 mm 左右，以防工件磨削时造成事故。

【知识链接:6S 现场管理】

“6S 管理”由日本企业的 5S 扩展而来,是现代工厂行之有效的现场管理理念和方法,其作用是:提高效率,保证质量,使工作环境整洁有序,预防为主,保证安全。6S 的本质是一种执行力的企业文化,强调纪律性的文化,不怕困难,想到做到,做到做好,作为基础性的 6S 工作落实,能为其他管理活动提供优质的管理平台。

6S 现场管理的内容包括以下六方面。

①整理(SEIRI)——将工作场所的任何物品区分为有必要的和没有必要的,除了有必要的留下来,其他的都消除掉。目的:腾出空间,空间活用,防止误用,塑造清爽的工作场所。

②整顿(SEITON)——把留下来的必要物品依规定位置摆放,并放置整齐加以标示。目的:工作场所一目了然,消除寻找物品的时间;整整齐齐的工作环境,消除过多的积压物品。

③清扫(SEISO)——将工作场所内看得见与看不见的地方清扫干净,保持工作场所干净、亮丽的环境。目的:稳定品质,减少工业伤害。

④清洁(SEIKETSU)——将整理、整顿、清扫进行到底,并且制度化,经常保持环境外在美观的状态。目的:创造明朗现场,维持上面 3S 成果。

⑤素养(SHITSUKE)——每位成员养成良好的习惯,并遵守规则做事,培养积极主动的精神(也称习惯性)。目的:培养有好习惯、遵守规则的员工,营造团队精神。

⑥安全(SECURITY)——重视成员安全教育,每时每刻都有安全第一的观念,防患于未然。目的:建立起安全生产的环境,所有的工作应建立在安全的前提下。

用以下的简短语句来描述 6S,可方便记忆:整理——要与不要,一留一弃;整顿——科学布局,取用快捷;清扫——清除垃圾,美化环境;清洁——形成制度,贯彻到底;素养——养成习惯,以人为本;安全——安全操作,生命第一。因前 5 个内容的日文罗马标注发音和后一项内容(安全)的英文单词都以“S”开头,所以简称 6S 现场管理。

【思考与练习】

1. 常用的钳工工具有哪些?

2. 上网查阅相关资料,看看除了书上所讲工具以外,还有哪些新的钳工工具和设备。

3. 训练实例:台虎钳的拆装训练(如图 1－18 所示)。

(1)拆卸台虎钳

①清理工作场地。

②准备好棉纱、油壶、螺钉旋具、扳手。

③转动手柄、丝杠,退出活动钳身,拆下钳口板。

④转动手柄、丝杠,拆下活动钳身,如图 1－19 所示。

⑤卸下转位锁紧螺钉后,拆下固定钳身和丝杠螺母,如图 1－20 所示。

⑥拆下台虎钳的固定螺栓、转盘底座和夹紧盘。

⑦拆下在活动钳身里的开口销,依次退出挡圈、弹簧、丝杠。

(2)检查各部件

①用棉纱擦净各部件,将台虎钳各部件上的金属碎屑和油污清除,在丝杠、螺母上加少许机油。

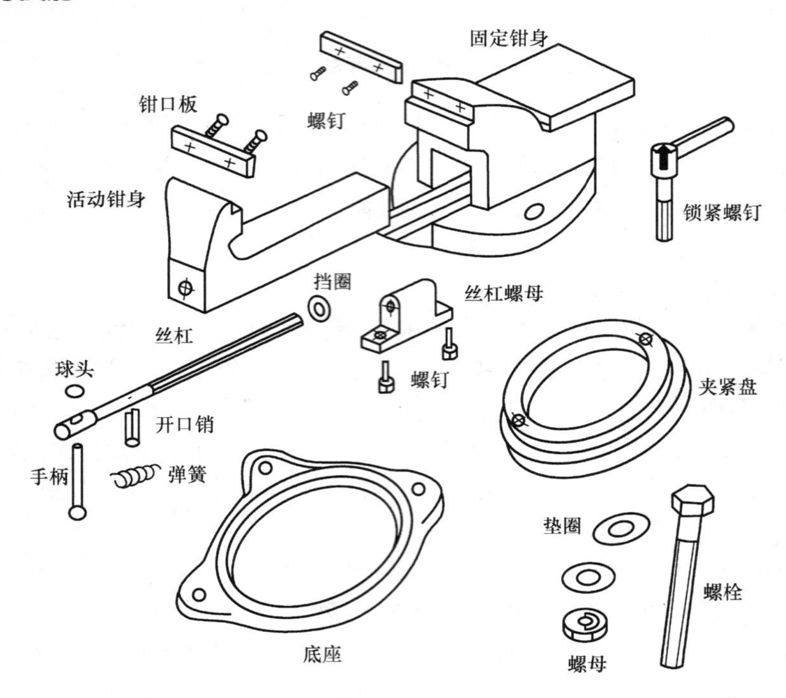

图 1－18　台虎钳拆卸

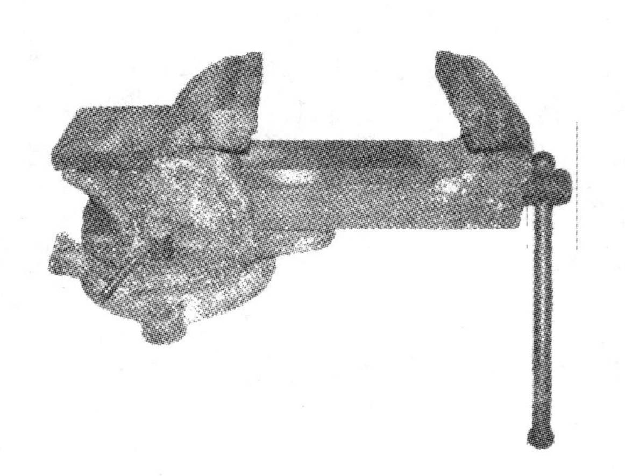

图 1－19　拆卸活动钳身

图 1－20　拆卸螺母

②检查挡圈和弹簧是否固定良好,如图 1－21 所示。

③检查铸铁部件是否有裂纹。

(3)安装台虎钳

①将固定钳身置于转盘底座上,插入两个手柄,顺时针旋转,固定固定钳身,如图 1－22 所示。

②在活动钳身上插入丝杠。注意:当活动钳身推入固定钳身时,需用手托住其底部,以防活动钳身突然掉落,造成其损坏或砸伤操作者。

③依序在丝杠上套入弹簧、挡圈,装上开口销。

④装入转位锁紧螺钉，使其将转盘底座和夹紧盘固定起来。

⑤在固定钳身内安装好丝杠螺母，再将活动钳身装入固定钳身。丝杠对准螺母，合拢活动钳身和固定钳身。

⑥用螺栓、螺母将台虎钳固定在钳工台上。

⑦在台虎钳的活动部分加少许机油，合拢钳口，清理工具和场地。

图 1－21　检查挡圈和弹簧

图 1－22　安装固定钳身

课题二　量　　具

【项目描述】

量具是用来测量、检验零件及产品尺寸、形状或性能的工具，是钳工在加工、装配、修理及调试中必须用到的基本工具。

随着科学技术的不断发展，现代测量手段日趋先进。如光学量仪、电磁感应仪器以及远红外测量仪等已日益广泛地应用于实际生产中，其测量精度也越来越高。

● 拟学习的知识

➢ 常用量具的基本知识。

➢ 常用量具的工作原理和读数方法。

● 拟掌握的技能

➢ 常用量具的使用方法。

为了确保零件和产品的质量符合设计要求，必须使用量具进行测量。测量的实质就是用被测量的参数与标准进行比较的过程。

一、量具的类型及长度单位基准

1. 量具的类型

根据不同的测量要求，生产中所使用的量具各不相同，按量具的用途和特点，常用量具可分为万能量具、专用量具和标准量具三种类型。

(1)万能量具

万能量具又称通用量具。这类量具一般有刻度，并能在测量范围内测量被测零件和产品的形状及尺寸的具体数值，如钢尺、游标卡尺、百分尺、百分表、万能游标量角器等。

(2)专用量具

专用量具不能测出零件和产品的形状及尺寸的具体数值，而只能判断零件是否合格，如塞尺、直尺、刀口尺、角尺、卡规、塞规等。

(3)标准量具

标准量具只能制成某一固定的尺寸，用来校对和调整其他量具，如量块、角度量块等。

2. 长度单位基准

长度单位基准为米(m)。在实际工作中，有时会遇到英制尺寸，基本单位是码，其他单位有英尺、英寸、英分和英丝等，换算关系如下：

1 码 = 3 英尺　1 英尺 = 12 英寸　1 英寸 = 8 英分　1 英分 = 125 英丝

在机械制造中，英制尺寸常用英寸为主要计量单位，并用整数或分数表示。为了工作方便起见，可将英制尺寸换算成米制尺寸，其关系是：1 英寸 = 25.4 mm。

这里只介绍钳工常用量具，如钢尺、游标卡尺、百分尺、百分表等。

二、钢尺

钢尺是用不锈钢片制成的一种简单的尺寸量具，它是一种不可卷的钢质板状量具，尺面刻有米制或英制尺寸，常用的是米制钢尺，如图 2－1 所示。钢尺主要用于测量长度尺寸。

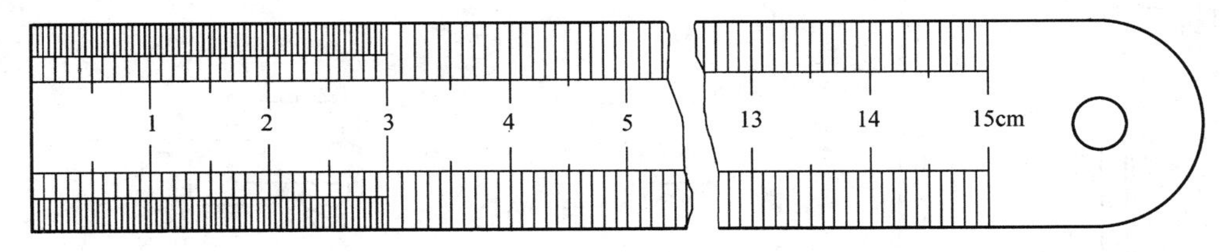

图 2－1　米制钢直尺

米制钢尺的刻度值为 0.5 mm 和 1 mm，其长度规格一般有 150 mm、300 mm、500 mm、1 000 mm等几种，测量精度一般只能达到 0.2～0.5 mm。

钢直尺主要用于度量尺寸、测量精度要求不高的零件或毛坯的尺寸，也可作为划直线时的导向工具，如图 2－2 所示。

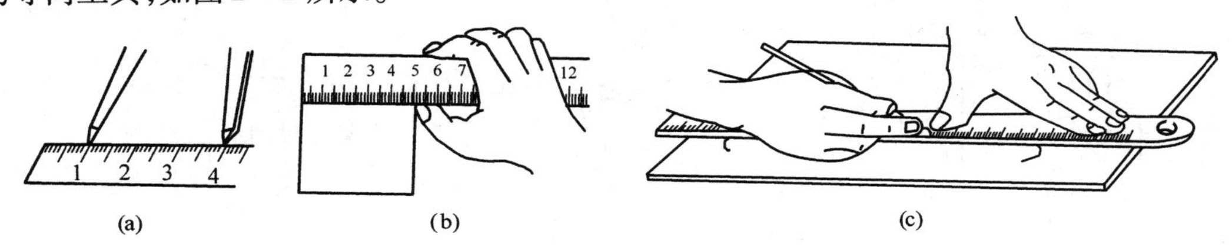

图 2－2　钢直尺的使用方法

（a）量取尺寸　（b）测量尺寸　（c）划直线

三、卡钳

卡钳是一种间接量具，其本身没有分度，所以要与其他量具配合使用，如图 2－3 所示。卡钳分为外卡钳和内卡钳两种，分别用于测量外尺寸（外径或物体长度）和内尺寸（孔径或槽宽），使用时必须与钢尺或其他刻线量具配合，才能得出测量读数。

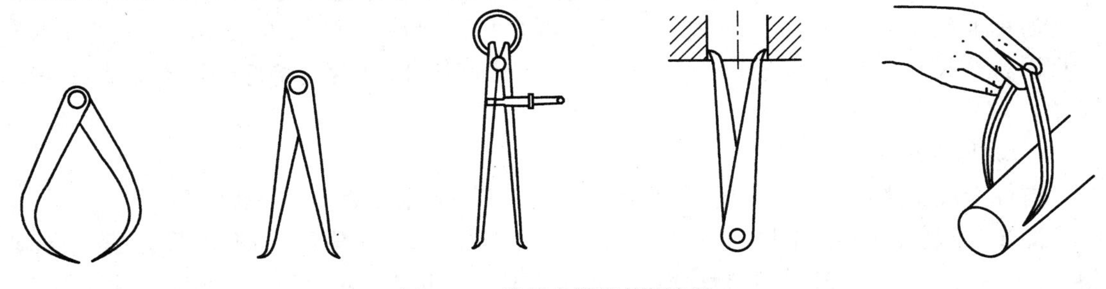

图 2－3　常见卡钳及使用方法

卡钳常用于测量对精度要求不高的工件，如能熟练掌握，仍可获得 0.02～0.05 mm 的准确度。同时，在测量圆的内孔尺寸方面，具有独特的作用，它能给操作者提供内孔是否带有锥度的信息。所以，卡钳在生产中仍广泛应用。

卡钳的使用方法如图 2－3 所示。调整卡钳时，不应敲击内外侧面。测量工件时，卡钳要与工件的轴线垂直，松紧程度应以刚好与被测工件表面接触为宜。

四、角尺

角尺又称 90°角尺，分为整体式和组合式两种。90°角尺有两个互成 90°的钢直尺边，在划线时常作为划平行线或垂直线的导向工具,也常用于检查工件的直线度和垂直度,如图2-4所示。

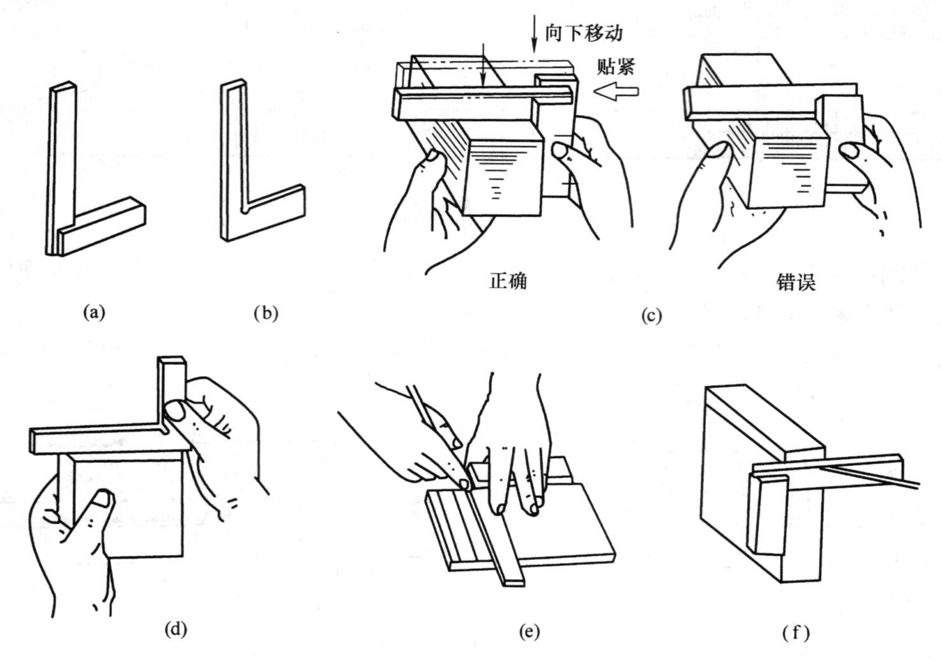

图2-4 角尺类型及使用方法

(a)组合式 (b)整体式 (c)检查垂直度 (d)检查直线度 (e)划平行线 (f)划垂直线

五、游标卡尺

游标卡尺是机械加工中使用最为广泛的量具之一,其种类很多,如普通游标卡尺、深度游标卡尺、高度游标卡尺、齿轮游标卡尺等,其制造及工作原理是相同的。

游标卡尺是一种适合测量中等精度尺寸的量具,分为三用游标卡尺和两用游标卡尺。三用游标卡尺可以直接测出工件的外径、内径和深度尺寸,而两用游标卡尺不能测量深度尺寸。

1. 游标卡尺的结构

游标卡尺按测量精度的不同,分为0.1 mm、0.05 mm和0.02 mm三种。

图2-5是普通游标卡尺的一种结构形式,主要由主尺(又称尺身)和副尺(又称游标)组成,主、副尺上都刻线。松开制动螺钉,可推动副尺在主尺上移动并对工作尺寸进行测量。量得尺寸后,可拧紧制动螺钉使副尺紧固在主尺上,以保证读数准确,防止测量尺寸变动。上端两量爪可用来测量工件的孔径、孔距和槽宽尺寸等;下端两量爪可用来测量工件的外径、长度尺寸等;尺后的深度量脚可用来测量阶台长度和沟槽深度尺寸等。

2. 游标卡尺的刻线原理及读数方法

(1)游标卡尺的刻线原理

游标卡尺的主尺上每一小格为1 mm,当两量爪并拢时,主尺上的49 mm和副尺上的第50格对齐(见图2-6),因此副尺上的每一小格为49 mm ÷ 50 = 0.98 mm,与主尺每小格相差0.02 mm。

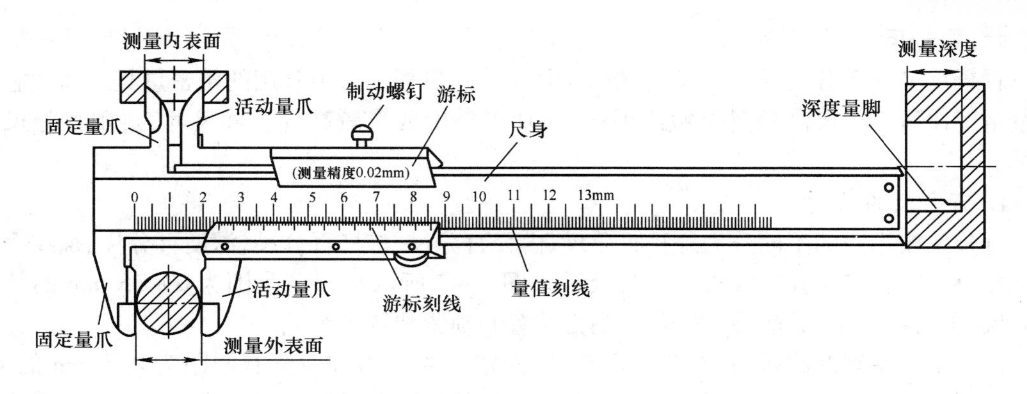

图 2－5　游标卡尺的结构

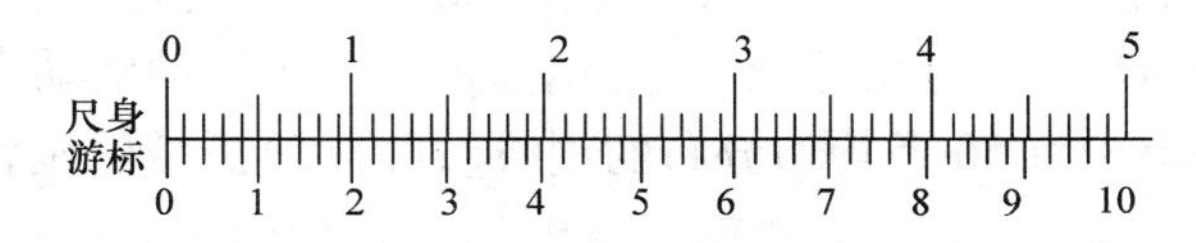

图 2－6　游标卡尺分度原理

(2)游标卡尺的读数方法

游标卡尺读数时,整数从主尺上读取,小数从副尺上读取,两者相加即为最终读数。如图 2－7所示,读数为 23＋0. 24＝23. 24 mm。

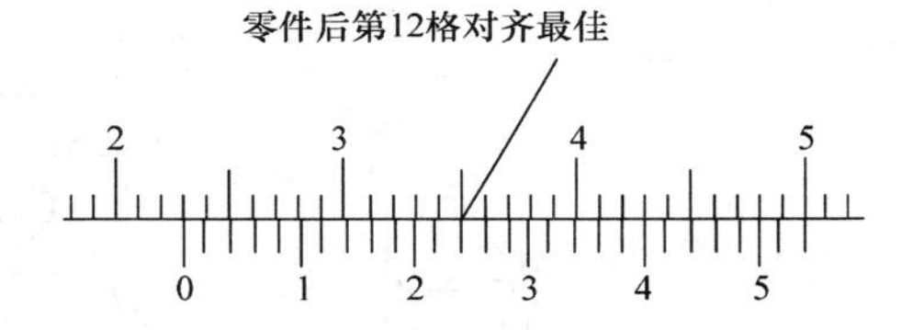

图 2－7　游标卡尺的读数示例

3. 游标卡尺的测量范围和示值误差

游标卡尺的测量范围是指量具所能测出被测尺寸的最小值和最大值之间的数值。常用规格有 0～125 mm、0～300 mm 等。

游标卡尺的示值误差是指量具的指示值与被测尺寸实际数值之差,主要是由量具的理论、制造、传动和调整等误差引起的。

4. 游标卡尺的使用注意事项

使用游标卡尺时应注意以下几点:

①应按被测工件的尺寸大小和精度要求正确选用游标卡尺;

②使用前应擦净量爪,并将两量爪合拢,以检查主副尺零线是否重合,若不重合,在测量后应根据原始误差修正读数;

③用游标卡尺测量时,应使量爪逐渐靠近并接触工件被测表面,以保证测量尺寸的准确性;

④测量时,不得用力过大,以防因工件变形或游标卡尺量爪变形和磨损而影响测量的精度;

⑤读数时,视线应垂直于刻线,以免因视觉误差而影响读数精度;

⑥不能用游标卡尺测量铸件、锻件等毛坯的尺寸;

⑦使用完后,应将游标卡尺擦净后再平放到专用盒内,以防尺身弯曲变形或生锈;

⑧严禁使用游标卡尺的量爪划线。

六、百分尺

百分尺又称千分尺或分厘尺,属螺旋测微具,是机械制造中常用的精密量具之一。它的测量精度比游标卡尺高而且灵敏。因此,对加工精度要求较高的工件尺寸,要用百分尺来测量。

1. 百分尺的结构

百分尺按用途的不同分为外径百分尺、内径百分尺、杠杆百分尺、深度百分尺、螺纹百分尺、壁厚百分尺、齿轮公法线长度百分尺等。图 2-8 所示是测量范围为 0~25 mm 的外径百分尺,主要由尺架、砧座、测微螺杆、测力装置和锁紧装置等组成。

在尺架的左端有砧座,右端有固定套筒,固定套筒上沿轴向刻有间距为 0.5 mm 的上、下交错刻线,并分布在基准线的两边(主尺)。固定套筒内固定有螺距为 0.5 mm 的螺纹轴套(与尺架连在一起),它与测微螺杆的螺纹配合。螺杆右端装有活动套筒和棘轮装置,转动棘轮装置可带动活动套筒和测微螺杆一起转动(也可直接转动活动套筒带动测微螺杆转动),活动套筒圆锥面上刻有 50 条均匀分布的刻线(即副尺)。棘轮装置的作用是控制测量力的大小,当达到允许的测量力时,棘轮就会发出"咔咔"的响声。量得尺寸后,可转动偏心锁紧手柄锁紧测微螺杆,以便从工件上取下百分尺进行读数。

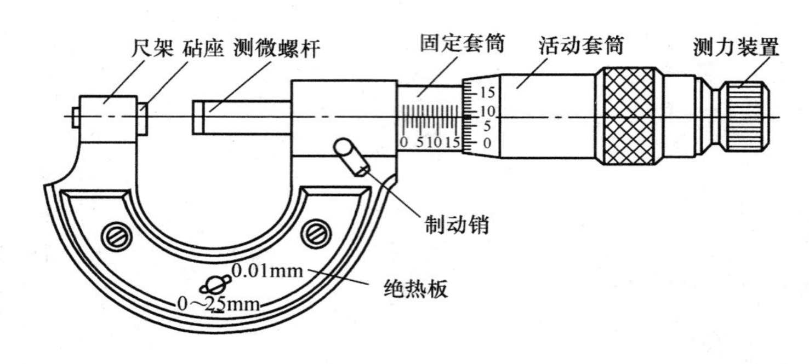

图 2-8　外径百分尺

2. 百分尺的刻线原理和读数方法

(1)百分尺的刻线原理

百分尺测微螺杆的螺距是 0.5 mm,活动套筒上共刻有 50 条刻线,测微螺杆与活动套筒连在一起。当活动套筒转 50 格(即一周)时,测微螺杆也转一周并移动 0.5 mm,因此当活动套筒旋转 1 格时,测微螺杆移动 0.01 mm。所以百分尺的测量精度为 0.01 mm。

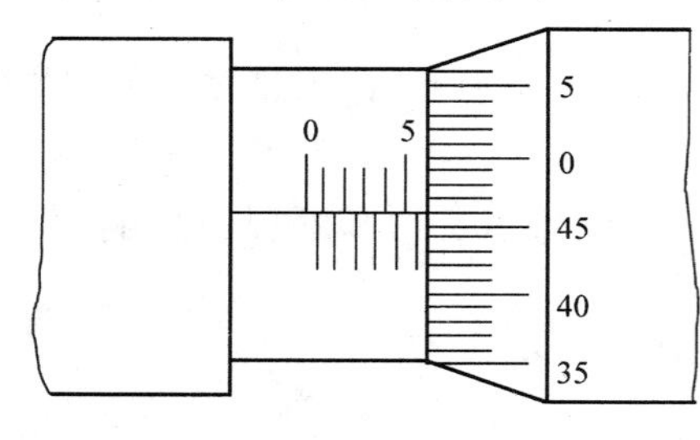

图 2-9　百分尺的读数原理示意图(一)

(2)百分尺的读数方法

由刻线原理和结构可知,当测量尺寸是 0.5 mm的整数倍时,活动套筒(副尺)上的"0"刻度线正好与固定套筒(主尺)上的基准线对齐,所以测量读数(尺寸)= 副尺所指主尺上的读数(即固定套筒上露出的刻线读数,应为 0.5 mm 的整数倍)+ 主尺基准线所指副尺上的格数 ×0.01 mm。百分尺的读数示例见图 2-9 和图 2-10。

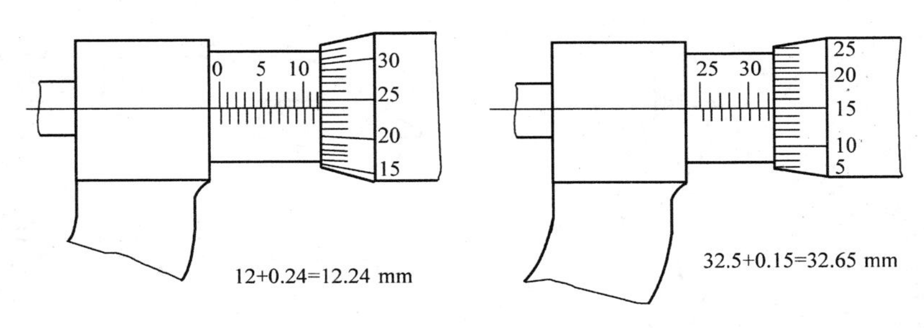

图 2-10　百分尺的读数原理示意图(二)

3. 百分尺的测量范围

百分尺的测量范围有:0~25 mm,25~50 mm,50~75 mm,75~100 mm,100~125 mm,250~275 mm,275~300 mm 等。

4. 百分尺的使用注意事项

使用百分尺时应注意以下几点。

①根据测量尺寸的大小和精度要求,正确地选用百分尺的测量范围和精度。百分尺的精度分 0 级(测量尺寸精度为 IT6~IT16)、1 级(测量尺寸精度为 IT7~IT16)、2 级(测量尺寸精度为 IT8~IT16)三种,一般要求 IT10 以上的尺寸才用百分尺测量。

②百分尺在使用前应擦净测量面并校准尺寸。0~25 mm 百分尺校准时应转动棘轮装置使两测量面合拢,看副尺零线与主尺基准线是否对齐,如果没有对齐应先进行调整,然后才能使用(或测量时对测量尺寸加以修正)。其他尺寸的百分尺应用量具盒内的标准样棒来校准。

③使用时应手握尺架绝热板,以防因受热而影响测量结果。测量时应先转动活动套管,待测量面要靠近工件被测表面时再改为转动棘轮装置,直到发出"咔咔"声为止,最后锁紧螺杆。

④测量时百分尺应放正,以免造成螺杆变形或磨损。

⑤测量前不准先锁紧螺杆,以防螺杆变形或磨损。

⑥读数时应防止多读或少读 0.5 mm,初用时可用游标卡尺配合使用。

⑦不准用百分尺测量毛坯尺寸或正在旋转的工件的尺寸。

七、塞尺

塞尺是用来检查两贴合面之间间隙的薄片量尺,如图 2-11 所示。它由一组薄钢片组成,每片的厚度为 0.01~0.08 mm 不等,测量时用塞尺直接塞进间隙,当一片或数片能塞进两贴合面之间时,则该一片或数片的厚度(可由每片片身上的标记读出)即为两贴合面的间隙值。

使用塞尺测量时,选用的薄片越薄越好,而且必须先擦净尺面和工件,测量时不能使劲硬塞,以免尺片弯曲或折断。

八、刀口形直尺

刀口形直尺是用光隙法检验直线度或平面度的直尺,如图 2-12 所示。

刀口形直尺的规格用刀口长度表示,常用的有 75 mm、125 mm、175 mm、225 mm 和 300 mm等几种。检验时,使刀口形直尺的刀口与被检平面接触,并在尺后面放一个光源,然后从尺的侧面观察被检平面与刀口之间的漏光大小并判断误差情况,如图 2-12 所示。

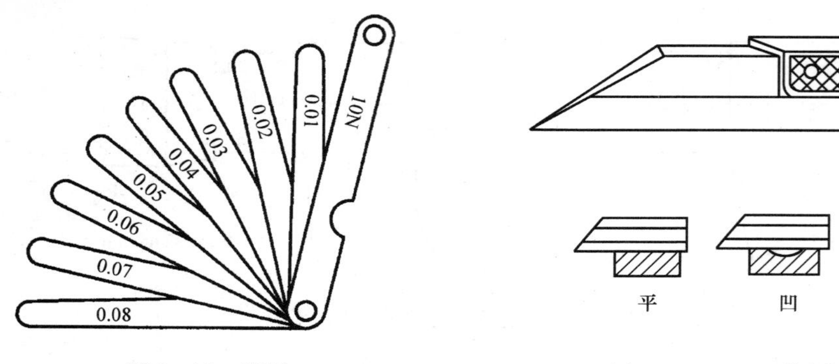

图 2－11　塞尺　　　　图 2－12　刀口形直尺及其应用

九、百分表

百分表用于测定工件相对于规定值的偏差，例如检验机床精度和测量工件的尺寸、形状和位置误差等。

1. 百分表的结构

百分表的结构见图 2－13，一般由表盘 1，主指针 3，表体 8，测量头 10，测量杆 11，齿轮 6、7、12、13 等主要部分组成。

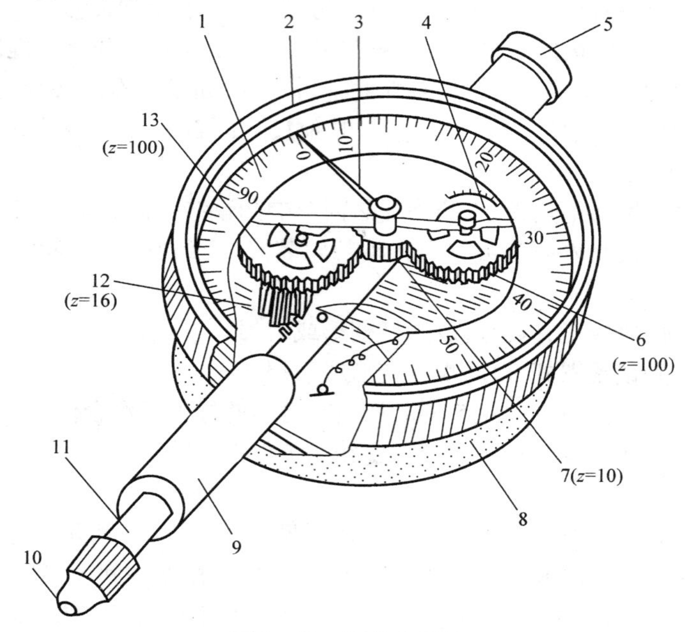

图 2－13　百分表结构

1—表盘；2—表圈；3—主指针；4—转数指示盘；5—挡帽；6，7，12，13—齿轮；8—表体；9—轴管；10—测量头；11—测量杆

表体 8 是百分表的基础件，轴管 9 固定在表体上，中间穿过装有测量头 10 的测量杆 11，测量杆上有齿条，当被测件推动测量杆移动时，经过齿条、齿轮 12、13、7、6 传动，将测量杆的微小直线位移转变为主指针 3 的角位移，由表盘 1 将数值显示出来。测量杆上端的挡帽 5 主要用于限制测量杆的下移位置，也可在调整时，用它提起测量杆，以便重复观察示值的稳定性。为读数方便，表圈 2 可带动表盘在表体上转动，将指针调到零位。

2. 百分表的工作原理

百分表内的测量杆和齿轮的齿距是0.625 mm。当测量杆上升16齿(即上升0.625 mm ×16 = 10 mm)时,16齿小齿轮12转一周,同时齿数为100的大齿轮13也转一周,并带动齿数为10的小齿轮7和主指针3转10周。由于齿轮6的齿数为100,这时齿轮6也转一周,带动转数指示盘4的指针转一周。当测量杆移动1 mm时,主指针转一周,由于表盘上共刻100格,所以大指针每转一格表示测量杆移动0.01 mm。

3. 百分表的使用方法及注意事项

百分表在使用时要装夹在专用的表架上,测量前应将工件、百分表及基准面清理干净,以免影响测量精度,见图2-14。表架底座应放在平整的位置上,底座带有磁性,可牢固地吸附在钢铁制件的基准面上。百分表在表架上可作上下、前后和角度的调整。

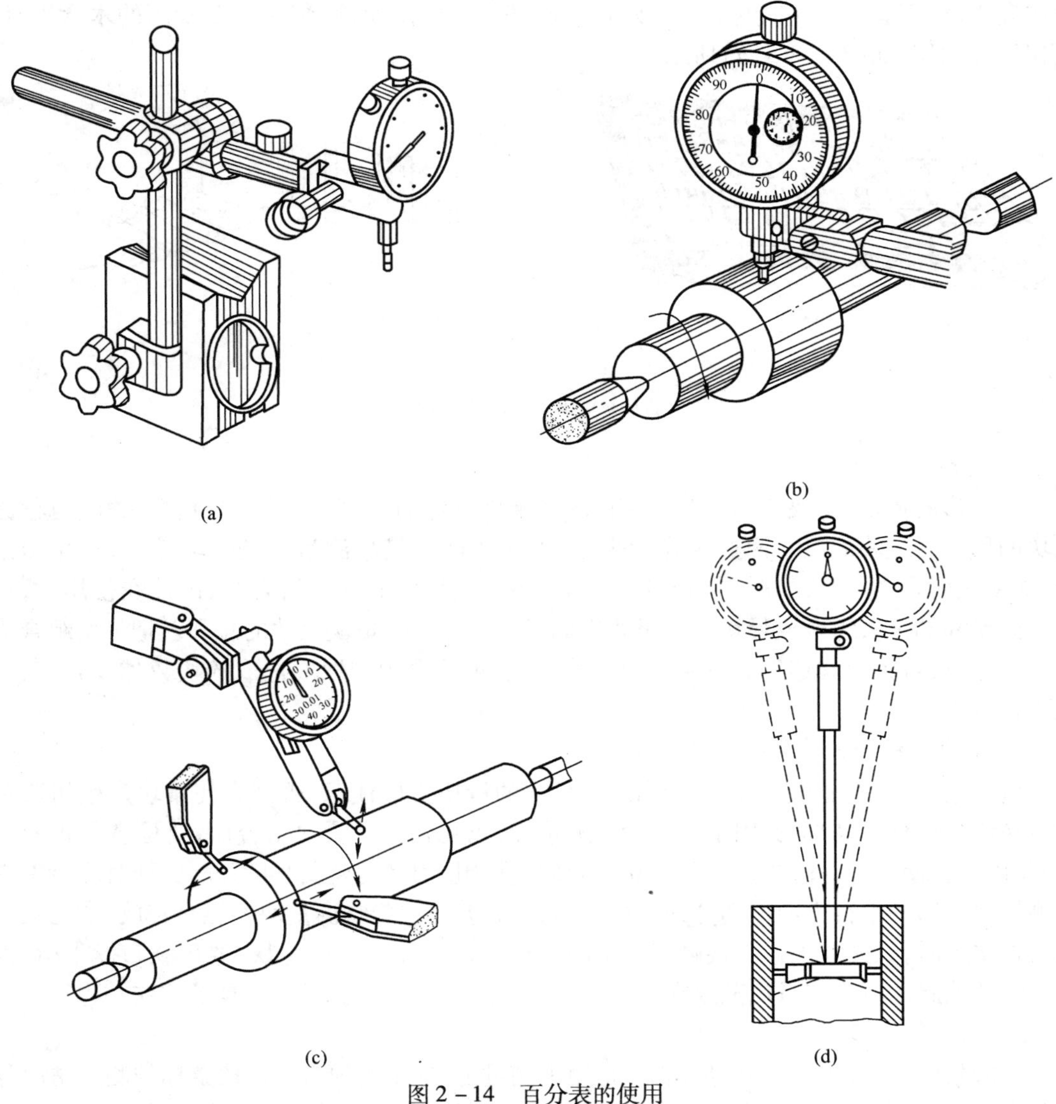

图2-14　百分表的使用

(a)百分表的安装　(b)用百分表检验轴的径向跳动　(c)用杠杆式百分表检验轴的径向、轴向和端面的跳动　(d)用内径百分表测量孔径

使用前,用手轻轻提起挡帽,检查测量杆在套筒内移动的灵活性,不得有卡滞现象,并且在每次放松后,指针应恢复到原来的刻度位置。测量平面时,百分表的测量杆轴线与平面要垂直;测量圆柱形工件时,测量杆轴线要与工件轴线垂直,否则百分表测量头移动不灵活,测量结果不准确。

测量时,测量头触及被测表面后,应使测量杆有0.3 mm左右的压缩量,不能太大,也不能为0,以减小由于自身间隙而产生的测量误差。用百分表测量机床和工件的误差时,应在多个位置上进行,测得的最大读数与最小读数之差即为测量误差。

十、量块

量块是一种精密检验工具,用于检验零件或量规的尺寸以及调整测量仪器、量具等。常用的量块形状是长方体,它是用优质钢经热处理、老化处理、机加工、研磨等制成。量块通常是成套生产,每套量块中,包括一定数量、不同基本尺寸的块规,装在一个专用的木盒里,以便保管和取用,如图2-15(a)所示。

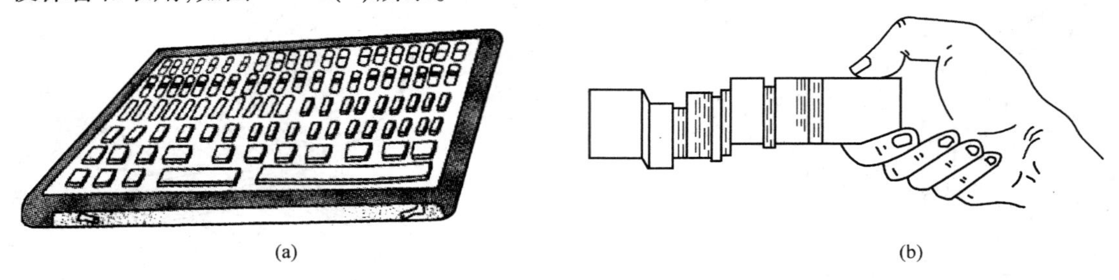

(a) (b)

图2-15 量块
(a)成套量块 (b)量块的研合

1. 量块的使用方法

长方形的量块,每块有两个互相平行的测量面,两测量面间的尺寸为基本尺寸,也称为量块的尺寸。量块的测量面非常光滑平整,如果将两个量块测量面的一端接触,再用力推压,能使其研合在一起,如图2-15(b)所示。由于量块具有这种研合性,因此在使用时,可把不同尺寸的量块组合成量块组。量块组的尺寸就是各个量块尺寸的总和。把量块组合成一定尺寸时,首先应确定组成量块组的尺寸,然后再从盒内选取。选取的块数越少越好,一般不超过4块。

2. 量块的维护保养

研合量块时,不能用力过大,特别对小尺寸的量块更应注意,否则会使量块产生扭弯变形。在研合过程中,应避免用手触摸量块测量面,以免污染。量块组合后,要检查是否密贴牢固,以防止使用中跌落受损。研合在一起的量块组,用完后要及时拆开。拆开时应沿着它的测量面长边的平行方向滑动分开并擦干净,注意温度的影响。量块要轻拿轻放,如在桌子上放置块规时,只许非工作面接触桌面上的软布(绸)。用完后的量块,要用软布擦干净,再涂上防锈油脂。不许将量块散放在量块盒外面,更不能和其他工具、刃具堆放在一边。

十一、万能角度尺

万能角度尺又称万能游标量角器,是用来测量内、外角度的量具。按游标的测量精度分有2′和5′两种,其示值误差分别为±2′和±5′,测量范围是0°~320°,一般常用的是测量精度为2′的万能游标量角器。

1. 万能角度尺的结构

如图 2－16 所示，万能角度尺主要由尺身、基尺、游标、90°角尺、直尺和卡块等部分组成。

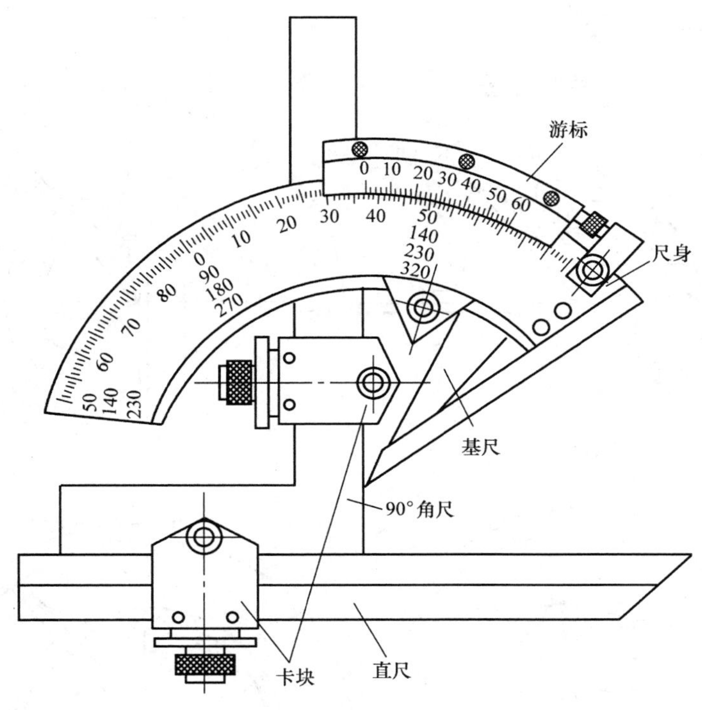

图 2－16　万能角度尺的结构

2. 2′万能角度尺的刻线原理

万能角度尺的尺身刻线每格为 1°，游标共 30 格等分 29°，游标每格为 29°/30＝58′，尺身 1 格和游标 1 格之差为 1°－58′＝2′，所以它的测量精度为 2′。

3. 万能角度尺的读数方法

如图 2－17 所示，先读出游标尺零刻度线前面的整度数，再看游标尺第几条刻线和尺身刻线对齐，读出角度“′”的数值，最后两者相加就是测量角度的数值。

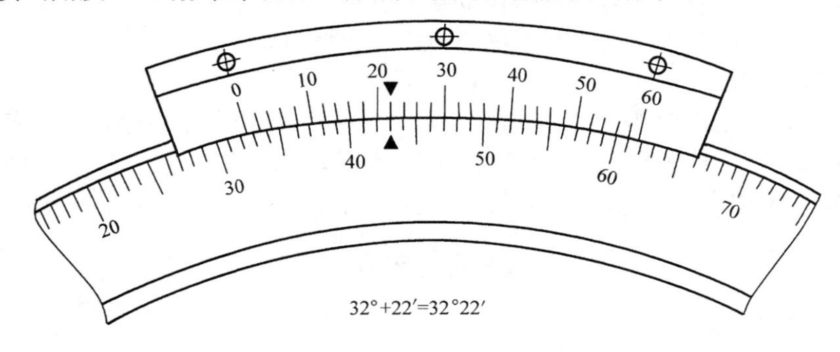

图 2－17　万能角度尺的读数方法

4. 万能角度尺的测量范围

如图 2－18 所示，由于万能角度尺直尺和 90°角尺可以移动和拆换，因此可以测量0°～320°的任何角度。

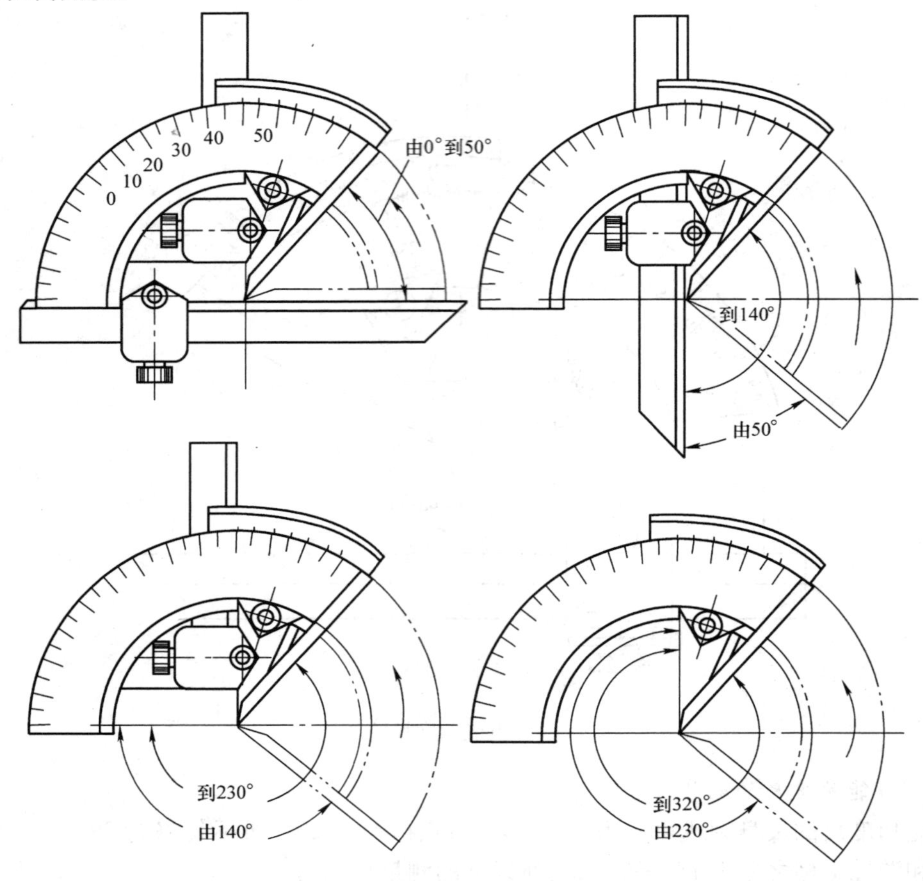

图 2－18　万能角度尺的测量范围

5. 万能角度尺的使用注意事项

①使用前，应检查角度尺的零位是否对齐。

②测量时，应使万能角度尺的两测量面与被测件表面在全长上保持良好接触，然后拧紧制动器上的螺母即可读数。

③在 50°～140°范围内测量时，应装上直尺；在 140°～230°范围内测量时，应装上 90°角尺；在 230°～320°范围内测量时，不装 90°角尺和直尺。

④万能角度尺用完后应擦净上油，放入专用盒内。

【思考与练习】

1. 量具的种类有哪些?
2. 试述游标卡尺的结构、原理及使用方法。
3. 试述百分尺的结构、原理及使用方法。
4. 试述百分表的构造及使用方法。

5. 试述量块的使用方法。

6. 试读出图 2－19 百分尺显示的尺寸。

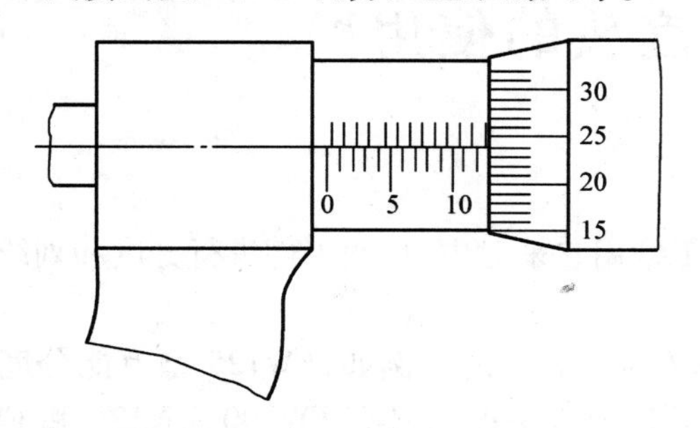

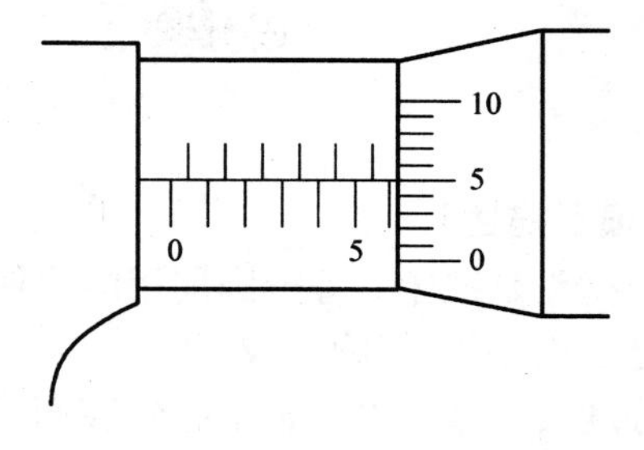

图 2－19　百分尺读数示例

课题三　分度头的使用★

【项目描述】

分度头是铣床上等分圆周用的附件,钳工常用它来对中、小型工件进行分度和划线。其优点是使用方便,精确度较高。

分度头型号是以主轴中心到底面的高度(mm)表示的。例如,FW125 型万能分度头表示主轴中心到底面的高度为 125 mm。常用万能分度头的型号有 FW100、FW125 和 FW160 等几种。

● 拟学习的知识

➢ 分度头的基本知识和用途。

➢ 分度头的工作原理和使用方法。

● 拟掌握的技能

➢ 万能分度头的使用方法及注意事项。

一、万能分度头的结构

万能分度头主要由底座、转动体、主轴和分度盘等组成,如图 3 – 1 所示。分度头主轴前端锥孔内可安装顶尖,用来支撑工件;主轴外部有螺纹以便旋装卡盘、拨盘来装夹工件。分度头转动体可使主轴在垂直平面内转动一定角度,即分度头可随转动体在垂直平面内作向上 90°和向下 10°范围内的转动,以便铣斜面或垂直面。分度头侧面有分度盘。工作时,将分度头的底座用螺栓紧固在铣床工作台上,并利用导向键与工作台中间的那条 T 形槽相配合,使分度头主轴方向与工作台纵向进给方向平行。

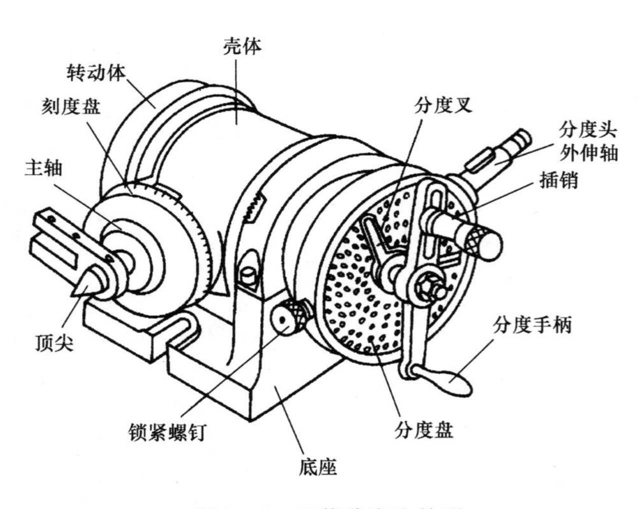

图 3 – 1　万能分度头外形

二、万能分度头的主要作用

①能够将工件做任意的圆周等分或直线移距分度。

②可把工件轴线固定于水平、垂直或倾斜位置。

③通过配换齿轮,可使分度头主轴随纵向工作台的进给运动作连续旋转,以铣削螺旋面或等速凸轮的型面。

三、简单分度法

分度头的分度法有简单分度法、角度分度法和差动分度法三种。

简单分度法又叫单式分度法，是最常用的分度方法。用简单分度法分度时，分度前使蜗轮和蜗杆啮合，用锁紧螺钉将分度盘固定，拔出定位销，然后旋转手柄，通过一对直齿圆柱齿轮和蜗杆、蜗轮使分度头主轴带动工件转动一定角度。

1. 分度原理

如图 3－2 所示，两个直齿圆柱齿轮的齿数相同，传动比为 1，对分度头传动比没有影响。蜗杆是单线的，蜗轮齿数为 40，手柄转一转，主轴带动工件转 1/40 转，“40”叫做分度头的定数。如果要将工件的圆周等分为 z 份，工件应转 $1/z$ 转，设手柄转数为 n，则手柄转数 n 与工件等分数 z 之间具有以下关系：

$$n:1/z=1:1/40$$

即

$$n=40/z$$

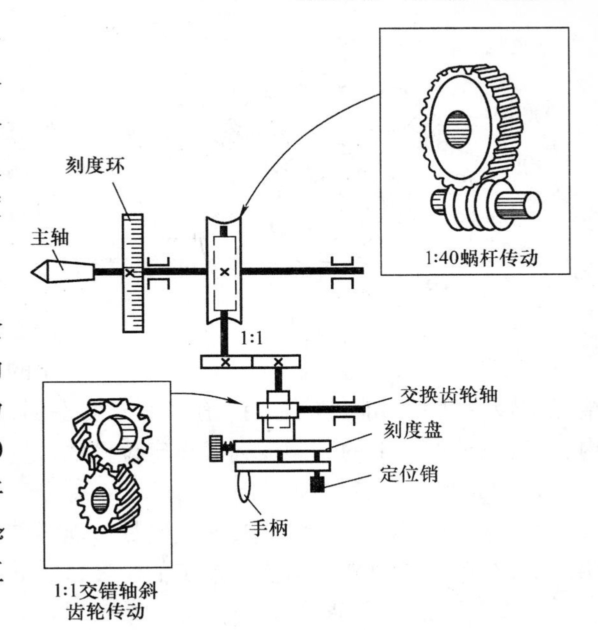

图 3－2　分度头传动系统

当算得的 n 不是整数而是分数时，可用分度盘上的孔来进行分度（把分子和分母根据分度盘上的孔圈数，同时扩大或缩小）。根据传动关系知，要使主轴（或工件）转一转，手柄相对于分度盘（简单分度时，分度盘不动）必须转 40 转。那么，当工件的等分数为 z，即要求主轴每转 $1/z$ 转（即作一次分度）时，手柄的转数

$$n=40/z$$

例如，若在铣床上铣 $z=25$ 的齿轮，那么每铣完一个齿，分度盘的手柄转数

$$n=40/z=40/25=8/5=48/30$$

即手柄转过一转后，再沿着孔数为 30 的孔圈转过 18 个孔。这样连续下去，就可以把工件的全部齿铣完。

2. 分度盘和分度叉的使用

分度盘是解决分度手柄转数不是整数的分度的问题。常用分度头备有两块分度盘，正、反面都有数圈均布的孔圈，常用分度盘的孔数见表 3－1。

表 3－1　常用分度盘的孔数

分度头形式	分度盘的孔数	
带 1 块分度盘	正面：24、25、28、30、34、37、38、39、41、42、43 反面：46、47、49、51、53、54、57、58、59、62、66	
带 2 块分度盘	第一块	正面：24、25、28、30、34、37 反面：38、39、41、42、43
	第二块	正面：46、47、49、51、53、54 反面：57、58、59、62、66

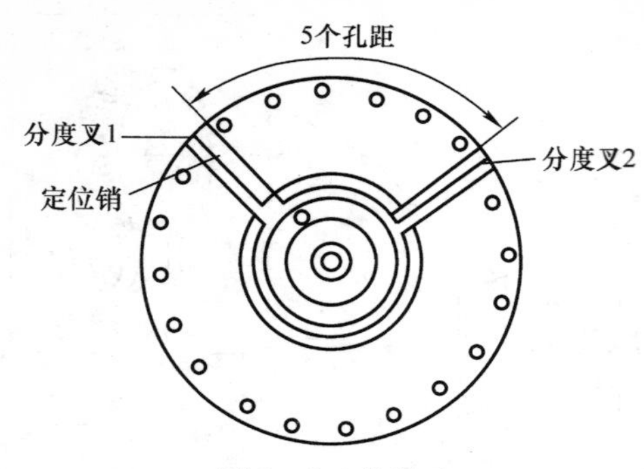

图3－3 分度叉

为了避免每次分度要数一次孔数的麻烦，并且为了防止转错，所以在分度盘上附设一对分度叉（也称扇形股），如图3－3所示。分度叉两叉间的夹角，可以通过松开螺钉进行调节，使分度叉两叉间的孔数比需要转的孔数多一孔，因为第一个孔是作零来计数的。

图3－3是每次分度转5个孔距的情况，而分度叉两叉间的孔数是6。分度叉受到弹簧的压力，可紧贴在分度盘上而不会走动。在第二次转分度手柄前，拔出定位销转动分度手柄，并使定位销落入紧靠分度叉2一侧的孔内，然后将分度叉1的一侧拨到紧靠定位销的位置，为下次分度做准备。

3. 分度时的注意事项

①在摇分度手柄的过程中，速度要尽可能均匀。如果摇过了头，则应将分度手柄退回半圈以上，然后再按原来方向摇到规定的位置，以消除传动间隙。

②事先要松开主轴锁紧手柄，分度结束后再重新锁紧，但在加工螺旋面工件时，由于分度头主轴要在加工过程中连续旋转，所以不能锁紧。

③定位销应缓慢地插入分度盘的孔内，切勿突然撒手而使定位销自动弹入，以免损坏分度盘的孔眼精度。

【思考与练习】

1. 万能分度头有哪些作用?
2. 试述使用万能分度头等分6份的操作方法。

课题四　划　　线

【项目描述】

划线是根据加工图样的要求，在毛坯或半成品表面上准确地划出加工界线的一种钳工操作技能。划线的作用是给加工者明确的标志和依据，便于工件在加工时找正和定位，通过划线借料得到补救，合理地分配加工余量。

- **拟学习的知识**

➢ 工件的清理、检查和涂色。

➢ 划线工具及量具的使用方法。

➢ 划线基准的确定方法。

➢ 划线的基本方法。

➢ 划线找正与借料。

- **拟掌握的技能**

➢ 划线前的准备工作。

➢ 划线操作。

■任务说明

掌握划线前的准备工作，掌握划线工具和量具的选择和正确使用，掌握零件划线的基本方法，学会划线操作。

根据图样要求，用划线工具在毛坯或已加工表面上划出待加工的轮廓线或作为基准的点、线的操作叫做划线。

划线的作用是确定各加工面的加工位置和余量，使加工时有明确的尺寸界线，在板料上划线下料，可以做到正确排料、合理使用材料；在机床上安装复杂工件，可以按所划的线进行找正安装；通过借料划线，可以使误差不大的毛坯得到补救，减小损失。

一、任务描述

使用划线工具和量具，在划线平板上用平面划线方法在支撑座毛坯的一平面上划出其加工轮廓图。毛坯的尺寸如图 4－1(a)所示，加工轮廓的尺寸如图 4－1(b)所示，材料为 HT150，完成时间为 120 min，尺寸精度达到 0.25～0.5 mm。

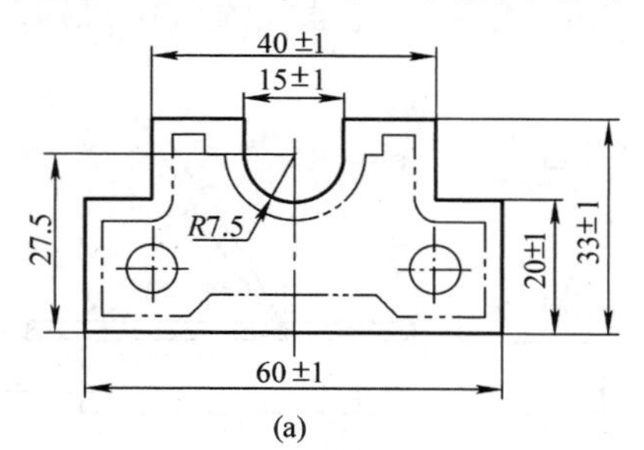

(a)

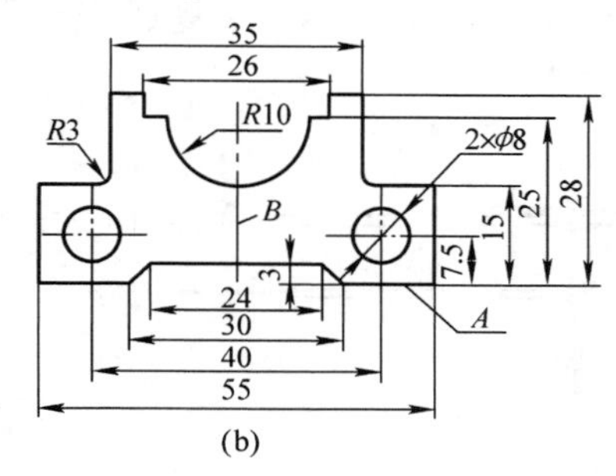

(b)

图 4－1　支撑座

(a)毛坯图　(b)轮廓图

二、任务分析

要完成该支撑座加工轮廓的划线任务，其操作步骤为：工件的清理、检查和涂色→选择划线工具和量具→确定划线基准→选择划线方法→完成划线操作。

下面先来学习一下相关的专业知识。

三、相关知识

（一）工件的清理、检查和涂色

1. 工件的清理

划线前应先用钢丝刷除去毛坯的氧化皮和残留的型砂等，再用锉刀去除毛坯上的飞边并修钝锐边，然后用棕刷清除毛坯上的灰尘。对于划线部位，更要仔细清扫，以增强涂料的附着力，使划出的线条更加明显、清晰。

2. 工件的检查

清理后，首先要仔细检查工件上是否存在锻造和铸造的缺陷（如缩孔、气泡、裂纹和歪斜等），并与工件图样上的技术要求对照，对某些确实不合格的工件应及时予以剔除。然后检查工件各加工部位的实际尺寸是否有足够的加工余量，对无加工余量而又无法校正的毛坯应剔除报废。

3. 在工件划线表面上涂色

为了使工件表面划出的线条清晰，划线前需在划线部位涂上一层薄而均匀的涂料。在铸、锻件的毛坯上，常用粉笔或石灰水加少量水溶胶的混合物作涂料；在已加工的表面上，常用酒精色溶液（酒精中加漆片和颜色配成）或硫酸铜溶液作涂料。待涂料干燥后，即可进行划线。

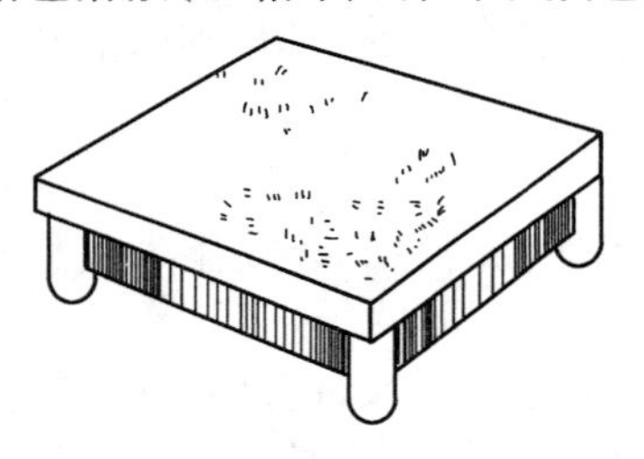

图 4－2 划线平台

（二）常用的划线工具与量具

1. 划线平台

划线平台如图 4－2 所示，是用铸铁制成的，表面经过精刨或刮削加工，既是划线操作基准又是工作台。使用时要安放平稳、保持水平、严禁敲打，用后涂上机油、盖上木盖以防生锈。

2. 划针和划线盘

划针如图 4－3（a）所示，采用弹簧钢丝或高速钢制成，直径为 3～6 mm，尖端淬火。划针的针尖用来划线（划直线或划标记线），有弯钩的一端通常用于找正。划线时，针尖要紧靠导向工具的边缘，上部向外侧倾斜 15°～20°，向划线移动方向倾斜 45°～75°，如图 4－3（b）所示。针尖要保持尖锐，划线要尽量做到一次划成，使划出的线条既清晰又准确，不要重复划一条线。不用时，划针不能插在衣袋中，最好套上塑料管不使针尖外露。

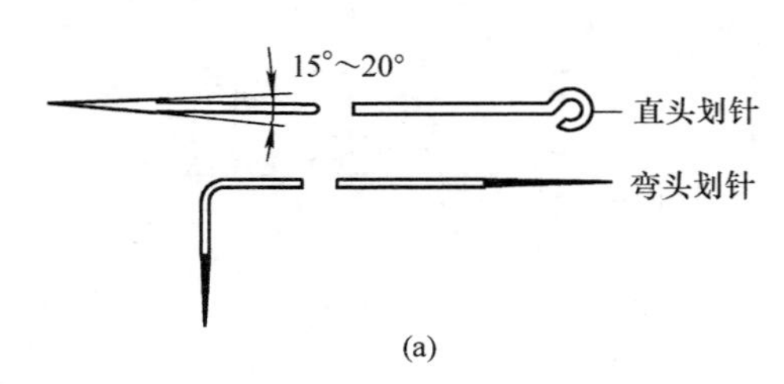

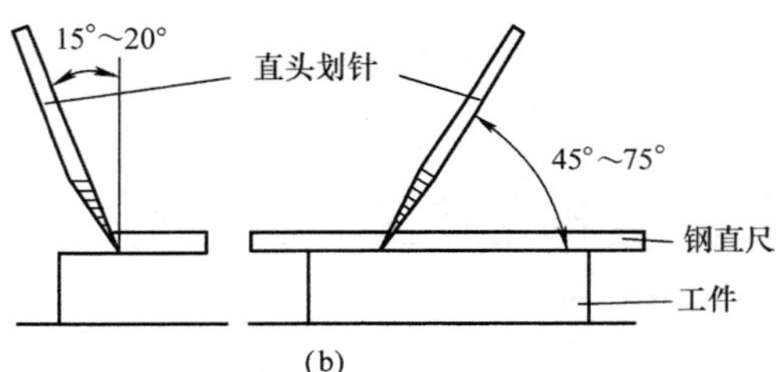

图 4－3 划针及其使用方法

（a）划针 （b）划针的使用方法

划线盘如图 4－4(a)所示,它是以划线平台工作面为基准进行立体划线并校正工件位置的工具。划线盘的使用方法如图 4－4(b)所示,使用时划线盘的底座应与划线平台紧贴,平稳移动,划针装夹要牢固,并适当调整伸出长度。

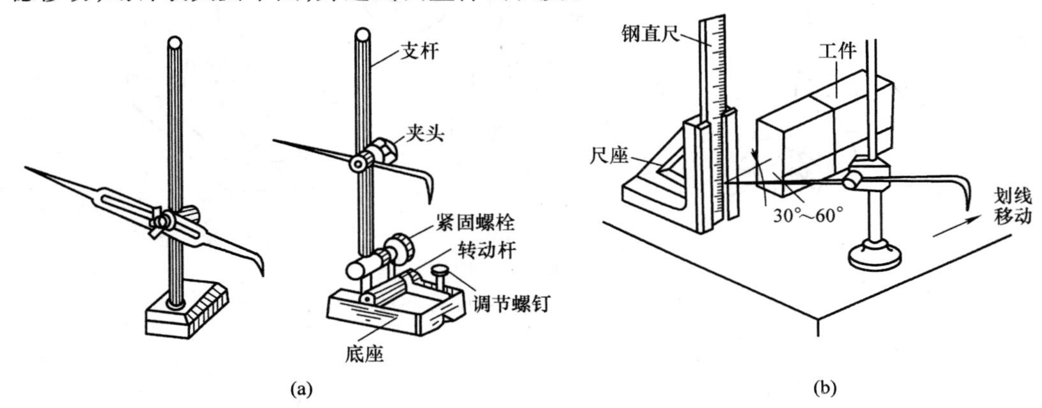

图 4－4　划线盘及其使用方法

(a)划线盘　(b)划线盘的使用方法

3. 划规和划卡

划规用工具钢或碳钢制成,尖端经磨锐和淬火,或焊接一段硬质合金,如图 4－5 所示。划规既可用于划圆、划圆弧、等分角度等,亦可用来量取尺寸。使用时,划规两脚要等长,两脚尖合拢能靠紧,两脚开合松紧要适当,以免划线时自动张缩。

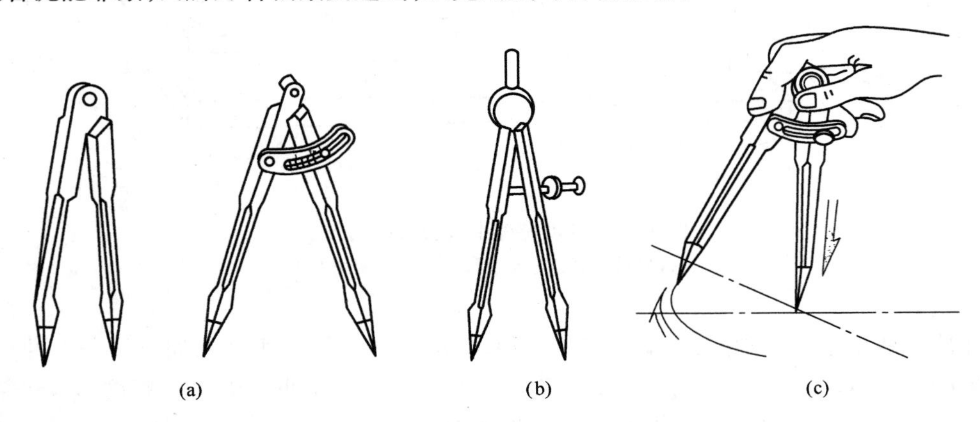

图 4－5　划规及其使用方法

(a)普通划规　(b)弹簧划规　(c)划规的使用方法

划卡又称单角规,如图 4－6 所示,主要用于确定轴和孔的中心位置,也可以作为划平行线的工具。使用划卡时应注意弯脚到工件的端面距离要保持一致。

4. 高度游标卡尺

高度游标卡尺如图 4－7 所示,它常用于精密划线,附带划针脚,能直接表示出高度尺寸。其读数精度一般为 0.02 mm,用于已加工表面或较高精度的划线。使用前,应使划线刃口平面下落,使之与底座工作面平行,再看尺身零线与游标零线是否对齐,零线对齐后,方可划线。校准高度游标尺时,可在精密平板上进行。使用时,要注意保护划线刃口。

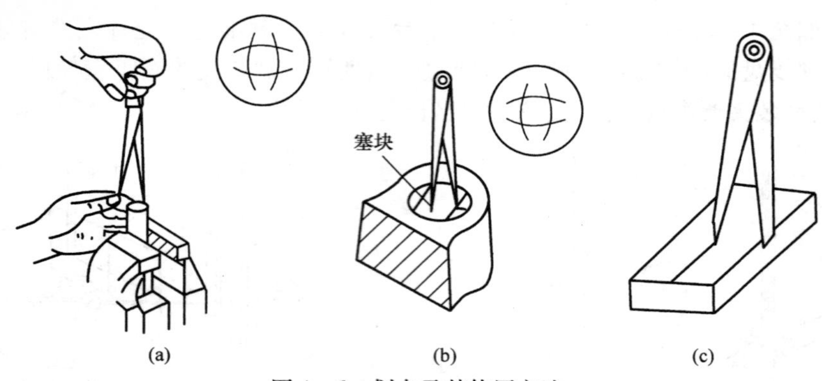

(a) (b) (c)

图 4－6　划卡及其使用方法

(a)找轴的中心　(b)找孔的中心　(c)划平行线

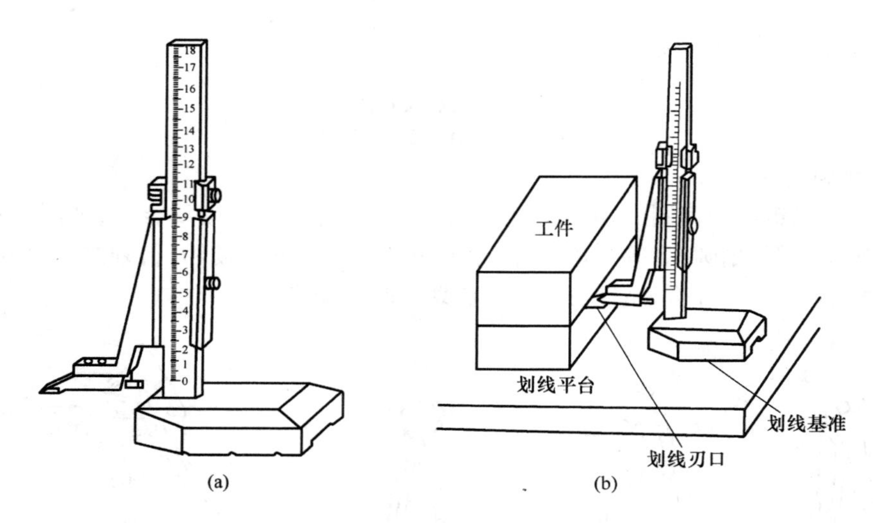

(a) (b)

图 4－7　高度游标卡尺及其使用方法

(a)高度游标尺　(b)高度游标尺的使用方法

5. 样冲

样冲一般用工具钢制成，尖端处经淬火硬化，用于在工件上所划的加工线条上冲点，加强界限(称检验样冲点)或钻孔定中心(称中心样冲点)。样冲的尖角一般磨成 45°～60°(图 4－8(a))，易于观察，即使线条模糊后仍能看清划线位置。样冲尖角在加强界限标记时大约取 45°，钻孔定中心时约取 60°。

冲点方法：先将样冲外倾使尖端对准线条的正中，然后再将样冲立直冲点，如图 4－8(b)所示。

冲点要求：如图 4－8(c)所示，打样冲眼时，要使尖端对准线条的正中，冲眼中心不能偏离直线，冲眼的间距要均匀；在曲线上冲点距离要小些，对直径小于 20 mm 的圆周线应有 4 个冲点，对直径大于 20 mm 的圆周线应有 8 个以上冲点；在直线上冲点距离可大些，但对短直线至少应有 3 个冲点；在线条的交叉转折处必须有冲点；冲点的深浅要掌握适当，中心冲眼应稍大一些，以便于钻头定心；在薄壁上或光滑表面上冲点要浅，粗糙表面上要深些，精加工表面一般不打样冲眼。

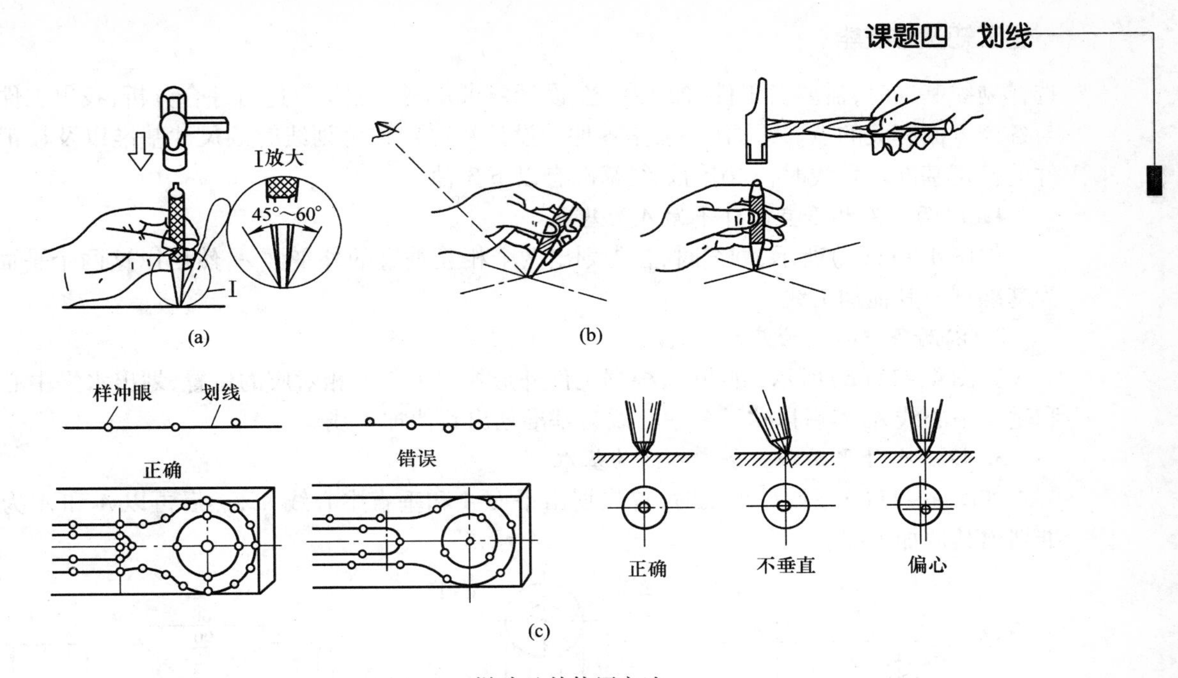

图4－8　样冲及其使用方法

（a）样冲　（b）冲点方法　（c）冲点要求

6. 支持工具

（1）方箱

方箱是由铸铁制成的六个面相互垂直的空的立方体，六面都经过精加工，其中一个面上加工有V形槽，并带有压紧装置，用于支持较小的工件。通过翻转方箱，可以在工件表面划出相互垂直的线，如图4－9所示。其上的V形槽通常用来安装圆柱形工件，通过翻转方箱可以划出工件的中心线或找出中心。

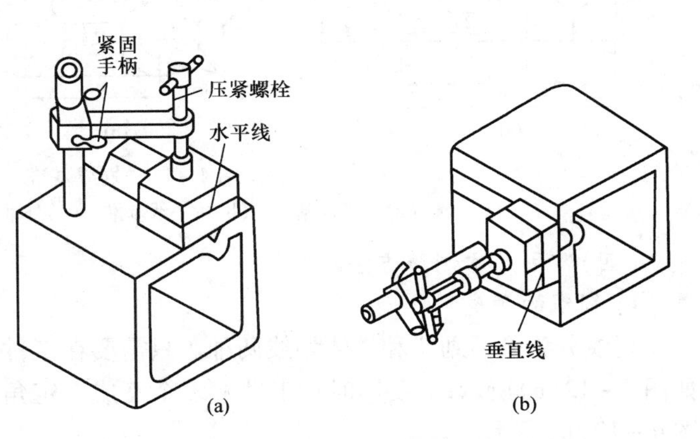

图4－9　方箱及其使用方法

（a）压住工件划水平线　（b）翻转90°划垂直线

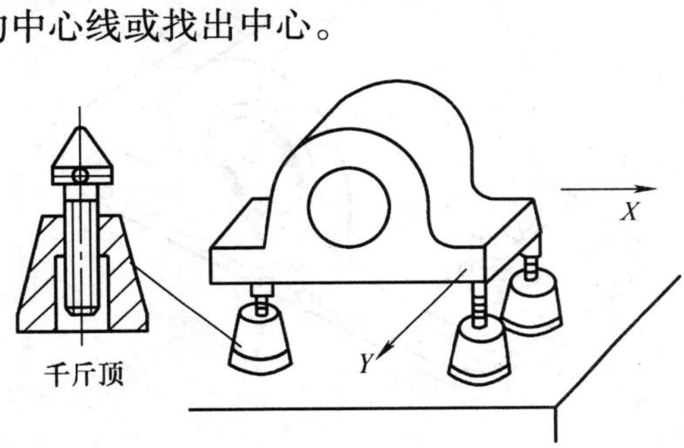

图4－10　千斤顶及其使用方法

（2）千斤顶

千斤顶如图4－10所示，它用来支持较大或不规则的工件，通过调整其高度，可以找正工件。一般3个千斤顶为一组同时使用。

（三）划线基准

划线基准是指在零件上划线时确定其他点、线、面的位置所依据的点、线、面。划线时，应首先从划线基准开始。正确地选择划线基准是提高划线质量和效率的重要因素。

选择划线基准时，需要对工件、加工工艺、设计要求及划线工具等进行综合分析，找出工件上与各个方面有关的点、线、面（一般是零件的设计基准），作为划线时的尺寸基准以及校正工件的校正基准。划线时，常用的划线基准有以下3种。

1. 以两个互相垂直的外平面*A*为基准

如图4－11(a)所示，划线时，首先划出两个相互垂直的外平面*A*，然后以这两个平面*A*为基准划出其他加工线。

2. 以两条中心线为基准

如图4－11(b)所示，划线时，根据工件外形找出工件上相对应的位置，划出水平中心线和垂直中心线*A*，然后以这两条中心线为基准划出其他加工线。

3. 以一个外平面和一条中心线为基准

如图4－11(c)所示，划线时，首先划出平面*A*和垂直中心线*A*′，然后再以*A*和*A*′为基准划出其他加工线。

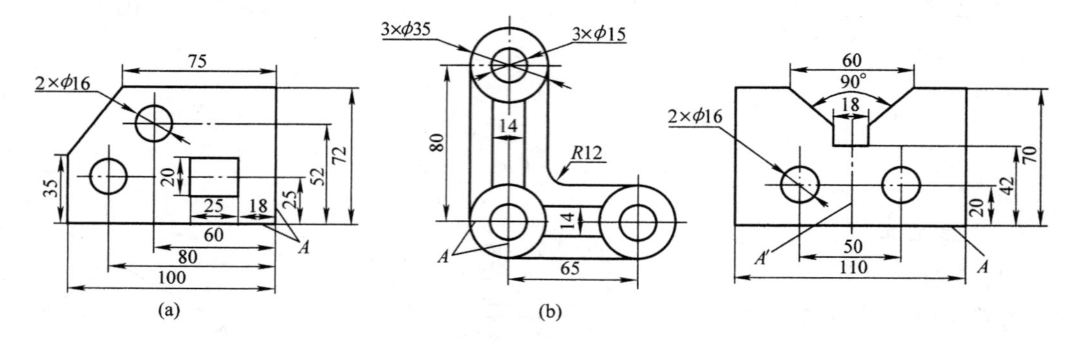

图4－11　划线基准

(a)外平面基准　(b)中心线基准　(c)外平面＋中心线基准

（四）常用基本划线方法

1. 划线的种类

划线分为平面划线和立体划线两种。只需要在工件的一个表面上划线称为平面划线，如图4－12(a)所示；需要同时在工件上多个互成一定角度的表面上划线称为立体划线，如图4－12(b)所示。

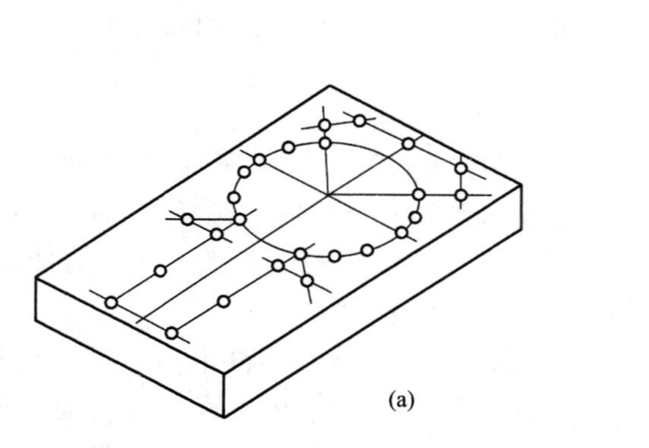

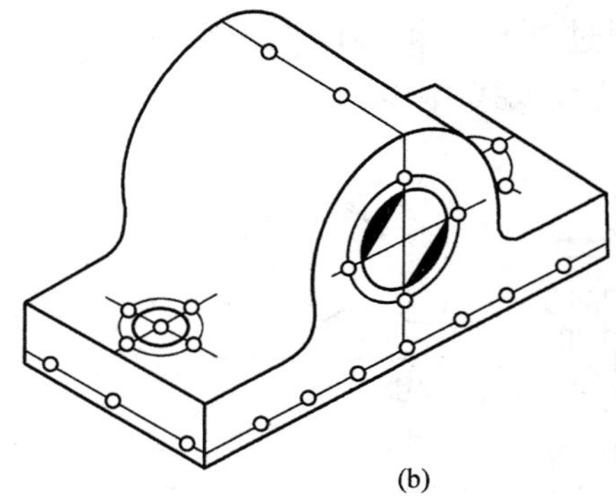

图4－12　划线种类

(a)平面划线　(b)立体划线

2. 基本划线方法

(1)直线的划法

首先在工件表面需要划线的位置上划出直线的两个端点,然后用钢直尺及划针连接两点,就得一直线。

(2)平行线的划法

图4-13(a)所示为用作图法划平行线的方法:在划好的直线上,任取A、B两点,以A、B为圆心,用同样的半径尺划出两段圆弧C、D,最后作C、D两圆弧的公切线,即得一平行线。图4-13(b)所示为用角尺划平行线的方法:首先划出平行线经过的点,然后再将角尺的尺座紧靠基准面,过经过点用划针划出平行线。图4-13(c)所示为用划规划平行线的方法。如图4-13(d)所示为用划线盘划平行线的方法。

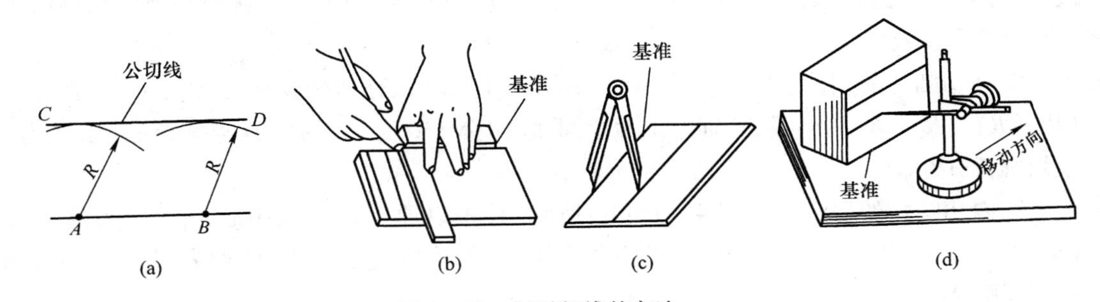

图4-13 划平行线的方法

(a)作图法 (b)用角尺划线 (c)用划规划线 (d)用划线盘划线

(3)垂直线的划法

图4-14(a)所示为划垂直平分线的方法:以线段两端点A、B为圆心。以大于AB距离一半的任意长度为半径,分别划弧,得交点C和D,连接C、D,即得一垂直平分线。图4-14(b)所示为过线内一点作垂直线的方法:首先以线上已知点O为圆心,以任意长度为半径,划两个短弧,交直线于A、B两点;然后再以A、B两点为圆心,以大于AB距离一半的任意长度为半径,分别划出两弧相交于点C,连接O、C,即得一垂直线。

(4)圆弧连接线的划法

圆弧连接可以分为圆弧与直线的连接和圆弧与圆弧的连接两种。

1)直线与圆弧相切

直线与圆弧相切的划法如图4-15所示。

①先划出与两角边相平行且距离为圆弧半径R的两条平行线,相交于点O。

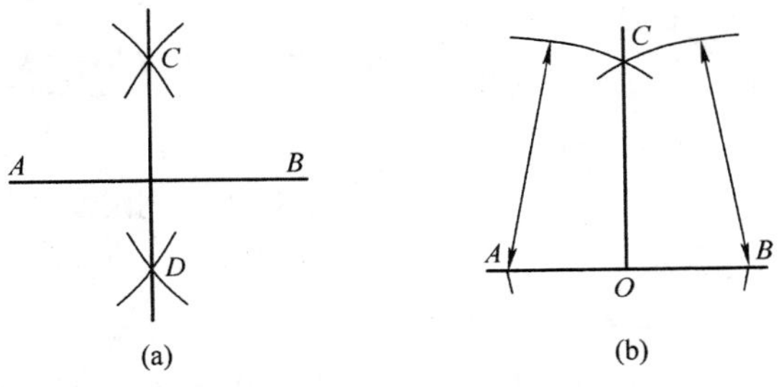

图4-14 划垂直线的方法

(a)垂直平分线划法 (b)过线内一点作垂直线的方法

②以交点O为圆心,以圆弧半径R为半径划出圆弧即可。

2)圆弧与两圆弧相切

圆弧与两圆弧相切又可分为圆弧的外切和内切两种。外切时,两圆心连线通过切点,且两圆心间的距离等于两半径之和;内切时,两圆心连线的延长线通过切点,且两圆心间的距

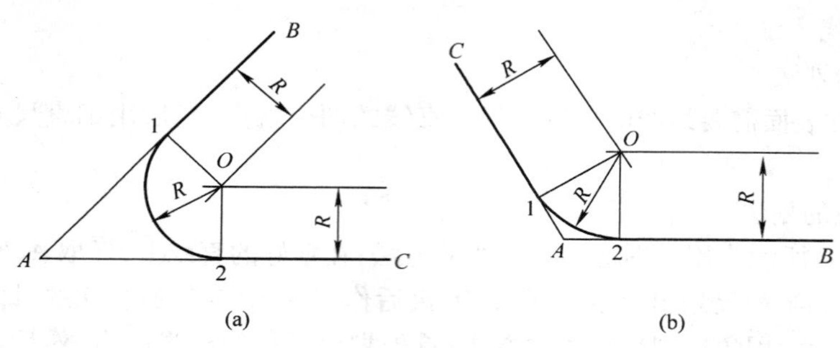

图 4-15　直线与圆弧相切的划法

(a)圆弧与锐边相切　(b)圆弧与钝边相切

离等于两半径之差。设两圆弧的半径分别为 R_1、R_2，作一半径为 R 的圆弧与原两圆弧相切，有以下 3 种情况。

①外切圆弧的划法。如图 4-16(a)所示，首先以原有两圆弧中心 O_1、O_2 为圆心，以 (R_1+R)、(R_2+R) 为半径，分别划出两个圆弧，相交于 O 点；然后以 O 点为圆心，以 R 为半径划圆弧 AB 即可。

②内切圆弧的划法。如图 4-16(b)所示，首先以原有两圆弧中心 O_1、O_2 为圆心，以 $(R-R_1)$、$(R-R_2)$ 为半径，分别划出两个圆弧，相交于 O 点；然后以 O 点为圆心，以 R 为半径划圆弧 AB 即可。

③圆弧与两圆弧内、外相切的划法。如图 4-16(c)所示，首先以 O_1 为圆心作半径为 $(R-R_1)$ 的圆弧，然后以 O_2 为圆心作半径为 $(R+R_2)$ 的圆弧，两圆弧相交于 O 点；最后以 O 点为圆心，以 R 为半径划圆弧 AB 即可。

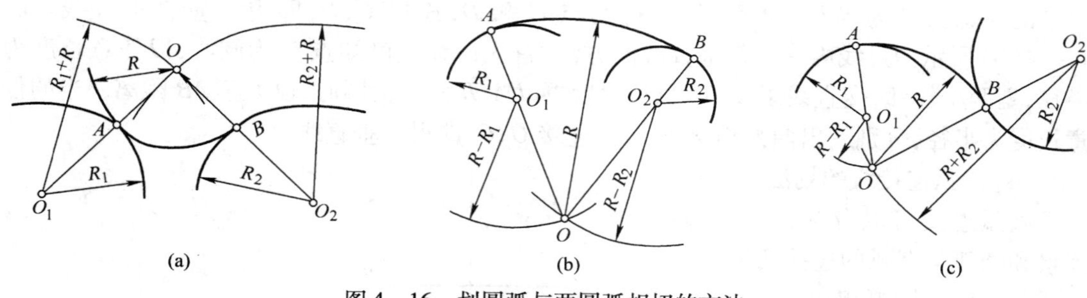

图 4-16　划圆弧与两圆弧相切的方法

(a)圆弧外切　(b)圆弧内切　(c)圆弧内、外切

(五)划线找正与借料

立体划线在很多情况下是对铸、锻件毛坯进行的划线。各种铸、锻件毛坯，由于种种原因，出现形状歪斜、偏心、各部分壁厚不均匀等缺陷。当形位误差不大时，可以通过划线找正和借料的方法来补救。

1. 划线找正

在毛坯上进行划线时，一般先要进行找正。找正就是利用划线盘、角尺等工具对工件位置进行调整，使工件上有关的毛坯面处于合适的位置。

①当工件上有非加工表面时，按非加工表面的位置找正划线，以便使待加工表面与非加

工表面之间保持尺寸均匀。如图4－17所示的轴承架毛坯，由于内孔与外圆不同心，在划内孔加工线之前，应先以外圆为找正依据，找出其中心，然后按找出的中心划出内孔加工线。这样，就可以基本保证内孔与外圆同心。同样，在划底面加工线之前，首先以上平面A（非加工表面）为找正依据，用划线盘找正其水平位置，然后划出底面加工线。这样，就可以使底座各处的厚度比较均匀。

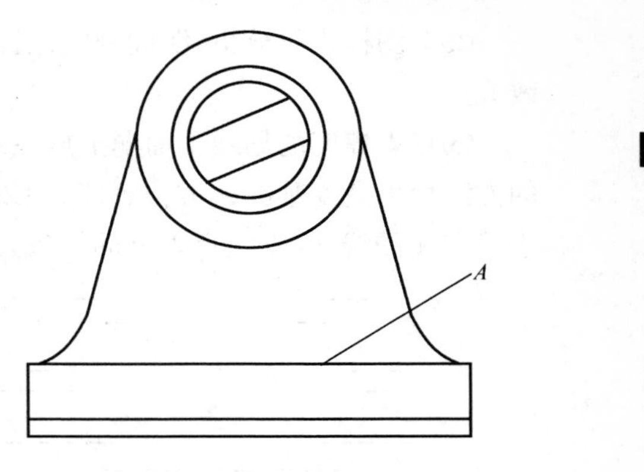

图4－17　毛坯工件的找正

②当工件上有两个或两个以上的非加工表面时，应选择其中面积较大的、较重要的、外观质量要求较高的表面为主要找正依据，兼顾其他较次要的非加工表面，使划线后各非加工表面与待加工表面之间的尺寸（如壳体的壁厚、凸台的高低等）都尽量达到均匀，并符合要求。而把难以弥补的误差反映到较次要或不醒目的部位上去。

③当工件上没有非加工表面时，通过对各待加工表面自身位置找正划线，可以使各待加工表面的加工余量均匀、合理，避免出现个别待加工表面的加工余量过多或过少的现象。

④当工件上有已加工表面时，则应以已加工表面为找正依据。如果有多个已加工表面时，应取其主要的已加工表面作为找正依据。

2. 划线时的借料

大多数毛坯工件都存在一定的误差和缺陷。当误差和缺陷不太大时，通过调整或试划，可以使各待加工表面都有足够的加工余量，以避免毛坯的误差和缺陷反映到加工表面上，或使其影响减小到最低程度。这种划线时的补救方法就叫做借料。

要做好借料划线，首先要知道待划线毛坯误差的大小，确定需要借料的方向和大小，这样才能提高划线效率。如果毛坯误差超过允许范围，就不能利用借料来补救了，应及时报废。借料的步骤可大致分为3步：

①检查毛坯各部分尺寸和偏移情况；

②确定借料的方向和尺寸，并划好基准线；

③通过试划线，检查各加工表面的加工余量是否合理。

注意：划线时的找正和借料这两项工作是密切相关的，如果只考虑一方面，而忽略另一方面，就不可能做好划线工作。

四、任务实施

（一）准备工作

支撑座零件毛坯一件，游标卡尺、钢直尺、划线平台、划针、划规、样冲、90°角尺、锤子各一件。

（二）操作步骤

①清理工件：在待划线表面上均匀地涂上涂料，并在孔中填好塞块；用钢直尺或游标卡尺的外量爪按毛坯图尺寸检查工件的外轮廓尺寸，用游标卡尺的内量爪检查$R7.5$的圆弧尺寸（见图4－18）。

②对图样进行分析，明确划线位置，确定划线基准（高度方向为平面 A，长度方向为中心线 B）。

③将支撑座的划线平面向上放在划线平板上，划规、钢直尺和划针配合使用，用划直线的方法划出高度基准 A 的位置线，用划平行线的方法划出其他要素的高度位置线（即平行于基准 A 的线，仅划交点附近的线条），如图 4－18(a)所示。

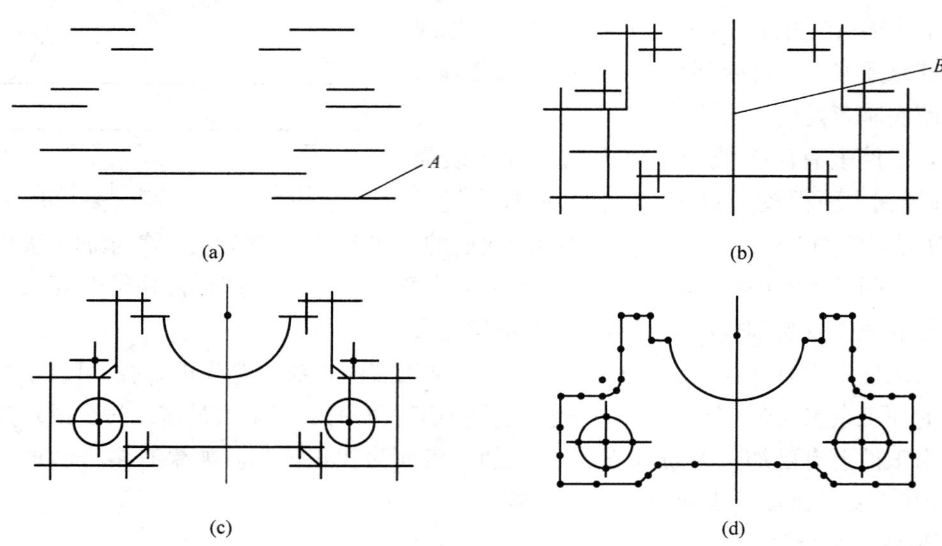

图 4－18　划线步骤

(a)划基准线 A 及其平行线　(b)划基准线 B 及其平行线　(c)确定圆及圆弧中心、划连接线　(d)打样

④在长度方向的对称中心位置，角尺、划针、划规和钢直尺配合使用，用划垂直线的方法划出长度基准 B 的位置线，用划平行线的方法划出其他要素长度的位置线，如图 4－18(b)所示。

⑤划出各处的连接线，确定各圆弧的圆心位置；在各圆心处用样冲打出样冲眼，用划规划出各圆和圆弧的连接线，如图 4－18(c)所示。

⑥复核图形，用游标卡尺的外量爪检查各划线部分的尺寸，若有线条不清晰、遗漏、错误等现象应予以纠正。

⑦在轮廓线上打出样冲眼，工件划线结束，如图 4－18(d)所示。

（三）注意事项

①划线操作前应在纸上先练习一次，熟悉作图方法。

②划线工具和量具的使用方法要正确，划线的动作要自然、协调。

③划线的尺寸要准确，一般划线的精度只能达到 0.25～0.5 mm，线条要细而清晰，样冲眼的位置要准确、合理。

④工具要合理摆放，要把左手用的工具放在操作者的左手边，右手用的工具放在操作者的右手边，排放要整齐、稳妥。

⑤划线后，必须做一次仔细的复检、校对工作，避免出错。

五、操作训练

①平面划线训练。

②立体划线训练。

六、评分标准

划线操作的评分标准见表4－1。

表4－1　划线操作的评分标准

序号	项目与技术要求	配分	检 测 标 准	实测记录	得分
1	涂色薄而均匀	5	总体评定,酌情扣分		
2	线条清晰无重线	15	线条不清楚或有重线,每处扣1分		
3	尺寸及线条位置公差0.5 mm(15处)	30	每一处超差扣2分		
4	冲点位置公差$R0.3$ mm	20	凡冲偏一处扣2分		
5	圆弧连接圆滑(2处)	10	一处连接不好扣5分		
6	检验样冲点分布合理	10	分布不合理每处扣1分		
7	使用工具正确,操作姿势正确	10	发现一处不正确扣2分		
8	安全文明操作		违者每次扣2分		

【思考与练习】

1. 简述划线在钳工操作中的作用。
2. 常用的划线工具有哪些?
3. 对划针的主要要求是什么?用划针划线时的要点是什么?
4. 划线后为什么要打上样冲眼?用样冲冲眼要注意哪些要点?
5. 试述找正和借料的概念。
6. 试进行七巧板划线训练。

(1)操作要求

①能正确选用划线工具。

②熟悉划线操作要领。

③完成在80 mm×80 mm×1 mm铁板(材质以不锈钢板最佳)上进行七巧板划线工作。

④做到安全文明操作,协调自然。

(2)工件图样

七巧板工件图,如图4－19所示。

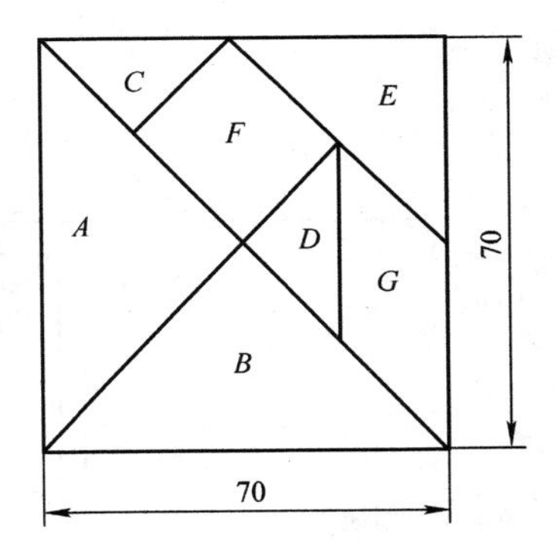

图4－19　七巧板工件图

(3)操作工具

涂料、划针、钢直尺、角尺。

(4)操作步骤

七巧板划线步骤,见表4－2。

表 4－2　七巧板划线步骤

步骤	示意图	操作说明
第一步：读图，分析图样		看图样，明确工作内容和加工要求
第二步：准备工量具	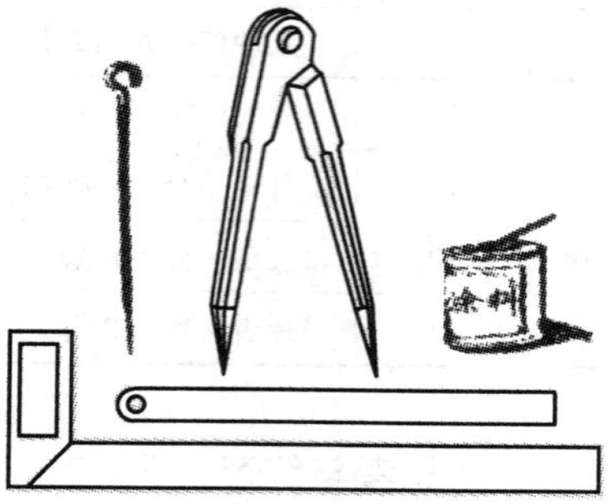 涂料	根据工作内容，准备好相应的划线工量具
第三步：涂色	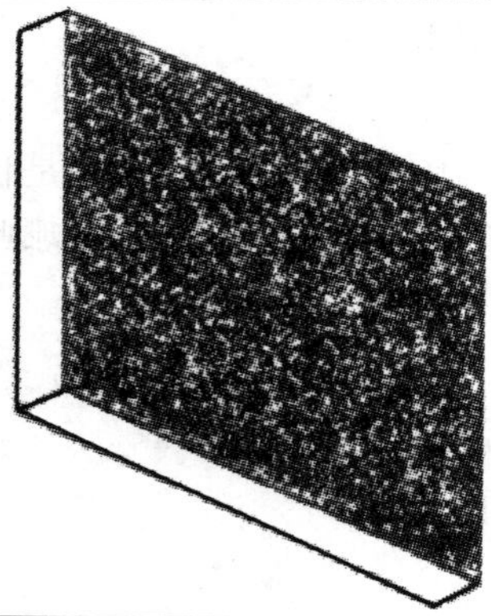	在坯料划线部位涂上一层薄而均匀的涂料
第四步：划线	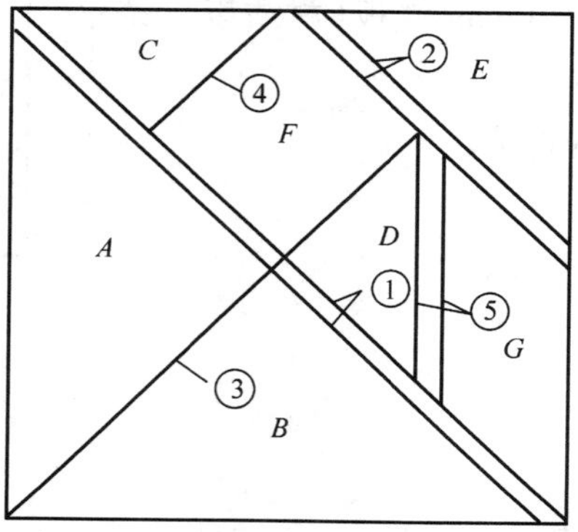 C ② E ④ F A D ① ⑤ G ③ B	在坯料上用准备好的划线工具，按图样要求划出所需线条，即： (1) 划出线①（两条线间隔 2 ~ 3 mm）； (2) 划出线②（两条线间隔 2 ~ 3 mm）； (3) 把板料旋转 90°，划出线③、线④； (4) 划出线⑤（两条线间隔 2 ~ 3 mm）

小贴士 初次划线注意事项。

①由于初次划线,容易出现错误,可先在纸上作图,熟悉后再在毛坯上划线。

②划线动作要熟练,能正确使用划线工具,还要注意工具应合理放置:左手工具放在左面,右手工具放在右面,并要码放整齐。

③所划线条必须做到尺寸准确、线条清晰、粗细均匀,冲点准确合理、距离均匀。

④划线后必须进行复检,避免出错。

(5)评分标准

七巧板划线练习评分表见表4-3。

表4-3 七巧板划线练习评分表

日 期:		开始时间:		结束时间:		
项 目	内容与要求	评分标准	配 分	测量工具	实 测	得 分
1	涂料涂刷均匀	涂刷模糊扣5分	20			
2	线条清晰	一处模糊或重复扣1分	40			
3	尺寸公差 ±0.30 mm	一处超差扣1分	20			
4	工、量具使用	违规扣10分	10			
5	文明与安全操作	违章扣分	10			
记事:						
学生姓名:		学 号:	教师签字:		总 分:	

课题五　金属的锯削

【项目描述】

用手锯对材料或工件进行切断或切槽等的加工方法，称为锯削。它可以锯断各种原材料或半成品，锯掉工件上多余部分或在工件上锯槽等。

- **拟学习的知识**

➢ 锯削工具。

➢ 锯削的基本知识。

➢ 常见材料的锯削方法。

- **拟掌握的技能**

➢ 选择、安装锯条和装夹工件。

➢ 锯削加工。

■任务说明

掌握锯条的选用和安装方法，掌握锯削时工件的装夹方法，掌握锯削的基本知识，学会锯削操作。

锯削就是指用手锯（俗称钢锯）的锯条对原材料或工件（毛坯、半成品）进行切断或切槽等的加工方法，其工作范围如图 5－1 所示。

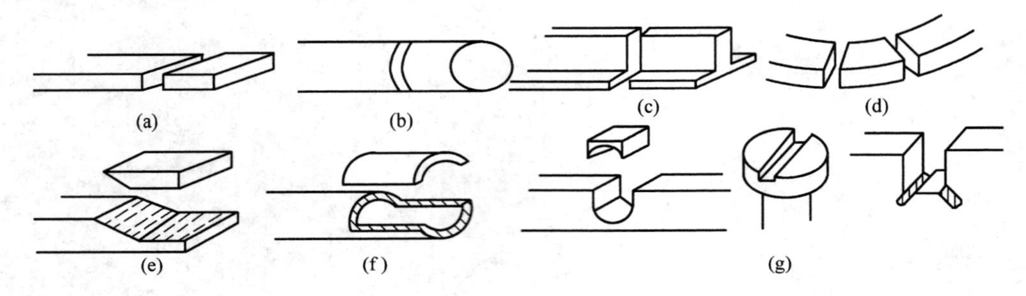

图 5－1　锯削范围

(a)板料锯断　(b)棒料锯断　(c)型材锯断　(d)弧形板锯断　(e)锯平面　(f)管料锯削　(g)工件上锯

一、任务描述

使用锯弓、锯条和台虎钳，锯削如图 5－2 所示的工件，使其达到图样要求。完成时间为 150 min，毛坯为 ϕ32 mm 的 45 钢棒料。

二、任务分析

要完成该工件的锯削任务，其操作步骤为：划线→选择锯削工具→装夹工件→锯削加工（锯削 4 个平面）。

下面学习一下与锯削相关的专业知识。

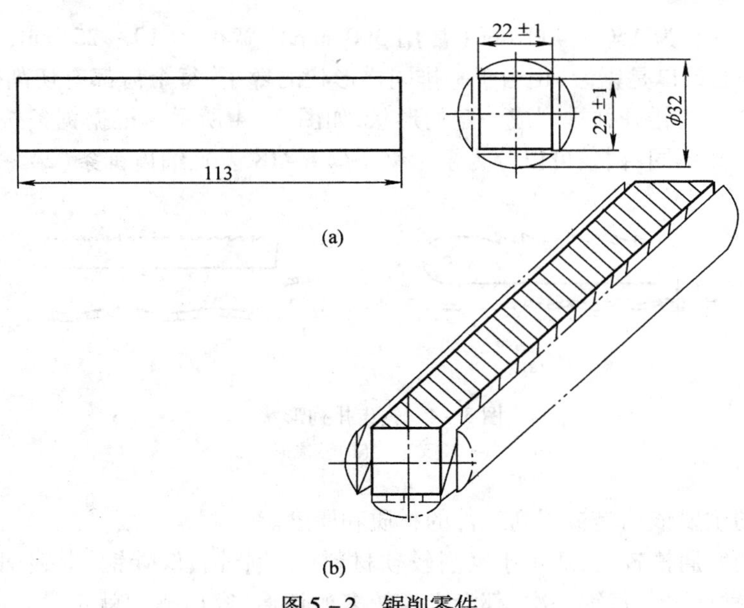

图 5 - 2　锯削零件

(a)零件图　(b)实物图

三、相关知识

(一)锯削工具——手锯

手锯由锯弓和锯条两部分组成。

1. 锯弓

锯弓用于安装锯条和调节锯条松紧程度,分为固定式与可调式两种,如图 5 - 3 所示。通常采用可调式锯弓。

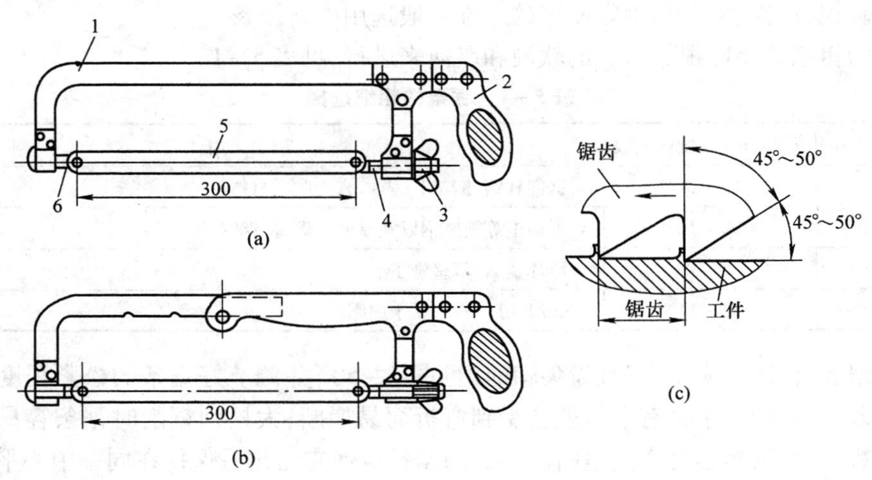

图 5 - 3　锯弓及锯削原理

(a)固定式锯弓　(b)可调式锯弓　(c)锯削原理

1—锯架;2—手柄;3—翼形调节螺母;4—固定拉杆;5—锯条;6—活动拉杆

2. 锯条

锯条是锯削加工所使用的刀具,一般由渗碳软钢冷轧而成。锯条的尺寸规格是指两安装孔间的距离，一般为 150 ~ 400 mm（常用 300 mm），宽度为 10 ~ 25 mm，厚度为 0.6 ~ 0.18 mm。锯条的刃口是锯齿，相当于一排同样形状的錾子，每个齿都有切削作用。锯齿一般按一定的规律左右错开并排列成一定的形状，如图 5 – 4 所示。根据锯条按每25 mm长度内所包含的锯齿数不同，锯条可以分为粗齿锯条（14 ~ 18 齿）、细齿锯条（24 ~ 32 齿）和中齿锯条（介于两者之间）。

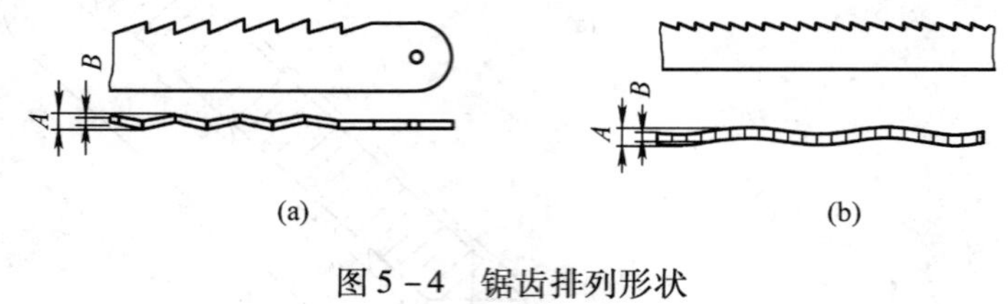

图 5 – 4　锯齿排列形状

（a）交叉形　（b）波浪形

选择锯条的主要依据是被锯削工件的材质和厚度。

粗齿锯条的容屑槽较大，适用于锯削较软材料（如铜、铝、低碳钢、中碳钢）或切面较大的工件，因为这种情况下每锯一次，都会产生较多的切屑，容屑槽大就不易发生堵塞而影响锯削的效率。

锯削硬材料或切面较小的工件（如薄板金属、薄壁管料）应该选用细齿锯条，因为硬材料不易被锯入，每锯一次切屑较少，不易堵塞容屑槽。同时，细齿锯条参加切削的齿数增多，可使每齿担负的切削量较小，锯削的阻力小，材料易于切除，推锯省力，锯齿不易磨损。

锯削管子和薄板时，必须选用细齿锯条，否则会因为齿距大于板厚，使锯齿被钩住而崩断。锯削工件时，截面上至少要有两个以上的锯齿同时参与切削，才能避免锯齿被钩住而崩断的现象。

普通碳钢、铸铁、管子和中等厚度的工件一般选用中齿锯条。

锯条的粗细选择应根据材料的软硬和厚薄来进行，见表 5 – 1。

表 5 – 1　锯条的粗细选择

规格	每 25 mm 长度内齿数	应　用
粗	14 ~ 18	锯削软钢、铜、铝、铸铁、人造胶质材料
中	22 ~ 24	锯削中等硬度钢以及厚壁的钢管、铜管
细	24 ~ 32	薄片金属、薄壁管子
细变中	32 ~ 20	一般工厂中用，易于起锯

安装锯条时，锯条应安正，且齿尖朝前（见图 5 – 5），并调节好锯条的松紧程度，太紧使锯条受力太大，在锯削中稍有卡阻就会受到弯折而易崩断；太松则锯削时锯条容易扭曲，也很可能折断，而且锯缝容易产生歪斜。装好的锯条应使它与锯弓保持在同一中心平面内，这对保证锯缝正直和防止锯条被折断都比较有利。

（二）锯削的基本知识

1. 锯削的基本姿势

（1）握锯方法

握锯方法如图 5 – 6 所示。

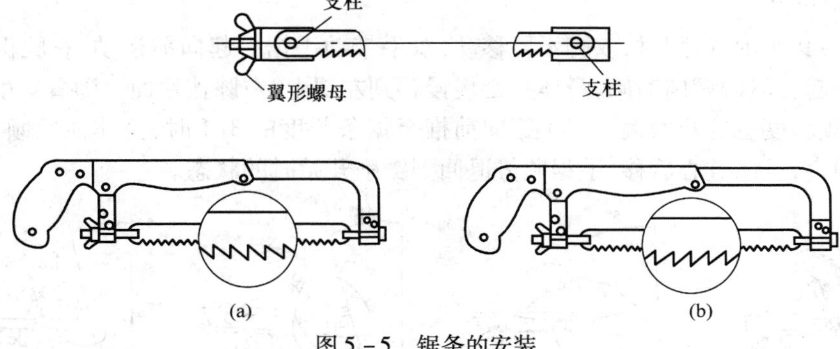

图 5－5 锯条的安装

(a)正确 (b)不正确

(2)站立位置及姿势

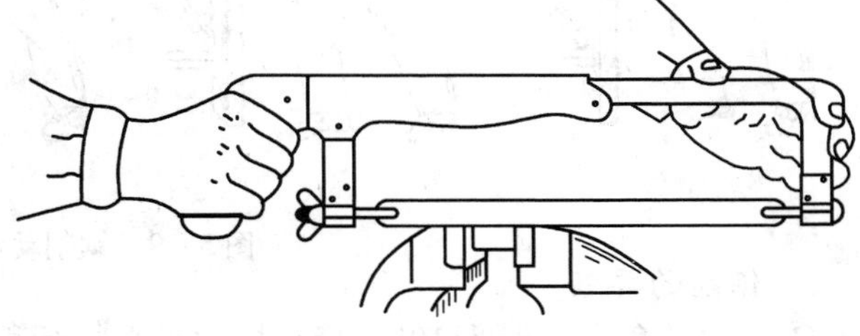

图 5－6 握锯方法

锯削前,操作者应站在台虎钳的左侧,左脚向前跨半步与台虎钳左面呈 30°,右脚与台虎钳呈 75°,左膝略有弯曲,右脚站稳、伸直轻微用力,两脚相距 250～300 mm,保持舒适自然。身体与台虎钳约呈 45°,双手扶正手锯放在工件上,左臂略微弯曲,右臂与锯削方向基本保持平行,如图 5－7 所示。

(3)起锯方法

起锯是锯削工作的开始。起锯开始时用左手拇指按住锯削的位置,锯条侧面靠住拇指,使锯齿在锯削线上,且锯条与工件呈 10°～15°夹角,如图 5－8(a)所示。起锯的方法有两种:在远离操作者一端起锯称为远起锯法,如图 5－8(b)所示;在靠近操作者一端起锯称为近起锯法,如图 5－8(c)所示。前者起锯方便,起锯角容易掌握,是常用的一种起锯方法。起锯时应用大拇指或物体靠住锯条侧面,保证锯条在某一固定的位置起锯,并平稳地逐步切入工件,使锯条不会跳出锯缝。

小贴士:无论是远起锯还是近起锯,起锯角都要小一些,一般不超过 15°,如图 5－8 所示,让锯条逐步切入工件,以免锯齿受到棱边的冲击而崩裂。

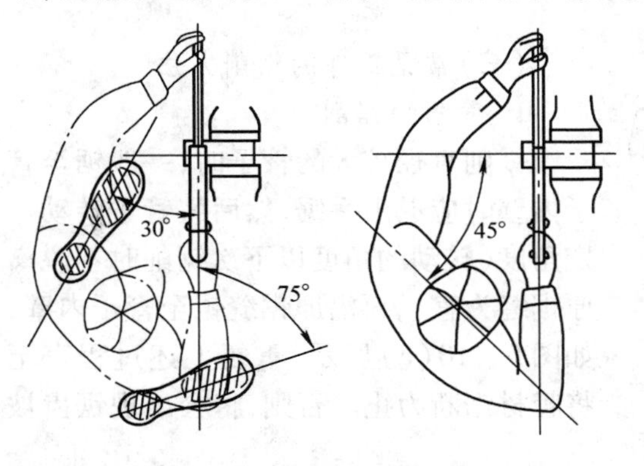

图 5－7 锯削的站立位置与姿势

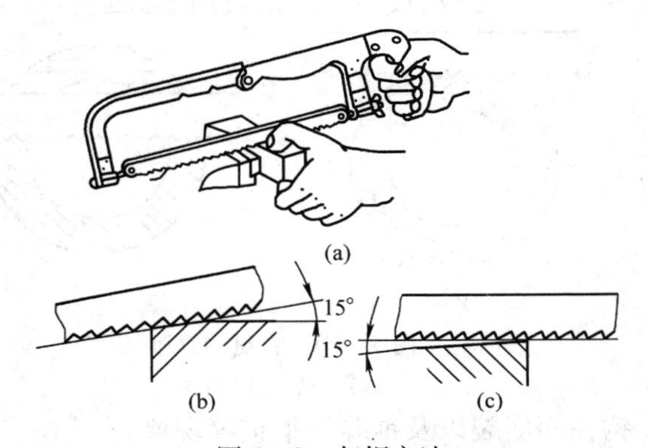

图 5－8 起锯方法

(a)起锯开始 (b)远起锯 (c)近起锯

2. 锯削动作

如图 5－9 所示，锯削时，双脚不要移动，双手带动手锯一起向前运动，右腿保持伸直状态与身体一起自然协调向前倾，身体重心慢慢移到左腿上，左膝盖弯曲。随着锯削行程的增加，身体的倾斜度也随着增大。当手锯向前推至锯条长度的 3/4 时，身体往后倾，从而带动左腿略微伸直，身体重心后移，手锯顺势退回到锯削开始时的状态。

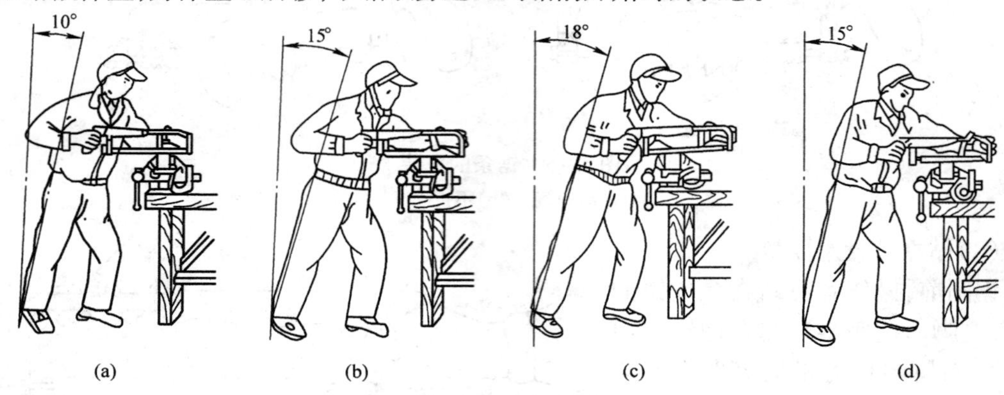

图 5－9　锯削动作

3. 锯削的要领

①起锯的角度一般为 10°～15°，推动手锯的行程要短，速度要慢，压力要小。当锯齿锯入工件 2～3 mm 时，左手拇指离开工件，双手扶正手锯进入正常锯削状态。

②锯削的速度要均匀、平稳、有节奏、快慢适度，一般以每分钟往复 20～60 次为宜。过慢，效率低；过快，操作者容易疲劳，锯条也会因过热而损坏。

③锯削时对锯弓施加的力要均匀，大小要合适。用右手控制锯削的推力与压力，左手扶正锯弓，并配合右手调节对锯弓施加的压力。锯削硬材料时的压力比锯削软材料时要大些，手锯退回时不能对锯弓施加压力。

④锯削钢材时应加少许机油对锯条进行润滑。

⑤锯条参与锯削的长度不应小于锯条长度的 2/3。

⑥当锯缝歪斜时，应停止锯削，将工件转动一定角度后，重新起锯，再进行锯削。

⑦当锯削工作接近尾声时，压力要小，速度要慢，行程要短。对于将要锯断的工件，应用左手扶住工件，或留一点余量用手摇断。

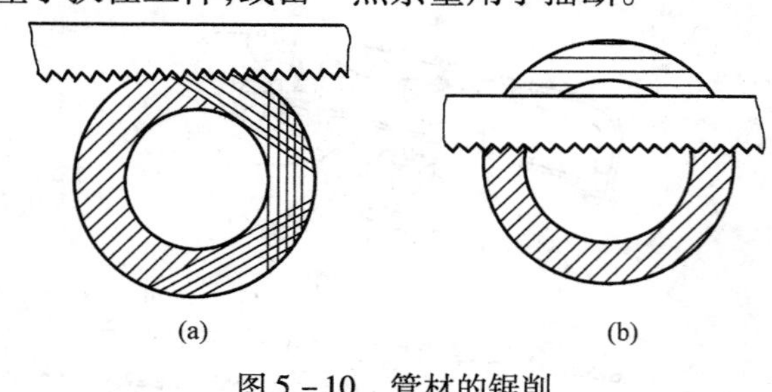

图 5－10　管材的锯削

(a)正确　(b)错误

(三)常见工件的锯削方法

1. 管材的锯削

锯削直径较大的管子时，一般锯至管子内壁时应退出手锯，然后将管子转动一定角度(转动的角度以下次锯削时不脱离原锯缝为宜)，再沿原锯缝锯至管子内壁，如图 5－10(a)所示，重复上述过程直至将管材锯断为止。否则，将会出现锯齿被钩住而崩裂以及锯缝不平整等现象。

2. 板材的锯削

这里的板材指的是厚度大于 4 mm 的板料。板料锯削时，容易产生颤动、变形或钩住锯齿等现象。通常采用下述方法加以避免：将手锯与板料倾斜一定角度，以增加锯条与板料的接触齿数，避免产生钩齿现象，如图 5－11(a) 所示；将板料夹在两木板之间，锯削时连同木板一起锯削，以增加板料的刚性，避免锯削时产生颤动或钩齿现象，如图 5－11(b) 所示。

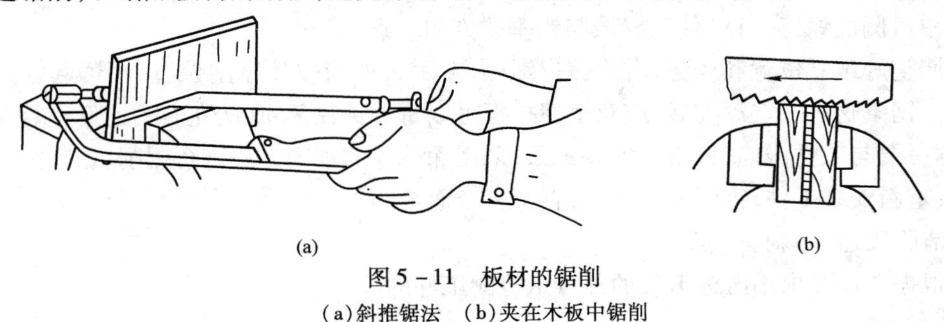

图 5－11　板材的锯削

(a) 斜推锯法　(b) 夹在木板中锯削

3. 深缝件的锯削

锯削深缝件时，锯缝的深度大于锯弓的高度，正常安装锯条的方法无法完成锯削工作，如图 5－12(a) 所示。这时可将锯条转过 90°重新安装（图 5－12(b)），使锯弓处于工件的外侧。如果将锯条转过 90°重新安装后，锯弓与工件发生干涉或不便操作情况，则应将锯弓转过 180°后重新安装（图 5－12(c)），使锯弓处于工件的下方，以便进行锯削加工。

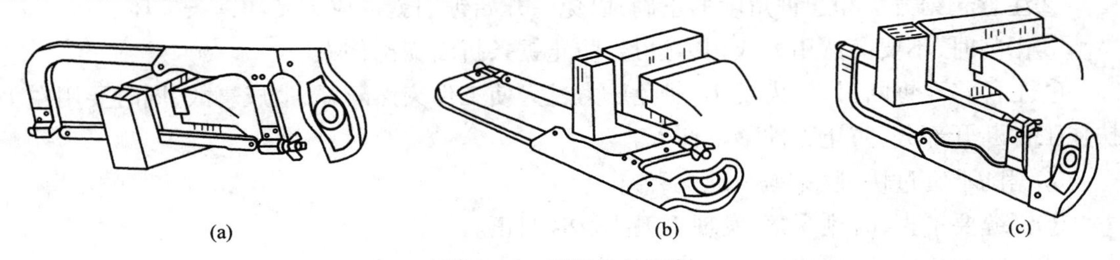

图 5－12　深缝件的锯削

(a) 锯条正常安装　(b) 锯条转 90°安装　(c) 锯条转 180°安装

4. 型钢的锯削

型钢的锯削应从宽面开始进行锯削，这样锯缝较长，参加锯削的锯齿也多，锯削的往复次数少，锯齿不易被钩住而崩断。角铁在锯好一个面后，将其转过一个方向后再锯。这样才能得到比较平整的断面，锯齿也不易被钩住。槽钢的锯削方法与角铁相似，如图 5－13 所示。

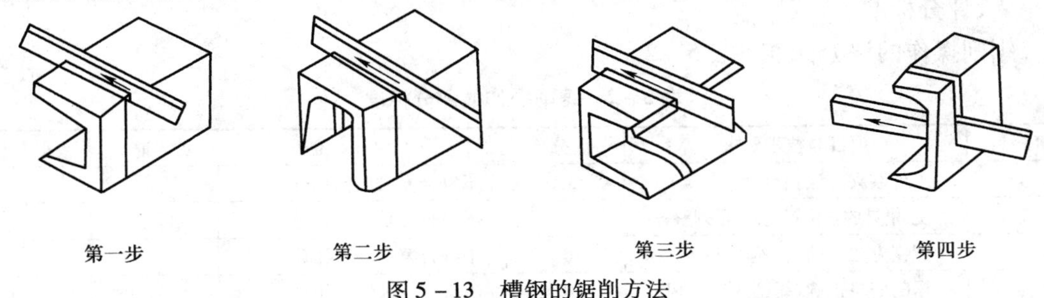

图 5－13　槽钢的锯削方法

四、任务实施

(一) 准备工作

ϕ32 mm×113 mm 的 45 钢棒料一件，游标卡尺（0.02 mm/(0～150) mm）、可调式锯弓、台虎钳各一，粗齿锯条若干。

(二)操作步骤

①将粗齿锯条的齿尖方向朝前安装在锯弓上,调节好松紧程度。

②将已划好线的工件竖着装夹在台虎钳的左面,应使锯缝离开钳口侧面约20 mm,锯缝线要与钳口侧面保持平行(使锯缝线与铅垂线方向一致)。

③调整好站立位置和姿势,右手握持锯弓,左手大拇指按住锯削位置,用远起锯方法开始锯削。锯条吃入一定深度后,应双手握持锯弓以每分钟往复40次左右的速度进行锯削加工,当锯弓要与工件碰撞时,重新安装锯条,采用深缝件的锯削方法进行锯削,锯削完一个表面后,要重新安装工件,锯削另一表面,直至4个面全部加工完为止。

④清除飞边、毛刺。

⑤根据图样要求用游标卡尺的外量爪检测工件的尺寸。

(三)注意事项

①装夹工件时要牢靠,但要避免将工件夹变形和夹坏已加工表面,工件不能露出钳口过长。夹持重要表面时,应用紫铜皮包住夹持面;夹持圆管或圆形工件时,最好采用V形槽夹持块。加工工件时,应边锯削边调整工件的露出长度,避免工件悬伸过长而使刚性变差影响加工。

②注意起锯方法和起锯角度的正确,以免一开始锯削就造成废品和锯条损坏。

③锯削时,不要突然用力或用力过猛,防止锯条折断崩出伤人。

④工件将要锯断时,压力要小,避免压力过大使工件突然断开,造成事故,同时要用左手扶住工件断开部分,防止工件落下伤人。

⑤锯削不宜过快,避免锯条过快磨钝。

⑥锯缝要平直,时刻观察,发现歪斜要及时纠正。

⑦锯削钢件时,可加些机油。

⑧锯削完毕,应将锯弓上调节螺母适当放松,不要拆下锯条,将其妥善放好。

五、操作训练

①锯削金属棒料。

②锯削金属板料。

六、评分标准

锯削操作的评分标准见表5-2。

表5-2 锯削操作的评分标准

序号	项目与技术要求	配分	检测标准	实测记录	得分
1	工件装夹方法正确	5	不符合要求酌情扣分		
2	工、量具放置位置正确,排列整齐	5	不符合要求酌情扣分		
3	握锯方法正确、自然	10	不符合要求酌情扣分		
4	锯削姿势正确、锯削速度合理	10	不符合要求酌情扣分		
5	锯削断面纹路整齐(4面)	20	总体评定(每面5分)		
6	锯条使用正确	20	每折断一根扣2分		
7	尺寸要求(22±1)mm(2处)	30	每超差0.5 mm扣15分		
8	安全文明操作		违者每次扣2分		

【知识链接 1:锯削时常见的问题分析和安全操作】

锯削过程中常见的质量问题、产生的原因和解决方法。

表 5-3　锯削过程中常见的质量问题、产生的原因及解决方法

锯条损坏及质量问题	产生的原因	解决方法
锯条折断	(1)锯条装得太紧或太松; (2)新换锯条在旧锯缝中被卡住而折断; (3)锯缝歪斜,强行纠正; (4)锯削压力太大,或突然加大压力; (5)工件未夹紧,锯削时松动; (6)锯削工件时,锯条与台虎钳等硬物相撞	(1)旋转翼形螺母时,用两指施压,直至旋不动; (2)改变方向锯削或在旧锯缝中减小速度,小心锯削; (3)不强行纠正; (4)平稳锯削; (5)夹紧工件; (6)注意工件锯断的情况
锯齿崩裂	(1)锯齿粗细选择不当; (2)起锯角太大,起锯用力过猛; (3)锯薄管子或薄板方法不当; (4)锯条装夹过紧	(1)正确选择锯齿; (2)正确起锯,起锯角为 10°～15°; (3)正确采用锯薄料方法; (4)稍放松锯条
锯齿磨损快	(1)锯削速度过快; (2)工件材料过硬; (3)冷却不够	(1)锯削速度为 20～60 次/min; (2)采用细齿锯条或改用其他方法加工; (3)正确使用切削液
尺寸锯小	(1)划线不正确; (2)锯缝歪斜过多,偏离划线范围	(1)粉笔除掉,重新划线; (2)小心操作,掌握好技能
锯缝歪斜,超差	(1)安装工件时,锯缝线与钳口不平行; (2)锯条的安装太松或扭曲; (3)使用锯齿两面磨损不均匀的锯条; (4)锯削时压力过大,锯条左右摇摆; (5)锯弓不正或用力歪斜,使锯条偏离锯缝中心	(1)重新装夹; (2)调整好锯条再锯; (3)换锯条; (4)平稳锯削,压力适当; (5)重新调整,用力恰当
工件变形或夹坏	(1)夹持工件位置不当,锯削时变形; (2)未采用钳口保护而把工件夹伤; (3)夹紧力太大把工件夹坏	(1)重新调整; (2)采用辅助衬垫; (3)夹紧力恰当
表面拉毛	起锯的方法不对,用力不稳,锯条滑出拉毛	采用正确的起锯方法

【知识链接 2:锯削操作注意事项】

①锯条安装松紧要适度。

②锯削时切勿突然用力过猛,以防锯条折断,从锯弓上崩出伤人。

③工件将被锯断时,要用左手扶住断开部分,以免砸脚,同时锯削压力要小,以免工件突然断开,而人向前冲造成事故。

【思考与练习】

1. 锯削的方法有哪些?
2. 锯条锯齿是怎么排列的?

3. 锯条锯齿的粗细是怎么规定的？怎样选择锯条锯齿的粗细？

4. 起锯时和锯削时的操作要领是什么？

5. 为追求速度，锯削频率很大，这样做妥当吗？会产生什么后果？

6. 如何锯削图 5－14 所示型钢，请叙述其锯削方法。

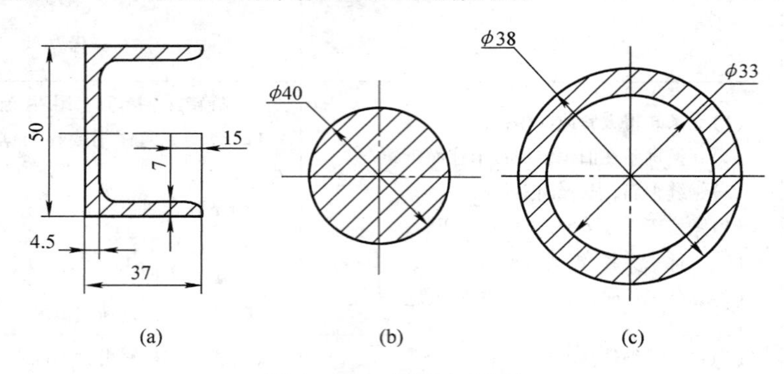

图 5－14　型钢断面形状

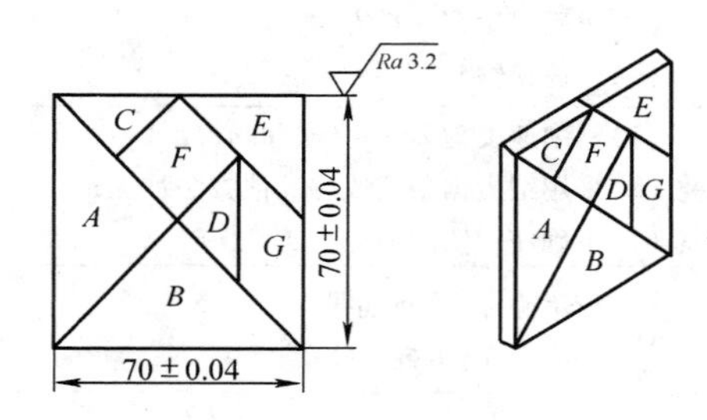

图 5－15　七巧板工件图

7. 试进行七巧板锯削训练。

（1）操作要求：

①掌握锯条的正确安装；

②能正确把握锯削速度和姿势；

③完成七巧板制作工作；

④做到安全文明操作，协调自然。

（2）工件图样：锯削七巧板工件图，如图 5－15 所示。

（3）操作工具：76 mm × 76 mm × 8 mm 板材、涂料、划针、钢直尺、台虎钳、手锯削工具（锯弓）、锯条。

（4）操作步骤：七巧板锯削步骤，见表 5－4。

表 5－4　七巧板锯削步骤

步骤	示意图	操作说明
第一步：读图		看图样，明确工作内容和加工要求

续表

步骤	示意图	操作说明
第二步:准备器具	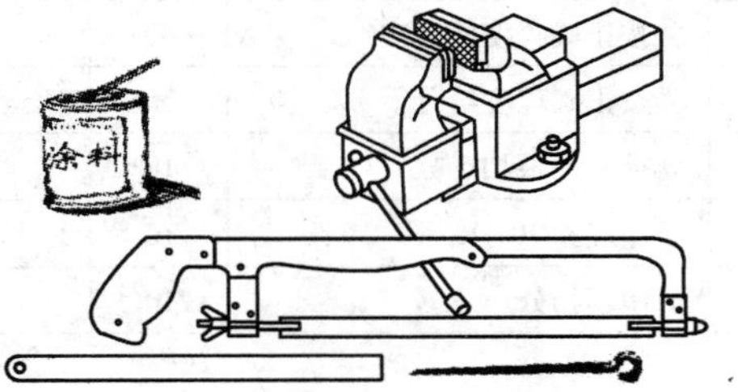	根据工作内容,准备好相应的划线和锯削的量器具
第三步:涂色	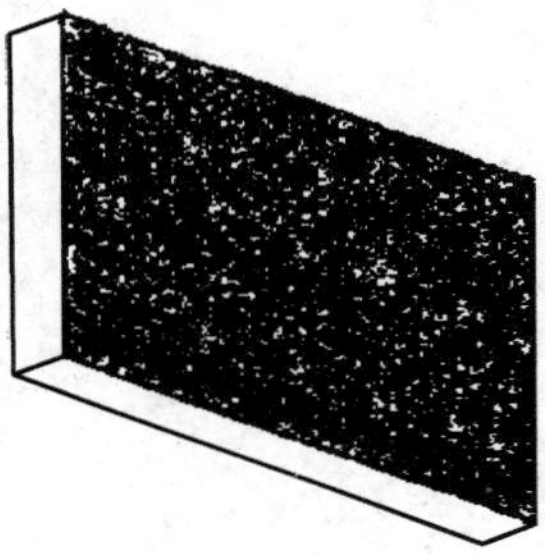	在坯料划线部位涂上一层薄而均匀的涂料
第四步:划线	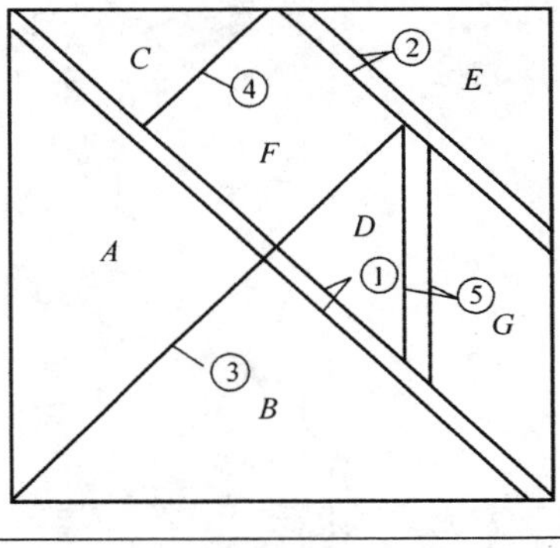	在坯料(板料)上划出①、②、③、④和⑤线
第五步:锯削		按划线①、②、③、④和⑤进行锯削,并去除毛刺

小贴士　毛刺很锋利,去除时注意安全,以免伤手。

(5)评分标准:七巧板锯削练习评分见表5－5。

表 5－5　七巧板锯削练习评分表

日　期：		开始时间：		结束时间：		
项　目	内容与要求	评分标准	配　分	测量工具	实　测	得　分
1	平面度 0.5	按正确程度给分	40			
2	尺寸线条清晰	按正确程度给分	30			
3	折断锯条	折断一根扣 5 分	10			
4	工、量具使用	违规扣 10 分	10			
5	文明与安全操作	违章扣分	10			
记事：						
学生姓名：		学　号：	教师签字：		总　分：	

课题六　金属的錾削

【项目描述】

用手锤锤击錾子对工件进行切削加工的操作方法叫做錾削。其操作工艺较为简单,切削效率和切削质量不高。目前,錾削主要用于某些不便于机械加工的工件表面的加工,如清除铸锻件和冲压件的毛刺和飞边、分割材料、錾切油槽等。

● 拟学习的知识

➢ 錾削工具的使用方法。

➢ 錾削的基本知识。

➢ 板料、平面、油槽的錾削方法。

● 拟掌握的技能

➢ 錾子的选择与刃磨。

➢ 錾削加工。

■任务说明

根据加工要求正确选用錾子,能正确刃磨錾子;掌握錾削的基本知识,学会錾削操作。

錾削是指用锤子敲击錾子对金属制件进行切削加工的方法。其工作范围是:去除锻件的飞边、铸件的毛刺和浇冒口、分割材料、去凸缘、錾切沟槽及平面等。

一、任务描述

运用錾子、锤子和台虎钳,錾削图 6－1 所示零件的上平面,尺寸达到图样要求。完成时间为 60 min,毛坯为 ϕ32 mm 的 45 钢棒料。

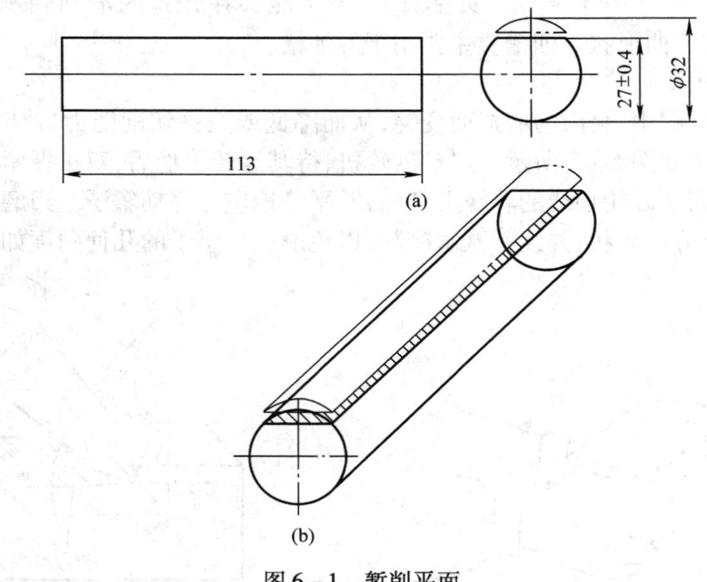

图 6－1　錾削平面

(a)零件图　(b)实物图

二、任务分析

要完成该工件的錾削任务，其操作步骤为：划线→选择錾削工具→装夹工件→錾削加工（錾削上平面）。

下面学习一下与錾削相关的专业知识。

三、相关知识

（一）錾削工具

錾削的主要工具是錾子和锤子。

1. 錾子

錾子通常采用碳素工具钢（T7A 或 T8A）锻造成形，经热处理后刃磨而成。錾身一般为六棱形，其长度为 125 ~ 150 mm。錾子由切削部分和头部组成。其切削部分呈楔形，由前刀面、后刀面及切削刃组成。头部有一定的锥度，顶端略呈球形。

（1）錾子的种类

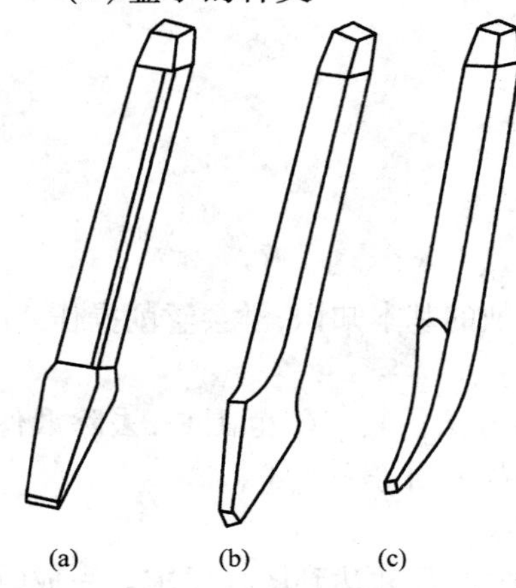

图 6－2　錾子的种类
（a）扁錾　（b）窄錾　（c）油槽錾

常用的錾子有扁錾、窄錾和油槽錾三种。

1）扁錾

扁錾（图 6－2（a））也称阔錾，切削刃较长，且略带圆弧，切削面较扁平。常用于錾平面、切割、去凸缘、去毛刺和倒角，是用途最广泛的一种錾子。

2）窄錾

窄錾（图 6－2（b）），也称尖錾或狭錾，切削刃较短，两切削面从切削刃向錾身逐渐缩小，斜面有较大的角度，为了保证切削部分有足够的强度，切削刃与錾身宽度方向呈“十字形”。窄錾常用于錾沟槽、分割曲面和板料等。

3）油槽錾

油槽錾如图 6－2（c）所示，它切削刃很短，两切削刃呈弧形，为了能够在开式的滑动轴承内壁上錾削油槽，切削部分制成弯曲形状。油槽錾主要用于錾油槽。

（2）錾子的刃磨

錾子在錾削过程中，会因为磨损而变钝，从而降低或失去切削能力，此时必须对其进行刃磨。其刃磨方法如图 6－3 所示。启动砂轮机，待其运转平稳后，双手握紧錾子，轻微用力将其刃口放在略高于砂轮轴线的轮缘上磨削，并平稳地左右移动錾子。刃磨时，应控制好錾子的方向、位置及刃口形状，并经常蘸水冷却，以免退火。錾子的几何角度如图 6－4 所示，

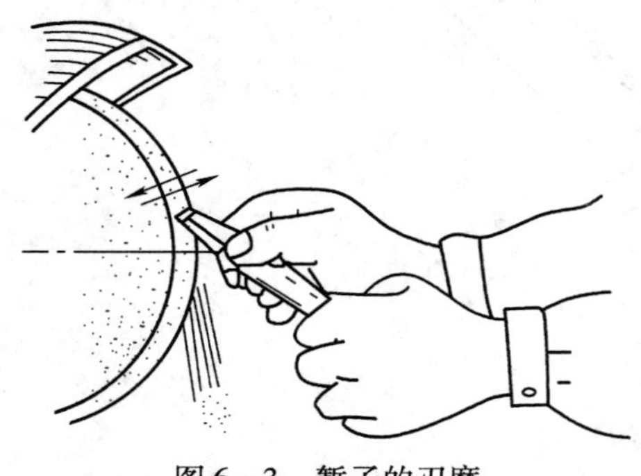

图 6－3　錾子的刃磨

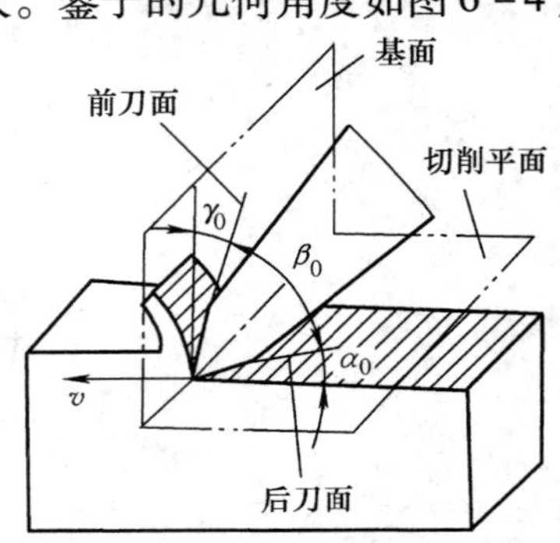

图 6－4　錾子的几何角度

刃磨时，要注意控制錾子楔角 β 的大小，一般为 50°～60°。錾削钢件或铸铁时，楔角为 60°；錾削有色金属时，楔角小于 60°。

砂轮机如图 6－5 所示，用于磨削各种刀具和工具（如錾子、钻头、刮刀等），也可以用于磨去工件或材料上的毛刺、锐边等。使用砂轮机时应遵守安全操作规程，严防产生砂轮碎裂和人身伤害事故。

工作时一般应注意以下几点：

①启动后，待砂轮转速达到正常后再进行磨削；

②磨削时要防止刀具或工件对砂轮发生撞击或施加过大的压力；

③砂轮外圆跳动严重时，应及时用修整器修整；

④磨削时，不要站立在砂轮的正对面，而应站在砂轮的侧面或斜对面。

图 6－5　砂轮机

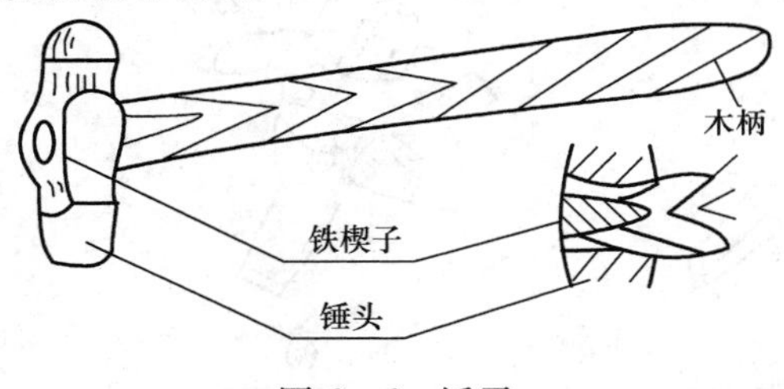

图 6－6　锤子

2. 锤子

锤子的结构如图 6－6 所示。锤头的材料一般是经热处理（淬硬）的碳钢。锤头的尺寸规格用其质量来表示，有 0.25 kg、0.5 kg 和 1 kg等几种。木柄用 300～500 mm 硬而不脆的木材做成，如檀木。铁楔子是将木柄装在锤头上后，揳紧在锤头一侧木柄中的，起揳紧锤头、防止其脱落的作用。

（二）錾削的基本知识

1. 錾削姿势

（1）锤子的握法

用右手的食指、中指、无名指和小指握紧锤柄，柄尾伸出手外 15～30 mm，大拇指贴在食指上。握锤的方法有松握法和紧握法之分，如图 6－7 所示。

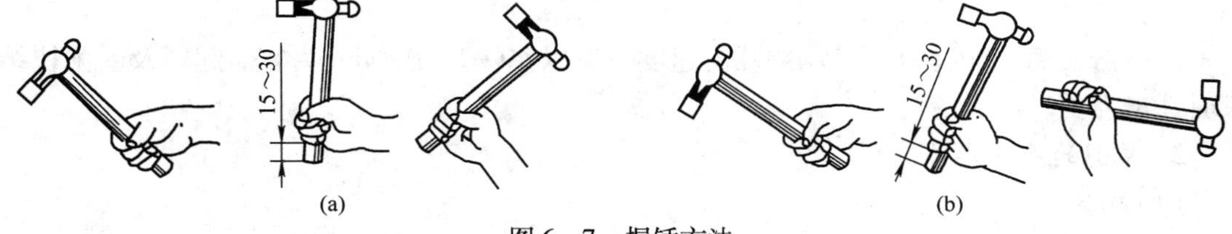

图 6－7　握锤方法

（a）松握法　（b）紧握法

（2）挥锤方法

挥锤方法有腕挥、肘挥和臂挥三种。腕挥时，只有手腕运动，锤击力较小，一般用于起錾、錾出、錾油槽等。肘挥时，手腕与肘部一起运动，锤击力较大，应用广泛，如图 6－8（a）所示。臂挥时，手腕、肘部与全臂一起挥动，锤击力大，一般适用于大力錾削，如图 6－8（b）所示。

（3）錾子的握法

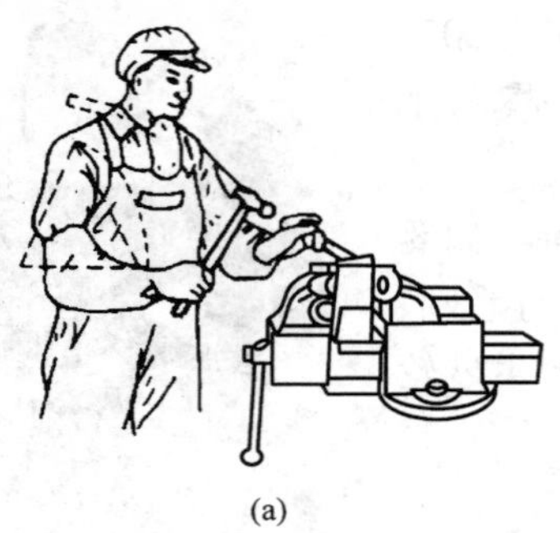

(a)

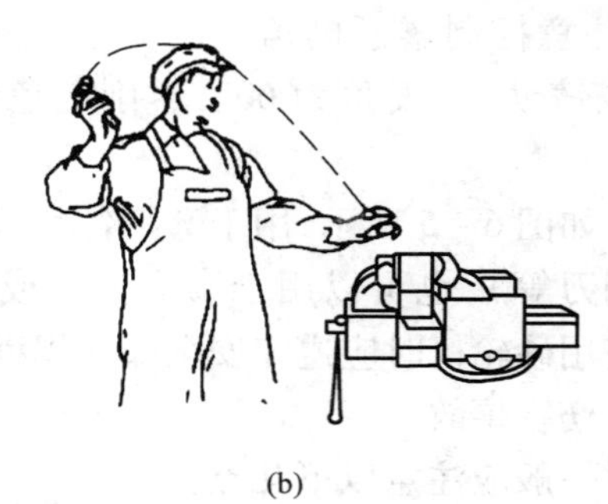

(b)

图 6－8　挥锤方法

(a)肘挥　(b)臂挥

錾子的握法有立握法、反握法和正握法三种,如图 6－9 所示。一般采用正握法,其握法是用左手的中指、无名指及小指弯向手心握住錾子,拇指、食指与錾子自然接触,握持錾子一般不要太用力,应自然放松,錾子头部应伸出手外 20～25 mm。

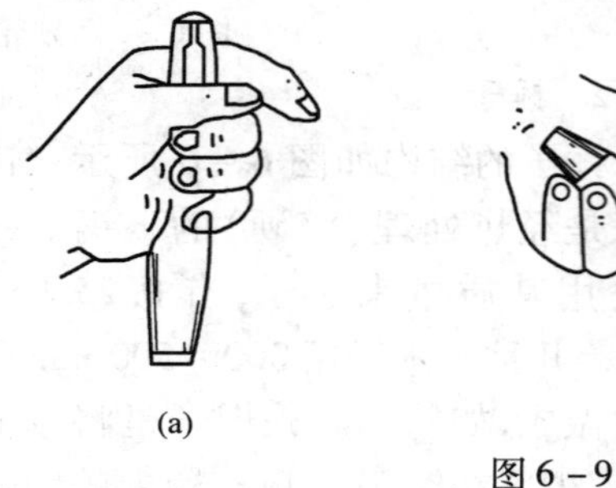

(a)　(b)

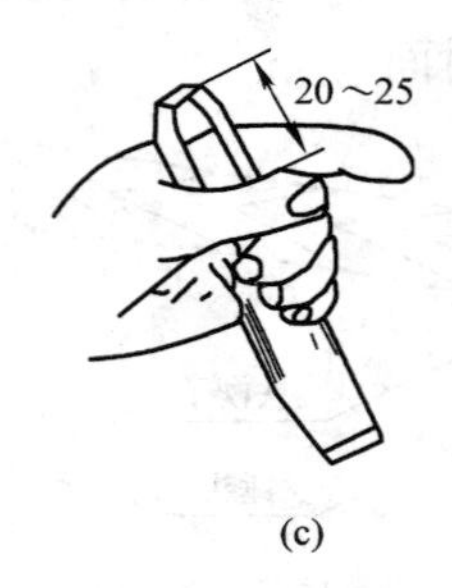

(c)

图 6－9　錾子的握法

(a)立握法　(b)反握法　(c)正握法

(4)站立位置与姿势

錾削时的站立位置与姿势和锯削操作相同。

(5)锤击錾子时的要领

①挥锤时,肘收臂提,举锤过肩;手腕后弓,三指微松;锤面朝天,稍停瞬间。

②锤击时,目视錾刃,臂肘齐下;收紧三指,手腕加劲;锤錾一线,锤走弧形;左腿着力,右腿伸直。

③锤击要稳、准、有力、有节奏,锤击速度一般以 40～50 次/min 为宜。起錾及錾削快结束时锤击力要轻。

2. 錾削的基本操作

(1)起錾

如图 6－10 所示,起錾时,应使錾身水平,錾子的刃口要抵紧工件,使錾子容易切入。錾槽时,应从开槽部分的一端边缘起錾;錾平面时,应从工件尖角处起錾。

(2)錾削

錾削分粗錾和精錾,操作者应根据被錾削材料的情况控制錾子的前角与后角。粗錾时,后角一般取 2°～3°;精錾时后角取 5°～8°。錾削余量一般为 0.5～2 mm,当余量大于 2 mm 时,应分几次錾削。在錾削过程中,一般每錾削 2～3 次后,可将錾子退回一些,做一次短暂的停顿,然后再将刃口顶住錾削处继续錾削。这样,既可随时观察錾削表面的平整情况,又可使手臂肌肉有节奏地得到放松。

(3)錾出

錾出方法如图 6－11 所示，当錾削至终端 10～15 mm 时，必须调头，再錾去剩余部分材料，以避免錾削剩余部分时出现崩裂现象。

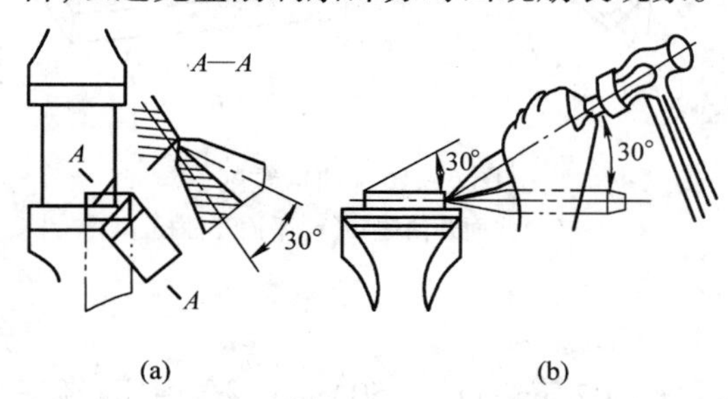

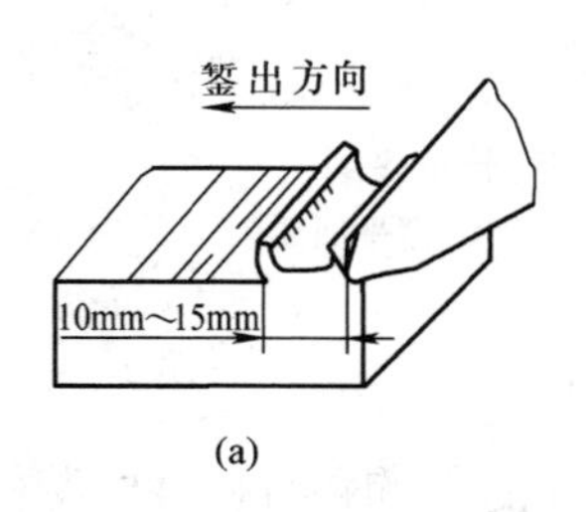

图 6－10　起錾方法
(a)平面起錾　(b)油槽起錾

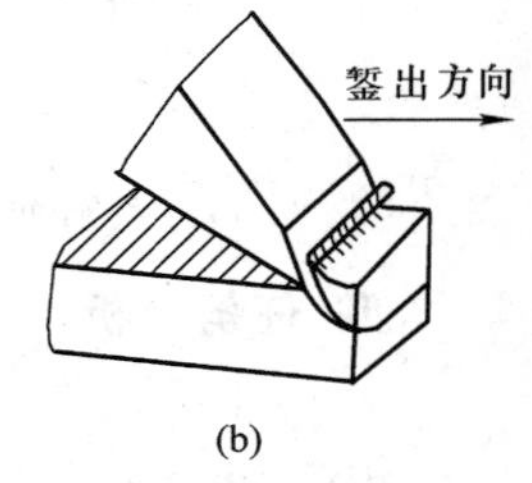

图 6－11　錾出方法
(a)正确　(b)错误

(三)板料、平面、油槽的錾削方法

1. 板料的錾削

錾削厚度在 2 mm 以下的小尺寸薄板时，可将板料按划线位置夹持在台虎钳上，且使划线与钳口平齐，用扁錾沿着钳口斜对板料，自右向左对其进行錾削，如图 6－12 所示。錾削厚度较大或尺寸较大的薄板时，应在软铁垫、铁砧或旧平板上进行，如图 6－13 所示。錾削轮廓较复杂的工件时，可在轮廓线周围预先钻出密集的小孔，再进行錾削，以提高錾削效率，如图 6－14 所示。

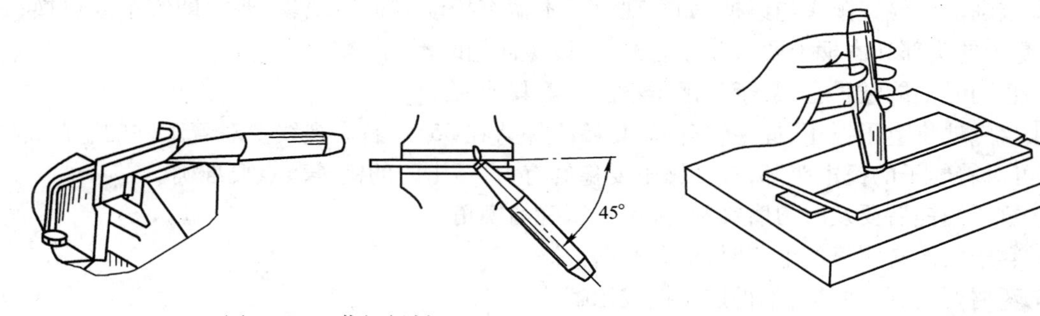

图 6－12　薄板錾削

图 6－13　厚板錾削

2. 平面的錾削

錾削较窄平面可以用扁錾直接完成；錾削较宽平面时，应先用窄錾开数条槽，然后用扁錾錾去剩余部分，如图 6－15 所示。

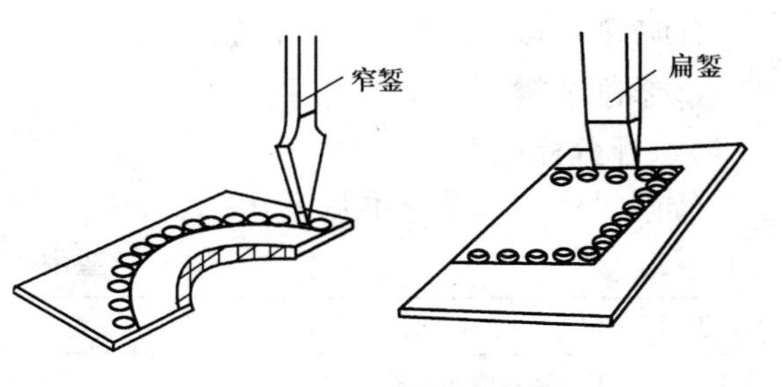

图 6－14　复杂轮廓錾削

3. 油槽的錾削

选择宽度等于油槽宽度的油槽錾。在平面上开油槽与錾削平面方法相同。在曲面上錾油槽时，錾子的倾斜程度要随曲面的变化而变化，保证后角不变，如图 6－16 所示。錾好后，应用刮刀或油石修去槽边的毛刺。

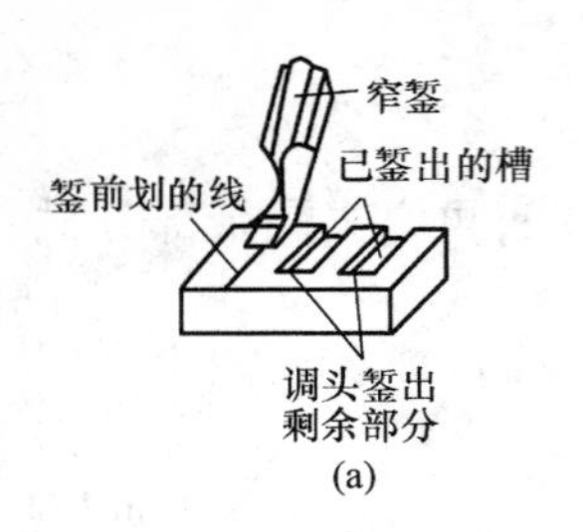

(a)

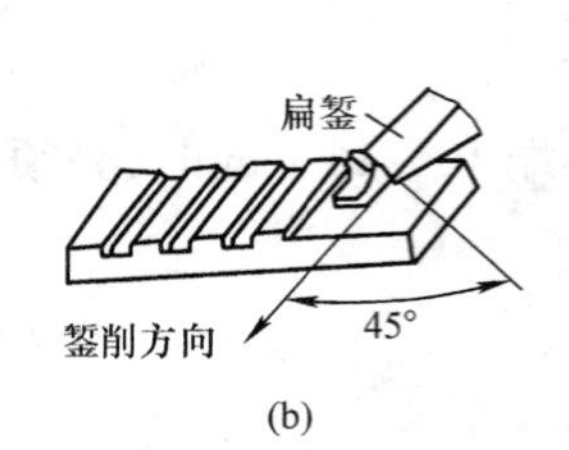

(b)

图 6－15　平面錾削
(a)窄平面錾削　(b)宽平面錾削

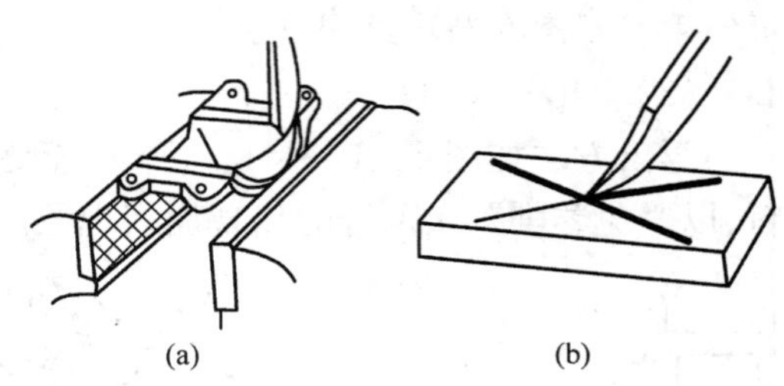

图 6－16　油槽錾削
(a)曲面开油槽　(b)平面开油槽

四、任务分析

(一)准备工作

ϕ32 mm×113 mm 的 45 钢棒料一件,游标卡尺(0.02 mm/(0～150)mm)、台虎钳、锤子(1 kg)和已磨好的扁錾各一。

(二)操作步骤

①将已划线的工件用木衬垫垫出钳口 10～15 mm,使錾削的加工线处于水平面内,夹紧在台虎钳上。

②调整好站立位置和姿势,先起錾,錾入后,应及时调整錾子的后角,以 40～50 次/min 的锤击速度对工件的加工表面进行粗、精錾削,当錾削至终端时,调头錾去剩余部分材料。

③用游标卡尺的外量爪检查工件尺寸,并做必要的修整加工。

(三)注意事项

①工件装夹要牢固,防止錾削时飞出伤人。

②錾削前应检查锤头与锤柄,如发现锤子木柄有松动或损坏现象,要立即装牢或更换;锤子、錾子的头部和木柄上要避免粘有油污,以免使用时滑出。

③錾削时不能戴手套,錾子与锤子不能对着其他人。

④自然地将錾子握正、握稳,其倾斜角始终保持在 35°左右。视线要对着工件的錾削部位,不可对着錾子的锤击头部,挥锤锤击要稳健有力,锤击时的锤子落点要准确。

⑤錾子用钝后要及时刃磨锋利,并保持正确的楔角。

⑥錾子头部有明显的毛刺时,应及时磨去。

⑦錾屑要用刷子刷掉,不得用手擦或用嘴吹。

五、操作训练

①錾削铸铁,加工出一个平面。

②錾削油槽。

六、评分标准

錾削操作的评分标准见表 6－1。

表 6－1　錾削操作的评分标准

序号	项目与技术要求	配分	检 测 标 准	实测记录	得分
1	工件装夹方法正确	5	不符合要求酌情扣分		
2	工、量具摆放位置正确,排列整齐	5	不符合要求酌情扣分		
3	站立位置和身体姿势正确、自然	15	不符合要求酌情扣分		

续表

序号	项目与技术要求	配分	检 测 标 准	实测记录	得分
4	握錾方法正确、自然	5	不符合要求酌情扣分		
5	錾削角度掌握稳定	5	不符合要求酌情扣分		
6	握锤方法与挥锤动作正确	5	不符合要求酌情扣分		
7	錾削时视线方向正确	5	不符合要求酌情扣分		
8	挥锤、锤击稳健有力	10	不符合要求酌情扣分		
9	锤击落点准确	10	不符合要求酌情扣分		
10	尺寸要求(27 ±0.4)mm	25	每超差 0.2 mm 扣 10 分		
11	錾削痕迹整齐	10	总体评定,酌情扣分		
12	安全文明操作		违者每次扣 2 分		

【思考与练习】

1. 什么是錾削?

2. 錾子的几何角度是怎样的?怎样选择几何角度?

3. 錾子的种类有哪些?适用于什么场合?在厚 2.5 mm 板料上錾切 ϕ100 mm 的圆孔,选用哪种錾子最合适?如何錾切?

4. 起錾有哪些方法?如何起錾?怎样錾出?

5. 简述錾削时的安全注意事项。

6. 试进行长方体铁坯的錾削训练。

(1)操作要求:

①能正确选用錾削工具并使用;

②熟悉錾削操作要领;

③完成长方体铁坯錾削任务;

④做到安全文明操作,协调自然。

(2)工件图样

錾削长方体铁坯工件图,如图 6 – 17 所示。

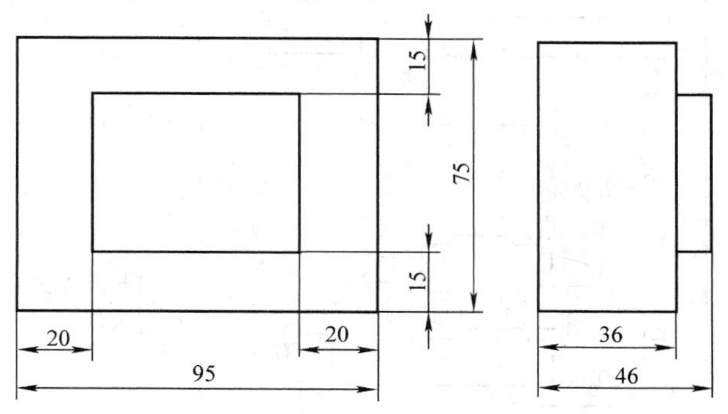

图 6 – 17　錾削长方体铁坯工件图

(3)操作工具:包括板材、涂料、划针、钢直尺、角尺、台虎钳、木垫、无刃口錾子、有刃口錾子和锤子等。

(4)操作步骤:包括长方体铁坯錾削步骤,见表6-2。

表6-2 长方体铁坯錾削步骤

步骤	示意图	操作说明
第一步:读图		看图样,明确工作内容和加工要求
第二步:准备器具	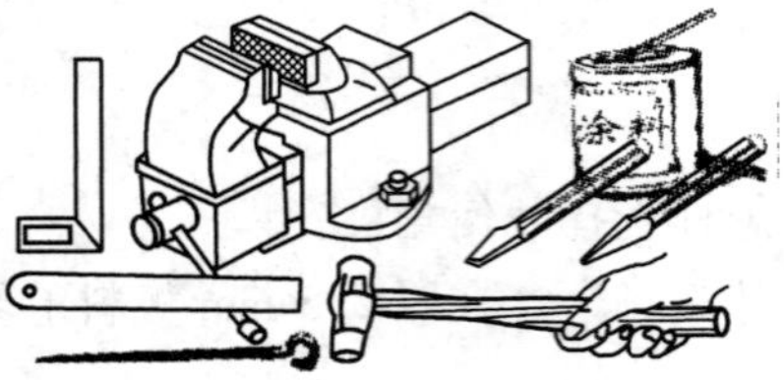 涂料	根据工作内容,准备好相应的划线和锯削及錾削的量器具
第三步:涂色	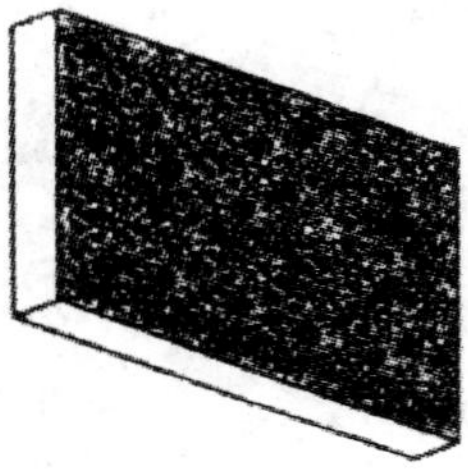	在坯料(长方体铁坯)錾削部位涂上一层薄而均匀的涂料
第四步:划线	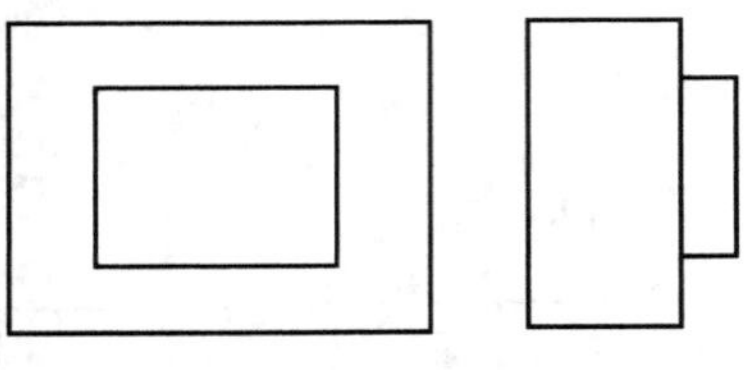	在坯料上用准备好的划线工具划出所需线条
第五步:锯削	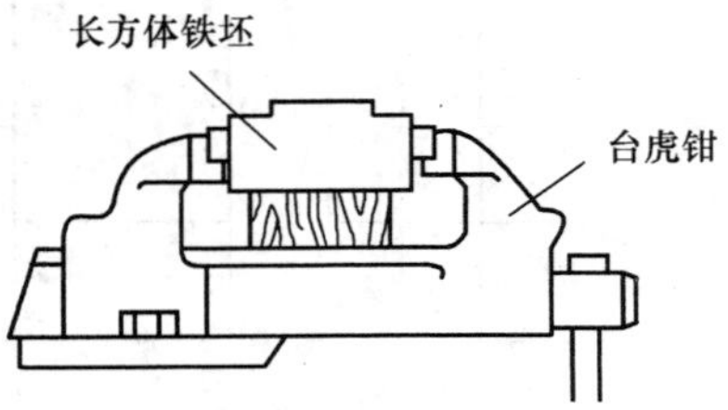 长方体铁坯 台虎钳	将长方体铁坯件夹紧在台虎钳中,下面垫好木垫

续表

步骤	示意图	操作说明
第六步：錾削	长方体铁坯　无刃口錾子　台虎钳	用无刃口錾子对着凸肩部分进行模拟錾削的姿势练习。统一采用正握法握錾，松握法挥锤。要求站立位置、握錾方法和挥锤的姿势正确，锤击量逐步加大
第七步：检查	长方体铁坯　有刃口錾子　台虎钳	将坯件夹紧在台虎钳中，下面垫好木垫后进入实际錾削练习（用已刃磨的錾子把长方铁的凸台錾平）

小贴士　錾削操练注意事项。

①要正确使用台虎钳，工件要夹紧在钳口中央。

②握錾时要自然，要握正握稳，其倾斜角始终保持在35°左右。视线要对着工件的錾削部位，不可对着錾子的锤头部位，为使锤击时的锤子落点准确，要掌握和控制好手的运动轨迹及位置。

③握錾时，前臂要平行于钳口，肘部不能下垂或抬高。

（5）评分标准：长方体铁坯錾削练习评分表见表6－3。

表6－3　长方体铁坯錾削练习评分表

日　期：		开始时间：		结束时间：		
项　目	内容与要求	评分标准	配　分	测量工具	实　测	得　分
1	涂料涂刷均匀	刷涂模糊扣5分	10			
2	线条清晰、正确	一处模糊或错误扣10分	20			
3	錾削表面平整	一处不平整扣10分	40			
4	工件无缺陷	工件局部存在较大缺陷扣10分	10			
5	工、量具使用	违规扣10分	10			
6	文明与安全操作	违章扣分	10			
记事：						
学生姓名：		学　号：	教师签字：		总　分：	

课题七　金属的锉削

【项目描述】

锉削可以加工工件的内外平面、内外曲面、内外角、沟槽和各种复杂形状的表面。在现代化的生产条件下，有些不便于机械加工的工件，仍需要锉削来完成。所以锉削仍是钳工的一项重要基本操作，锉削技能的高低，往往是衡量一个钳工技能水平高低的重要标志。

- **拟学习的知识**

➢ 锉削工具的使用方法。

➢ 锉削的基本知识。

➢ 平面和圆弧的锉削方法。

- **拟掌握的技能**

➢ 锉刀的选用。

➢ 锉削操作：掌握平面、垂直面、平行面的锉削方法；掌握平面、垂直面、平行面的检测方法；掌握工件尺寸精度、表面结构的检测方法及控制方法。

■任务说明

能正确选用锉刀，掌握锉削的基本知识，学会锉削操作，达到平面的锉削要求。

用锉刀对工件表面进行切削加工，使它达到零件图纸要求的形状、尺寸和表面结构，这种加工方法称为锉削。锉削加工简便，工作范围广，多用于錾削、锯削之后进行的精度较高的加工，锉削可对工件上的平面、曲面、内外圆弧、沟槽以及其他复杂表面进行加工，还可以配键、做样板，锉削的最高精度可达 IT7 ~ IT8，表面结构参数值可达 *Ra*0.8 ~ 1.6 μm。

锉削常用于平面、曲面、孔和沟槽等表面的加工，还可以修整特殊要求的几何形体，如成形样板，在机器的装配、修理、模具制作等方面得到广泛应用，是钳工操作的重要工艺手段之一。

一、任务描述

运用锉刀和台虎钳，锉削课题六中已錾削过的被加工零件平面，尺寸达(25 ± 0.2) mm，表面结构参数值为 *Ra*6.3 μm，完成时间为 120 min。

二、任务分析

要完成该工件的锉削任务，其操作步骤为：选择锉削工具和量具→装夹工件→锉削加工（锉削上平面）。

三、相关知识

（一）锉刀

1. 锉刀的结构

锉刀是锉削的主要工具。锉刀由锉身和锉刀柄组成，如图 7 - 1 所示。锉刀柄一般采用木柄，并在其头部套有铁箍。锉身由锉刀面、锉刀边、锉刀尾和锉刀舌组成，一般由碳素工具钢制成，硬度为 62HRC 左右。锉刀面是指锉身的上下平面（两面都制有锉齿），它是锉刀的

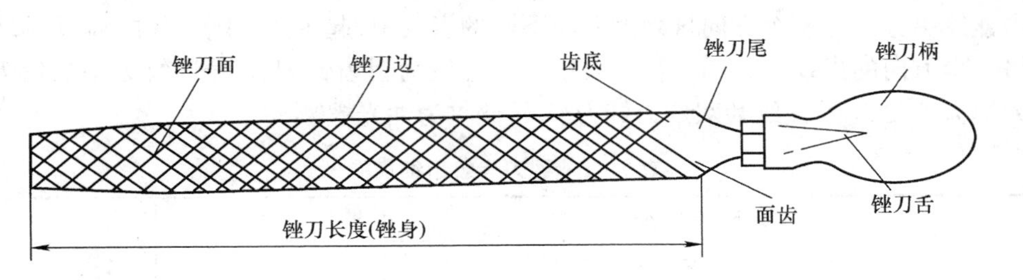

图7－1　锉刀的结构

主要工作表面。锉刀边是锉身的两侧面,分为有齿和无齿两种。锉刀尾是锉身上没有齿的一端,与锉刀舌相连。锉刀舌呈楔形,用于安装锉刀柄。

2. 锉刀的种类及规格

(1)锉刀的种类

按照锉刀的用途不同,锉刀可分为普通钳工锉、什锦锉和异型锉三类,其中普通钳工锉使用最多。普通钳工锉按其断面形状的不同又可分为平锉(又称板锉或扁锉)、方锉、三角锉、半圆锉和圆锉五种,如图7－2(a)所示;按其长度可分为100 mm、200 mm、250 mm、300 mm、350 mm和400 mm等六种;按其齿纹可分为单齿纹和双齿纹两种(大多用双齿纹);按其齿纹疏密可分为粗齿锉、细齿锉和油光锉等(锉刀的粗细以每10 mm长的齿面上锉齿齿数来表示,粗齿锉为4～12齿,细齿锉为13～24齿,油光锉为30～36齿)。什锦锉是将同一长度和不同端面形状的锉刀分成一组,每组通常由5、6、8、10、12把锉刀组成,如图7－2(b)所示。异型锉按其断面形状的不同,可分为菱形锉、椭圆锉和圆肚锉等,如图7－2(c)所示,一般将断面形状不同而长度相同的异型锉分为一组。

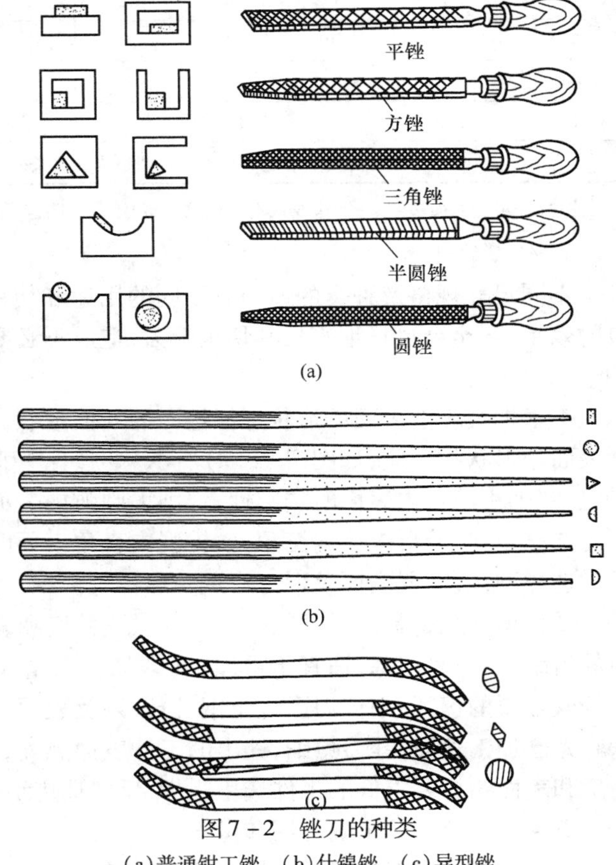

图7－2　锉刀的种类

(a)普通钳工锉　(b)什锦锉　(c)异型锉

(2)锉刀的规格

锉刀的规格分尺寸规格和锉齿的粗细规格,不同的锉刀尺寸规格采用不同的参数来表示。圆锉刀的规格以其直径大小表示;方锉刀的规格以其正截面的边长大小表示;其他锉刀的规格则以锉身的长度表示。钳工常用锉刀的锉身长度有100 mm、125 mm、150 mm、200 mm、250 mm、300 mm、350 mm等几种。

锉刀齿纹的粗细规格,以锉刀每10 mm轴向长度内主锉纹参数来表示,如表7－1所示。主锉纹指锉刀上两个方向排列的深浅不同的齿纹中,起主要锉削作用的齿纹,起分屑作用的另一个方向的齿纹称为辅齿纹。表中1号锉纹为粗齿锉刀,2号锉纹为中齿锉刀,3号锉纹为细齿锉刀,4号锉纹为双细齿锉刀,5号锉纹为油光锉。

表7-1 锉刀齿纹粗细规格

锉身长度/mm	主要锉纹条数(10 mm内)					辅锉纹条数	边锉纹条数
	锉纹号						
	1	2	3	4	5		
100	14	20	28	40	56	为主锉纹条数的75%~95%	为主锉纹条数的100%~120%
125	12	18	25	36	50		
150	11	16	22	32	45		
200	10	14	20	28	40		
250	9	12	18	25	36		
300	8	11	16	22	32		
350	7	10	14	20			
400	6	9	12				
450	5.5	8	11				
公差	±5%(其公差值不是0.5条时可圆整为0.5条)					±8%	±20%

注:扁锉可制双面边纹、一面边纹或不制边纹;三角锉和半圆锉可制边纹。

3. 锉刀的选择

不同尺寸规格及种类的锉刀有不同的用途和使用寿命。选择不当,就不能充分发挥各自的效果,甚至会过早地丧失其切削能力,造成不必要的浪费。所以应根据实际加工情况合理地选用锉刀。

①根据被锉削表面的形状选择锉刀的断面形状。选择时,应使锉刀的断面形状与被锉削表面的形状相适应,如图7-2(a)所示。例如:锉削凸圆弧表面或相互垂直的两平面时选平锉;锉削小圆弧内表面时选圆锉;锉削大圆弧内表面时选半圆锉;锉削有一定夹角的两平面时选三角锉、菱形锉或扁三角锉;锉削内直角表面时选平锉或方锉;锉削形状较复杂的表面时选异型锉;需要表面整形时可选整形锉等。

②根据加工材料的材质软硬、加工余量、精度和表面结构的要求选择锉刀的粗细。粗锉刀的齿距大,不易堵塞,适宜于粗加工(即加工余量大、精度等级和表面质量要求低)及铜、铝等软金属的锉削;细锉刀适宜于钢、铸铁以及表面质量要求高的工件的锉削;油光锉只用来修光已加工表面,锉刀愈细,锉出的工件表面愈光,但生产率愈低。一般材料软、余量大、精度和表面结构要求低的工件选用粗齿,反之选用细齿,如表7-2所示。

小贴士 锉刀的正确使用和保养。

合理使用和保养锉刀,可以提高锉刀的使用寿命和切削效率。因此,使用时应注意以下几点。

①锉刀放置时应避免与其他金属硬物相碰,也不能堆叠,避免损伤锉纹。

②不能用锉刀来锉削毛坯的硬皮或氧化皮以及淬硬的工件表面,而应该用其他工具或锉刀的锉梢端、锉刀的边齿来加工此类表面。

表7－2　锉刀锉齿的粗细选用

锉刀齿纹	号数	齿纹齿距/mm	齿数/10mm	适用场合		
				锉削余量/mm	尺寸精度/mm	表面结构参数值/μm
粗齿	1号	0.8～2.3	4～12	0.5～1	0.2～0.5	12.5～50
中齿	2号	0.42～0.77	13～24	0.2～0.5	0.05～0.2	3.2～6.3
细齿	3号	0.25～0.33	30～40	0.02～0.05	0.02～0.05	1.6～6.3
双细齿锉	4号	0.2～0.25	40～50	0.03～0.05	0.01～0.02	0.8～3.2
油光锉	5号	0.16～0.2	50～63	0.03以下	0.01	0.4～0.8

③锉削时应先使用一面,用钝后再用另一面,否则会因锉刀面的锈蚀而缩短使用期限。另外,在锉削加工过程中要充分使用锉刀的有效工作长度,避免局部磨损。

④在锉削过程中,应及时清除锉纹中嵌入的切屑,以免刮伤工件表面,应用钢丝刷刷去锉齿中的残留切屑,以免生锈。

⑤防止锉刀沾水、沾油,以防锈蚀或使用时打滑。

⑥不能把锉刀当做装拆、敲击或撬物的工具,防止锉刀折断。

⑦使用整形锉时,用力不能过猛,以免折断锉刀。

(二)锉削的基本知识

锉削姿势正确与否,对锉削质量、锉削力的运用和发挥以及对操作时的疲劳程度都起着决定性的影响。正确的锉削姿势,必须从握锉、站立位置和姿势动作以及操作用力几方面进行反复、协调地练习才能掌握。

1. 锉刀柄的装拆方法

普通锉刀必须装上木柄后才能使用。锉刀柄安装前应先检查其头上铁箍是否脱落,防止锉刀舌插入后松动或刀柄裂开。

安装前先加箍,然后用左手夹住柄,右手将锉刀扶正插入,用手锤轻轻击打直至插至木柄长度的3/4为止,如图7－3(a)所示。拆卸手柄可以在台虎钳上进行,见图7－3(b),也可在工作台边轻轻撞击,将木柄敲松后取下。

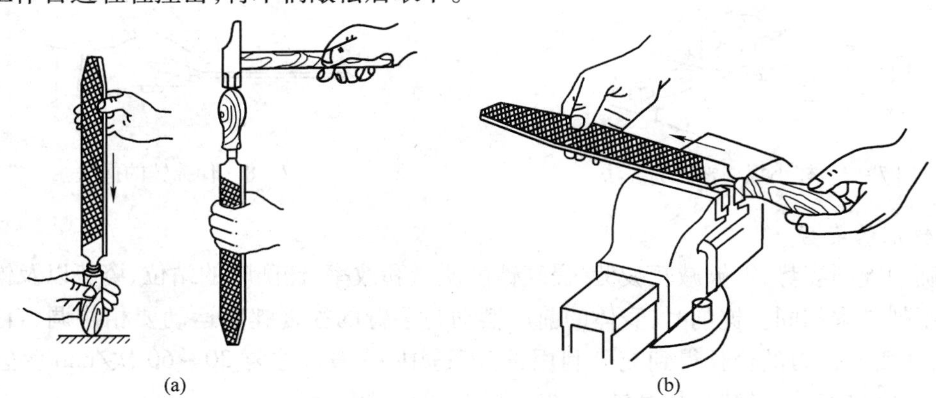

(a)　(b)

图7－3　锉刀柄的装拆方法

(a)装锉刀柄的方法　(b)拆锉刀柄的方法

2. 锉刀的握法

锉削时右手握住锉刀柄,左手放在锉身的另一端。一般右手都采用如图7－4所示的握锉刀方法，即将锉刀柄的柄端顶在右手掌心，大拇指自然伸直压在锉刀柄上，其余四指由下而上弯曲握紧锉刀柄。

锉刀尺寸规格的大小及使用场合不同，锉刀的握法也不相同。

(1)较大规格锉刀的握法

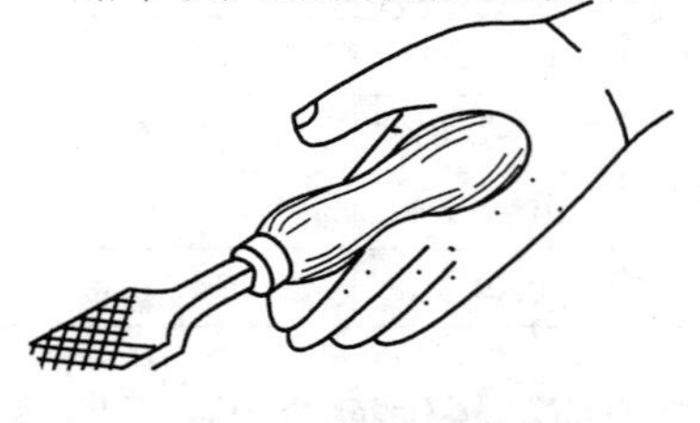

图7－4　握锉刀方法

较大规格锉刀的握法有三种，如图7－5所示。图7－5(a)所示为左手掌横放在锉刀最前端的上方，用拇指根部的手掌轻压在锉身头部，其余四指弯曲，中指和无名指钩住锉刀前端。图7－5(b)所示为左手斜放在锉身前端，除大拇指外的其余四指自然弯曲。图7－5(c)所示为左手斜放在锉身前端，各手指自然平放。

(2)中等规格锉刀的握法

使用中等规格锉刀时，一般用右手握住锉刀柄，用左手的大拇指和食指轻轻捏住锉身的端部，将锉刀端平，如图7－6所示。

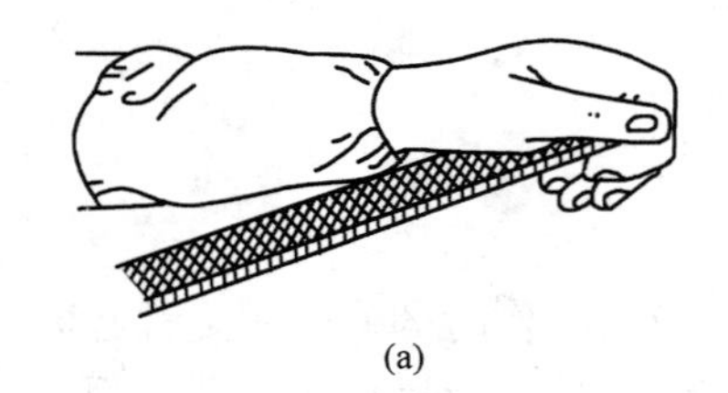

(a)

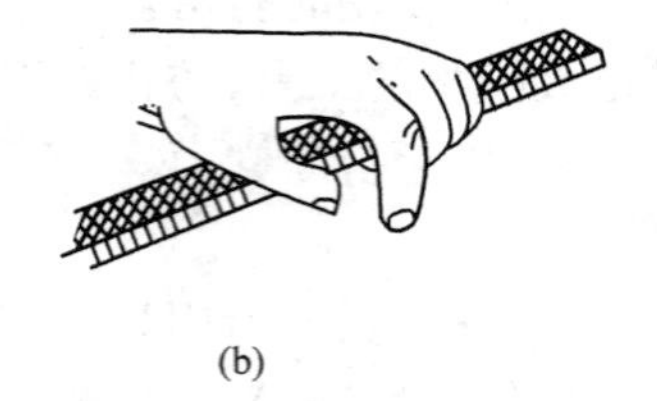

(b)

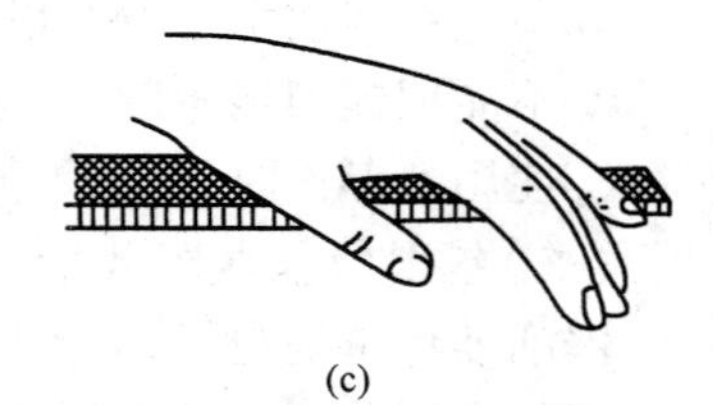

(c)

图7－5　较大规格锉刀的握法

(3)较小规格锉刀的握法

使用较小规格锉刀时，一般用右手握住锉刀柄，左手四指均压在锉刀的中部，或用食指、中指钩住锉刀尖，拇指压在锉刀中部，如图7－7所示。什锦锉一般只用右手握持，食指放在锉身上面，其余四指握紧锉刀柄，如图7－8所示。

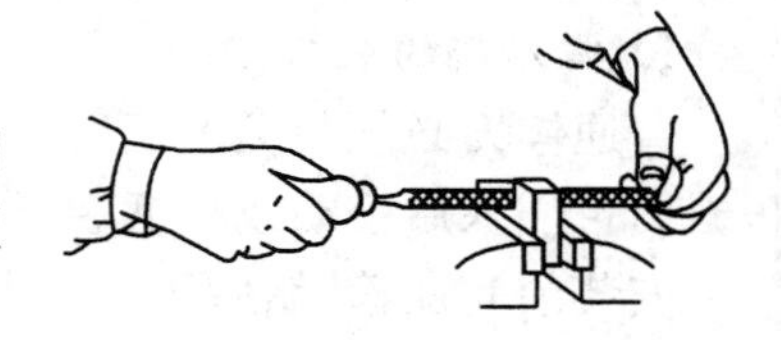

图7－6　中等规格锉刀的握法

图7－7　较小规格锉刀的握法

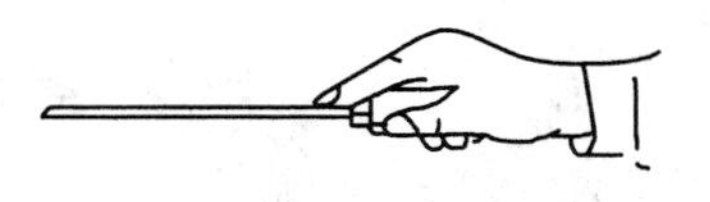

图7－8　什锦锉的握法

3. 锉削的姿势

正确的锉削姿势，能够减轻疲劳，提高锉削质量和效率，锉削时的站位、姿势以及锉削的动作与锯削基本相同。锉削时，身体的前后摆动与手臂的往复锉削运动要相协调、自然，节奏一致，并要使锉刀的全长得到充分利用，速度适中，一般以往复30～60次/min为宜。太快，操作者容易疲劳，且锉齿易磨钝；太慢，则切削效率低。

4. 锉削的施力方法

现以锉削平面为例，说明锉削时的施力方法。由于锉刀两端伸出工件的长度随时都在变化，因此两手压力大小必须随着变化，使其对工件的力矩相等，这是保证锉刀平直运动的关键。锉刀运动不平直,工件中间就会凸起或产生鼓形面。这就要求锉削时,两手加在锉刀上的力要适当,应使锉刀保持平衡,让锉刀作平直的锉削运动。

①开始锉削时,左手施加较大的压力,右手施加较小的压力,并施加大的推力,使锉刀平稳地向前运动,如图7-9(a)所示。

②随着锉削行程的逐渐增大,右手的压力应逐渐增加,左手的压力应逐渐减小,当到达锉削行程的一半时,两手的压力要相等,使锉刀处于水平状态,如图7-9(b)所示。

③当锉削行程继续增加,右手的压力继续增大,左手压力继续减小,直至锉削行程的终点,如图7-9(c)所示。

④锉削回程时,将锉刀抬起,快速返回到开始位置,为下一次锉削做准备,如图7-9(d)所示。

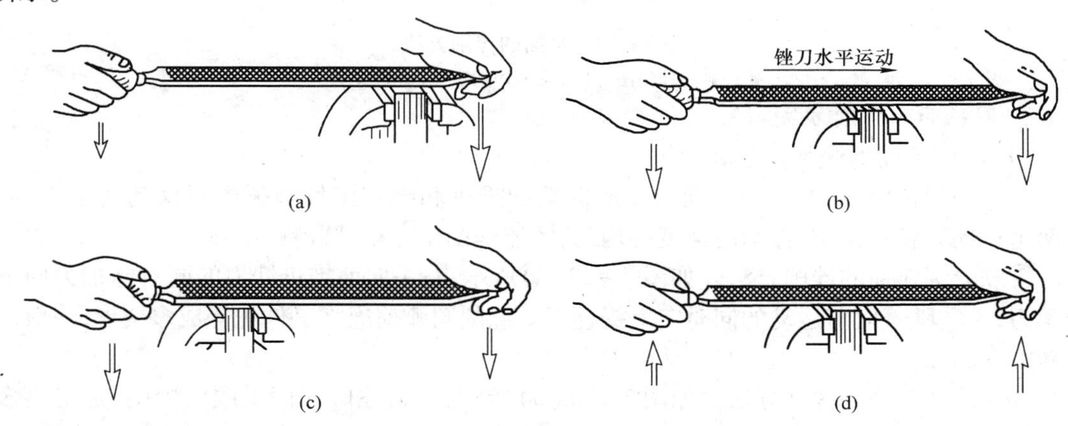

图7-9　锉削的施力方法

(a)开始锉削　(b)锉削中途　(c)锉削末　(d)锉削回程

(三)平面和圆弧面的锉削方法

工件必须牢固地夹在台虎钳钳口的中部,需锉削的表面略高于钳口,不能高得太多,夹持已加工表面时,应在钳口与工件之间垫铜片或铝片。

1. 平面的锉削方法

(1)顺向锉削法

顺向锉削法是指将锉刀沿着同一方向对工件进行锉削的方法,是最基本的锉削方法之一。锉削方向一般与工件的夹持方向相同,如图7-10(a)所示。通过此法获得的表面具有锉纹均匀一致、清晰、美观和表面结构参数值较小的特点。

(2)交叉锉削法

交叉锉削法是指锉刀的运动方向是交叉进行的锉削方法。一般先从一个方向锉完整个平面,然后再从另一个方向锉削该平面,锉刀运动方向与夹持工件的方向呈30°~40°夹角,如图7-10(b)所示。此法锉刀与工件的接触面积比顺向锉削法大,容易锉平,平面度较好。

(3)推锉法

推锉法是指用双手横握锉刀的两端往复推动锉刀进行锉削的方法,如图7-10(c)所示。其锉纹与顺向锉削法相同,一般用于窄长平面、修整平面及降低表面结构参数值或加工余量较小的场合。

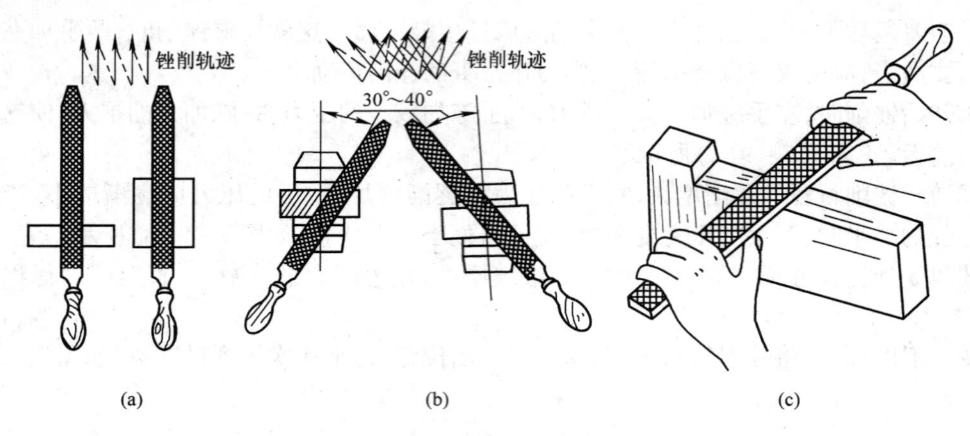

图 7-10　平面的锉削方法

(a)顺向锉削法　(b)交叉锉削法　(c)推锉法

2. 圆弧面的锉削方法

(1)凸圆弧面的锉削方法

锉削凸圆弧面时,锉刀必须同时完成向前的推进和绕着工件圆弧中心摆动两个运动。这两个运动要相互协调,锉削的速度要均匀,才能锉削出光整、圆滑的圆弧。

①顺着圆弧面的锉削方法。如图 7-11(a)所示,右手向前推进锉刀的同时施加力向下压锉刀,左手随着向前运动的同时向上提锉刀。锉削圆弧前应将工件先锉成多棱形,一般用于精加工圆弧。

②横着圆弧面的锉削方法。如图 7-11(b)所示,锉刀在圆弧面上顺向锉削,加工出多棱形;然后再锉去多棱形的棱角得到近似的圆弧面。锉刀只作直线运动,不作圆弧摆动,动作较简单,容易掌握,效率较高,一般用于粗加工圆弧。

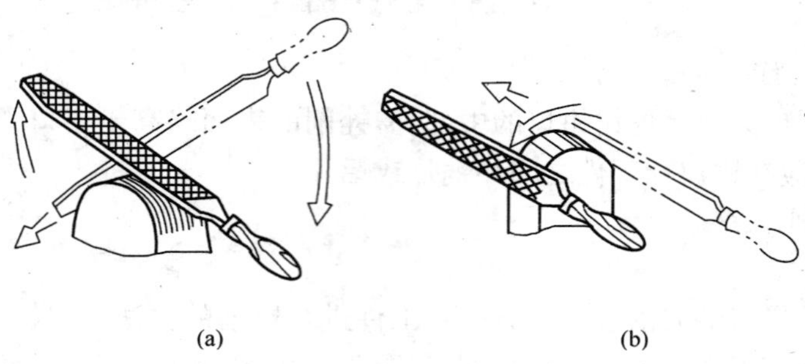

图 7-11　凸圆弧面的锉削方法

(a)顺着圆弧面锉　(b)横着圆弧面锉

(2)凹圆弧面的锉削方法

①复合运动锉削法。锉削时,要同时完成锉刀向前的推进、锉刀沿着圆弧面的左右摆动以及绕锉刀轴心线的转动,如图 7-12(a)所示。复合运动锉削法一般用于精加工圆弧。

②顺向锉削法。锉刀只作直线运动,如图 7-12(b)所示。采用顺向锉削法锉削后的表面呈多棱形,一般适用于粗加工。

③推锉法。其操作方法与平面的推锉法相同,如图 7-12(c)所示。推锉法适用于窄圆弧表面的修整及精加工。

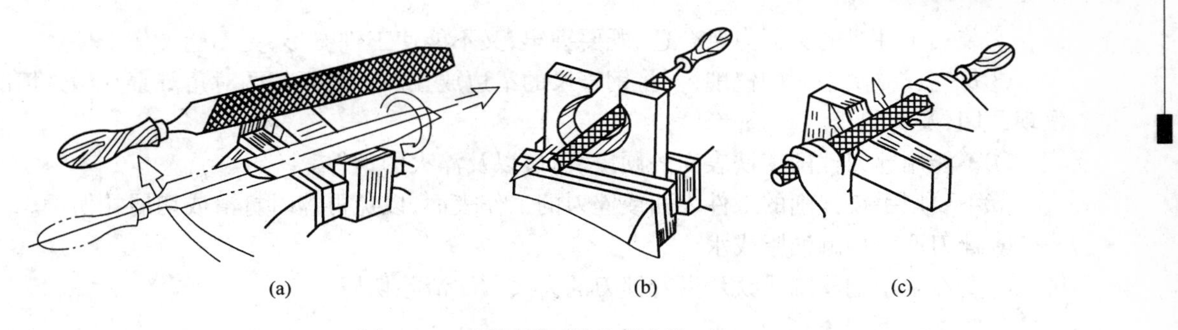

图 7－12 凹圆弧面的锉削方法

(a)复合运动锉削法 (b)顺向锉削法 (c)推锉法

(3)球面的锉削方法

锉削时,锉刀在完成外圆弧面锉削的复合运动的同时,还必须环绕球心作周向摆动,如图 7－13 所示。

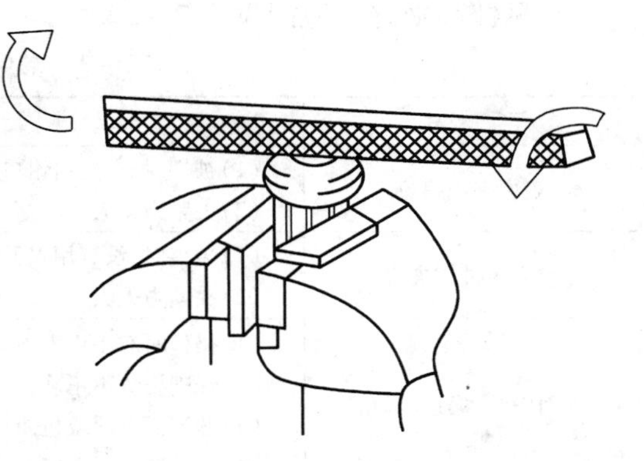

图 7－13 球面的锉削方法

(四)锉削注意事项

①锉刀必须装柄使用,以免刺伤手腕,松动的锉刀柄应装紧后再用。

②不准用嘴吹锉屑,也不要用手清除锉屑。当锉刀堵塞后,应用钢丝刷顺着锉纹方向刷去锉屑。

③对铸件上的硬皮或粘砂、锻件上的飞边或毛刺等,应先用砂轮磨去,然后再锉削。

④锉削时不准用手摸锉过的表面,因手有油污,再锉时会打滑。

⑤锉刀不能用作橇棒,也不能用其敲击工件,防止锉刀折断伤人。

⑥放置锉刀时,不要使其露出工作台面,以防锉刀跌落伤脚;也不能把锉刀与锉刀叠放或锉刀与量具叠放。

四、任务实施

(一)准备工作

课题六已錾削加工过的零件,游标卡尺(0.02 mm/(0～150)mm)、钢直尺、台虎钳、粗齿平锉刀各一。

(二)操作步骤

①将零件的加工表面朝上处于水平面内,用衬垫将其垫至钳口附近,夹紧在台虎钳的中央。

②调整好站立位置和姿势,用右手握持锉刀柄,左手扶持锉刀前端,采用正确的施力方式,用交叉锉削法,以每分钟往复 45 次左右的速度进行锉削加工。

③用游标卡尺的外卡爪检查工件尺寸。

(三)注意事项

①工件伸出钳口的高度不能过高。不规则的工件要用木块或 V 形架作衬垫;夹持已加工表面或精密表面时,用紫铜皮包住夹持面或采用铜质钳口垫进行装夹;对于较长的薄板工件要加夹板夹持。

②装夹工件时的夹紧力要合适，既要夹牢，又不能使工件变形，更不能夹伤工件。

③每完成一次平面的锉削，要将钢直尺的窄边放在加工平面的两对角观察其漏光情况，发现凸凹，及时纠正。

④不能用锉刀锉削铸铁表面的硬皮、白口以及淬火的钢件。

⑤不要用手摸锉削的工件表面或锉刀的工作表面，以免再锉时打滑或切屑扎伤手。

⑥锉刀严禁接触油脂或水。

⑦要经常用钢丝刷或铁片沿着锉刀的齿纹方向清除切屑。

（四）锉削质量分析及检查

1. 常见锉削缺陷及原因

常见锉削缺陷及原因见表7－3。

表7－3　常见锉削缺陷及原因

形　式	原　因
表面夹出痕迹	(1)被夹时，台虎钳钳口没有垫软金属或木块； (2)夹紧力太大
空心工件被夹扁	(1)装夹时，没有用V形铁或弧形木块； (2)夹紧力太大
平面中凸、塌边、塌角	(1)操作时双手用力不平衡； (2)锉削姿势不正确； (3)锉刀面中凹或扭曲； (4)工件装夹不正确
工件尺寸不合格	(1)划线不正确； (2)锉削时没有及时测量或测量有误差
表面太粗糙	(1)精锉时采用粗锉刀； (2)粗锉刀痕太深； (3)切屑嵌在锉刀纹中没有清除，把表面拉毛； (4)锉直角时，没采用带光面的锉刀

2. 锉削质量检查

①用钢直尺和90°角尺以透光法检查工件的直线度（见图7－14(a)）。

②检查垂直度时用90°角尺采用透光法检查，其方法是：先选择基准面，然后对其他各面进行检查（见图7－14(b)）。

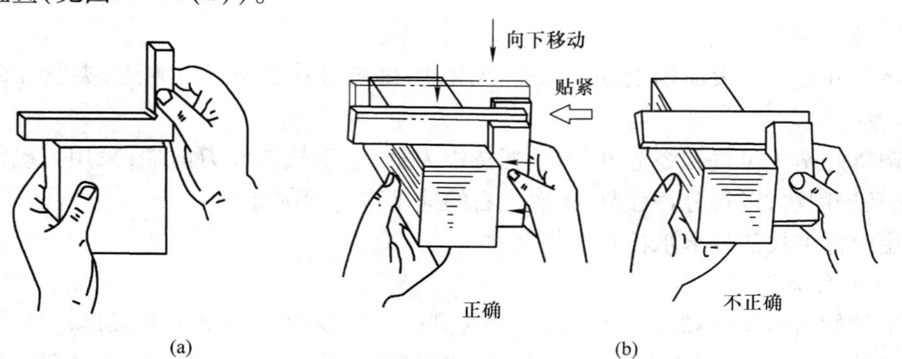

图7－14　用90°角尺检查直线度和垂直度

(a)检查直线度　(b)检查垂直度

③检查尺寸是指用游标卡尺在工件全长不同的位置上进行数次测量。

④检查表面结构一般用眼睛观察即可，如要求准确，可用表面结构样板对照进行检查。

五、操作训练

①锉圆弧面。

②零件的倒角及去毛刺训练。

六、评分标准

锉削操作的评分标准见表 7－4。

表 7－4　锉削操作的评分标准

序号	项目与技术要求	配分	检 测 标 准	实测记录	得分
1	工件装夹方法正确	5	不符合要求酌情扣分		
2	工、量具摆放位置正确、排列整齐	5	不符合要求酌情扣分		
3	站立位置和身体姿势正确、自然	10	不符合要求酌情扣分		
4	锉刀握法正确、自然	5	不符合要求酌情扣分		
5	锉削过程自然、协调	10	不符合要求酌情扣分		
6	表面结构参数值 $Ra6.3\ \mu m$	15	不符合要求酌情扣分		
7	尺寸要求（25 ±0.2）mm	30	每超差 0.1 mm 扣 10 分		
8	锉削表面平整	20	总体评定，酌情扣分		
9	安全文明操作		违者每次扣 2 分		

七、六角体锉削综合练习

1. 六角体图样

六角体图样，如图 7－15 所示。

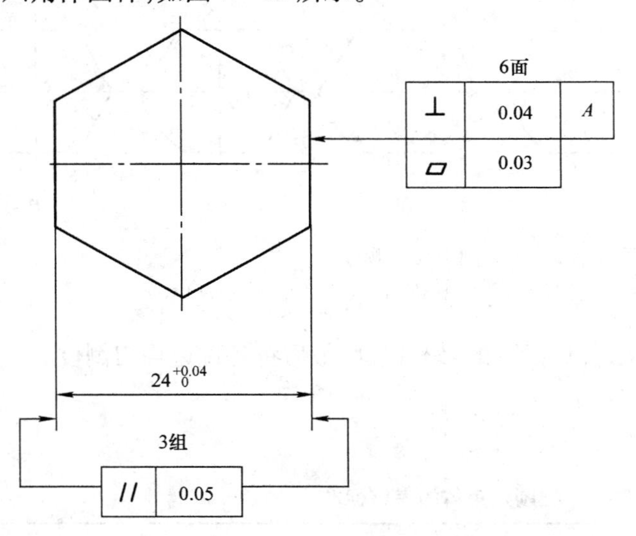

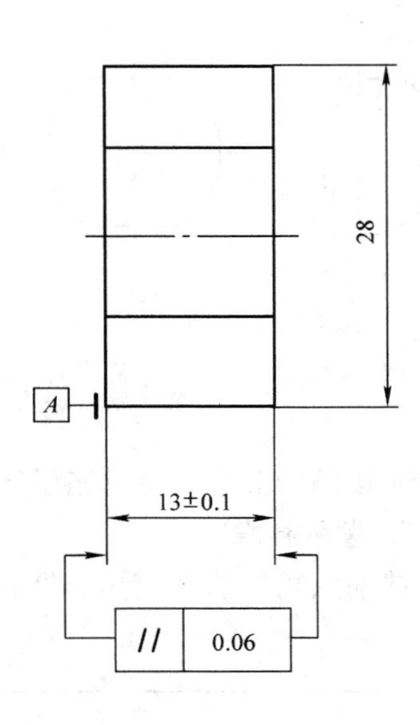

图 7－15　六角体图样

2. 备件

圆钢 ϕ30 mm×15 mm，材质 Q235 或 45 钢。

3. 工量具

锉刀、游标卡尺、千分尺、刀口尺、90°角尺、万能角度尺、划线平板、高度游标卡尺等。

4. 训练步骤

①选择较平整且与轴线相垂直的端面进行粗锉、精锉，达到平面度和表面结构要求，并作好标记，作为基准面 A。

②以 A 面为基准，粗锉、精锉相对面，达到尺寸公差、平行度和表面结构的要求。

③按圆周上已划好的加工界线，依次锉削六个侧面，六个侧面的加工顺序如图 7－16 所示。

a. 检查原材料，测量出备件实际直径 d。

b. 粗锉、精锉 a 面，除了达到平面度、表面结构以及与 A 面的垂直度要求外，同时要保证该面与对边圆柱母线的尺寸，并作标记，作为基准面 B。

c. 以基准面 B 为基准，粗锉、精锉加工该面的相对面 b 面，达到尺寸公差、平行度、平面度、表面结构以及与 A 面的垂直度的要求。

d. 粗锉、精锉第三面（c 面），除了达到平面度、表面结构以及与 A 面的垂直度的要求外，同时还要保证该面与对边圆柱母线的尺寸，并以基准面 B 为基准，锉准 120°角。

e. 粗锉、精锉第四面，以 c 面为基准，粗锉、精锉加工 c 面的相对面 d 面，达到尺寸公差、平行度、平面度、表面结构以及与 A 面的垂直度的要求。

f. 粗锉、精锉第五面（e 面），除了达到平面度、表面结构以及与 A 面的垂直度的要求外，同时还要保证该面与对边圆柱母线的尺寸，并以基准面 B 为基准，锉准 120°角。

g. 粗锉、精锉第六面，以 e 面为基准，粗锉、精锉加工 e 面的相对面 f 面，达到尺寸公差、平行度、平面度、表面结构以及与 A 面的垂直度的要求。

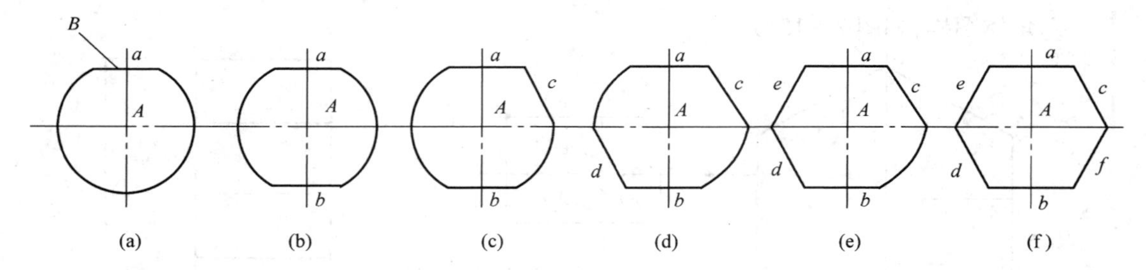

图 7－16 六个侧面加工顺序

(a)第一面 (b)第二面 (c)第三面 (d)第四面 (e)第五面 (f)第六面

④按图样要求作全部精度复检，并做必要的修整锉削，最后将各锐边均匀倒棱。

5. 考核标准

锉削六角体的考核标准见表 7－5。

表 7－5 锉削六角体的考核标准

序号	考核项目	配分	评分标准	得分
1	尺寸要求（13±0.1）mm	6	每超差 0.01 mm 扣 2 分	
2	尺寸要求 24 mm（3 对）	8×3	每超差 0.01 mm 扣 2 分	
3	平面度误差 0.03 mm（6 面）	3×6	每超差 0.01 mm 扣 1 分	

续表

序号	考核项目	配分	评分标准	得分
4	平行度误差0.05 mm(3对)	6×3	每超差0.01 mm扣2分	
5	平行度误差0.06 mm	4	每超差0.01 mm扣2分	
6	垂直度误差0.04 mm(6面)	3×6	每超差0.01 mm扣1分	
7	表面结构参数值 $Ra\leqslant3.2$ μm(4面)	2×4	每面不符合要求扣2分	
8	锉纹整齐,倒棱均匀(4面)	1×4	每面不符合要求扣1分	
9	安全文明生产		违反规定酌情扣分	
10	工时8 h		每超时6 min扣1分	

【思考与练习】

1. 锉刀的种类有哪些？如何选用？怎样选择粗、细锉刀？
2. 锉刀的锉齿及锉纹有哪些形式？
3. 锉削的方法有哪些？平面锉削有哪几种方法？各适用于何种场合？
4. 怎样合理使用和保养锉刀？
5. 试进行直角体的锉削训练。

(1)操作要求：

①能正确把握锉削速度和姿势；

②完成直角体锉削工作；

③做到安全文明操作,协调自然；

④时间定额:150 min。

(2)工件图样:直角体工件图如图7－17所示。

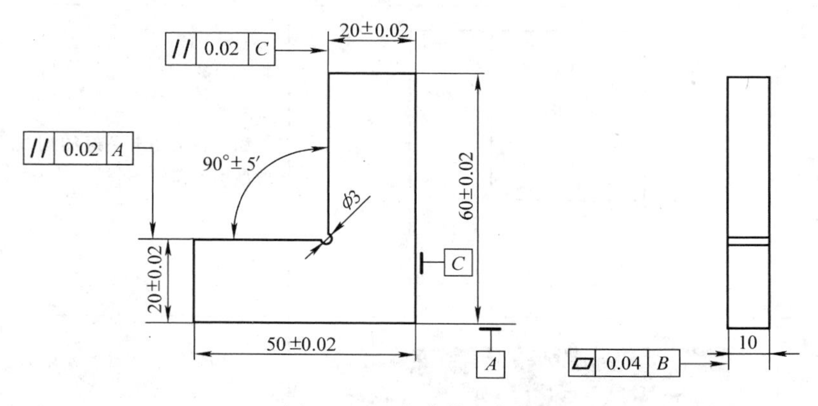

图7－17　直角体工件图

(3)操作工具:板材、涂料、划针、钢直尺、台虎钳、手锯削工具(锯弓)、锯条、锉刀、锉刀刷等。

(4)操作步骤:直角体锉削步骤见表7－6。

(5)评分标准:直角体锉削练习评分标准见表7－7。

表 7－6 直角体锉削步骤

步骤	示意图	操作说明
第一步:读图		看图样,明确工作内容和加工要求
第二步:准备器具	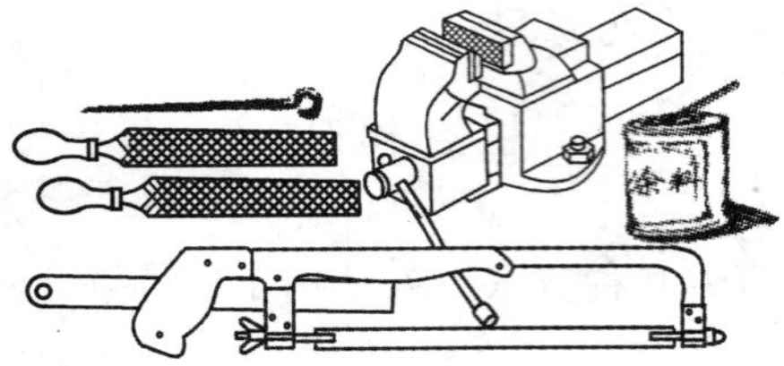 涂料	根据工作内容,准备好相应的划线和锯削及锉削的量器具
第三步:涂色	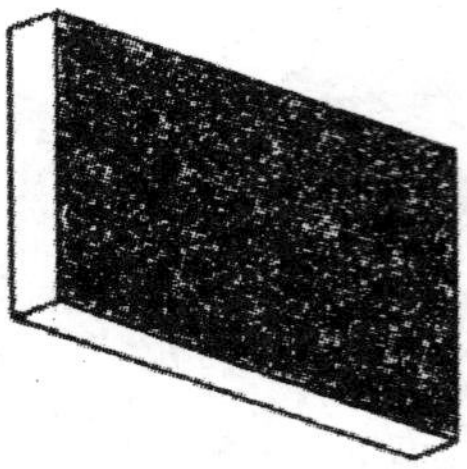	在坯料划线部位涂上一层薄而均匀的涂料
第四步:划线	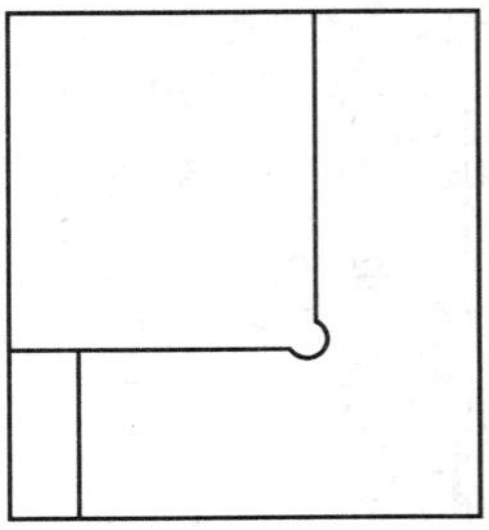	在坯料上用准备好的划线工具,按图样要求划出所需线条
第五步:锯削	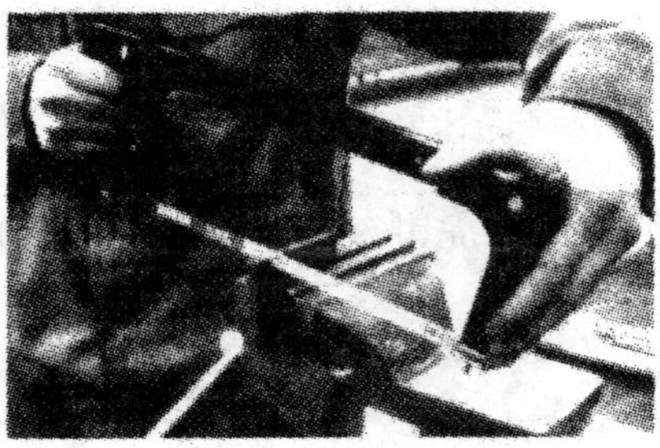	将坯料夹装在台虎钳上,并根据划线将多余的部分锯削掉(注意保留后道工序的余量)

续表

步骤	示意图	操作说明
第六步:锉削		按照图样要求进行锉削,同时要注意测量,保证工件精度。 锉削具体操作步骤如下。 (1)锉平面口至平面度与表面结构达到图样要求,不允许达到图样要求前就急于去锉其他表面 (2)锉平面 A,使尺寸、表面结构和垂直度达到图样要求(垂直度误差可用 90°角尺以透光法检验) (3)锉平面 C,使尺寸、表面结构和垂直度都符合图样要求 (4)锉平面 A、C 的对边,使尺寸、表面结构和平行度都符合图样要求
第七步:检查		检查材料各部分尺寸、垂直度和平行度的误差情况

小贴士:在锉削内直角平面(A、C 的对边)时,要注意粗、精锉分开进行。即先用粗锉刀把内角的两边锉好,再用精锉刀精锉。如把一边全部锉好,再锉另一边时,前面锉好的平面容易被刮花或锉坏。

表 7-7　直角体锉削练习评分表

日　期:		开始时间:		结束时间:		
项目	内容与要求	评分标准	配分	测量工具	实测	得分
1	涂料涂刷均匀	刷涂模糊扣 5 分	10			
2	线条清晰	一处模糊或重复扣 1 分	10			
3	直角体各部分锯削尺寸	一处不正确扣 5 分	30			
4	锉削尺寸与对称平行度	一处不正确扣 10 分	30			
5	工、量具使用	违规扣 10 分	10			
6	文明与安全操作	违章扣分	10			
记事:						
学生姓名:		学号:	教师签字:	总分:		

课题八　钻　　孔

【项目描述】

各种零件的孔加工,除一部分由车、镗、铣等机床完成外,很大一部分是由钳工利用钻床和钻孔工具(钻头、扩孔钻、铰刀等)完成的。钳工加工孔的方法一般是指钻孔、扩孔、铰孔和锪孔。

● **拟学习的知识**

➢ 钻孔工具、设备的使用方法。

➢ 工件的装夹方法。

● **拟掌握的技能**

➢ 刃磨麻花钻。

➢ 钻头的装夹和拆卸。

➢ 钻削操作。

■任务说明

掌握钻孔工具和钻孔设备的选择,掌握钻头和工件的装夹方法,学会钻孔。

用钻头在实体材料上加工孔叫做钻孔,见图 8－1。在钻床上钻孔时,一般情况下,钻头应同时完成两个运动:主运动,即钻头绕轴线的旋转运动(切削运动);辅助运动,即钻头沿着轴线方向对着工件的直线运动(进给运动)。钻孔时,由于钻头结构上存在的缺点影响加工质量,加工精度一般在 IT10 级以下,表面结构参数值为 *Ra*12.5 μm 左右,属粗加工。

一、钻孔工具

麻花钻是应用最广泛的钻孔工具。

1. 麻花钻的结构

麻花钻一般用高速钢(W18Cr4V 或 W6Mo5Cr4V2)制成,淬火后其硬度达到 62 ~ 68HRC,由柄部、颈部和工作部分组成,其结构如图 8－2 所示。

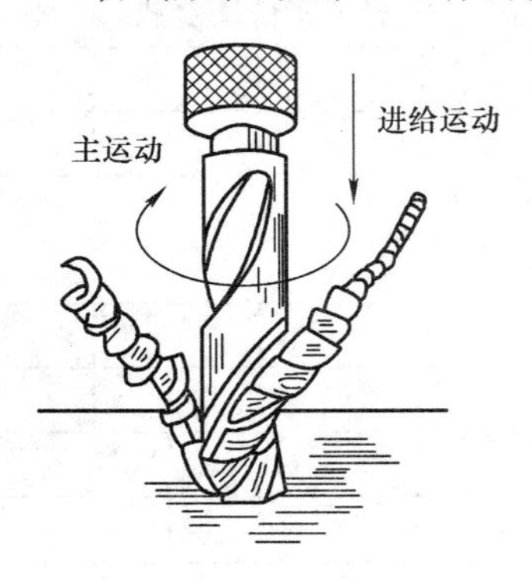

图 8－1　钻削加工图

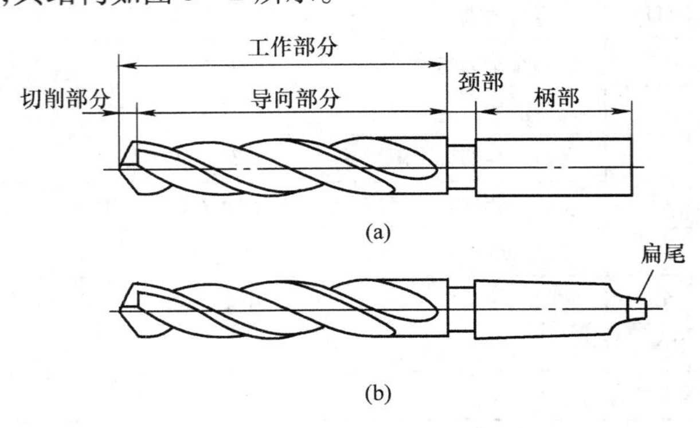

图 8－2　麻花钻的结构

(a)直柄　(b)锥柄

(1)柄部

麻花钻的柄部起传递扭矩、轴向力和夹持麻花钻的作用。麻花钻分为直柄和莫氏锥柄，一般直径小于 13 mm 的钻头做成直柄，直径大于 13 mm 的钻头做成锥柄。莫氏锥柄的末端有一扁尾，与主轴中的扁尾孔配合，起防止钻削时打滑和拆卸钻头的作用，锥柄麻花钻传递的扭矩较直柄麻花钻大。

(2)颈部

颈部是磨削麻花钻的退刀槽，通常用于标注钻头的材料、尺寸规格和商标。

(3)工作部分

麻花钻的工作部分由切削部分和导向部分组成。切削部分起切削工件的作用，其结构如图 8－3 所示。导向部分由螺旋槽和棱边组成，起引导钻头、引入切削液和排屑的作用。

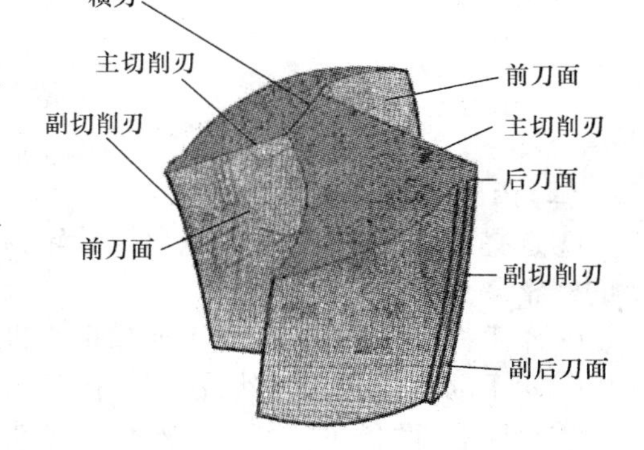

图 8－3 麻花钻工作部分的结构

2. *麻花钻的刃磨与修磨*

(1)麻花钻的刃磨方法

刃磨时一般都只刃磨麻花钻的后刀面，如图 8－4 所示，一般步骤如下。

①使钻头的轴线与砂轮母线在水平面内的夹角为顶角 2φ 的一半(59°)左右，同时钻头柄部向下倾斜。

②刃磨时，以右手为定位支点，使钻头绕其轴线转动，同时左手握住钻头柄部上下摆动。一般右手应使钻头顺时针转动约 40°，同时左手上下摆动的幅度为 8°～26°。

③刃磨好一条主切削刃后，将钻头旋转 180°，用同样的方法再刃磨另一条主切削刃。

④刃磨后，将钻头切削部分向上竖立，两眼平视，反复观察两条主切削刃的长短、高低和后角的大小，必要时可用样板检查钻头的顶角，如图 8－5 所示。如有偏差必须进行修磨，直至两条主切削刃对称为止。

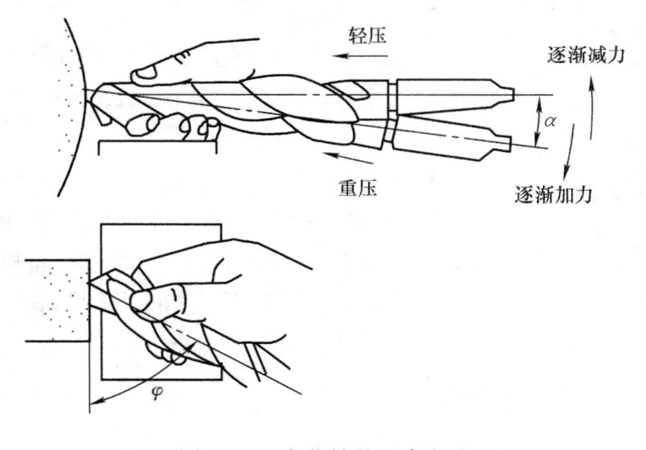

图 8－4 麻花钻的刃磨方法

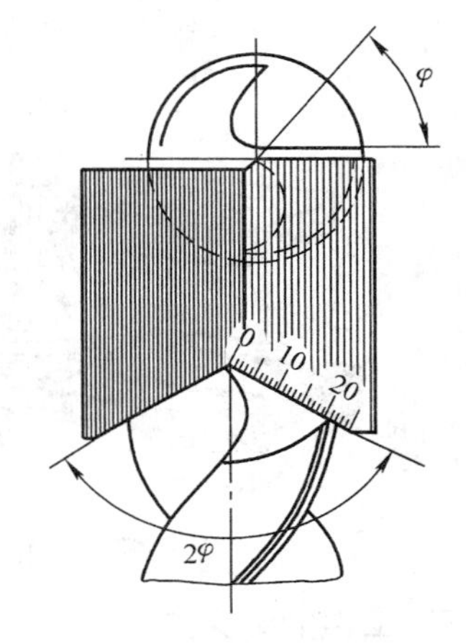

图 8－5 用样板检查顶角

⑤最后修磨横刃，钻头与砂轮的相对位置见图 8－6。先将刃背接触砂轮，然后转动钻头至切削刀具的前刀面把横刃磨短，钻头绕其轴线转 180°修磨另一边，保持两边修磨对称。

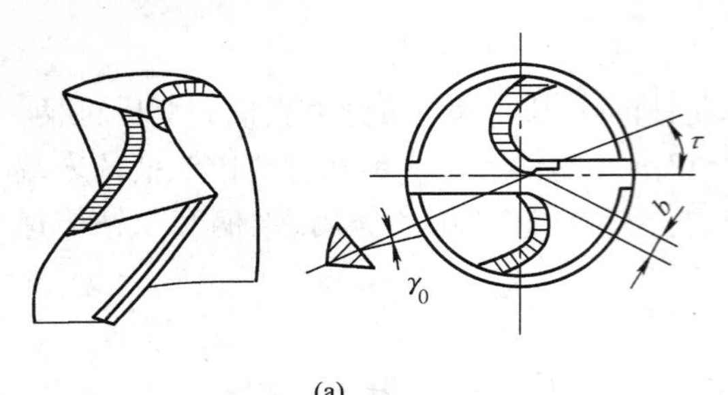
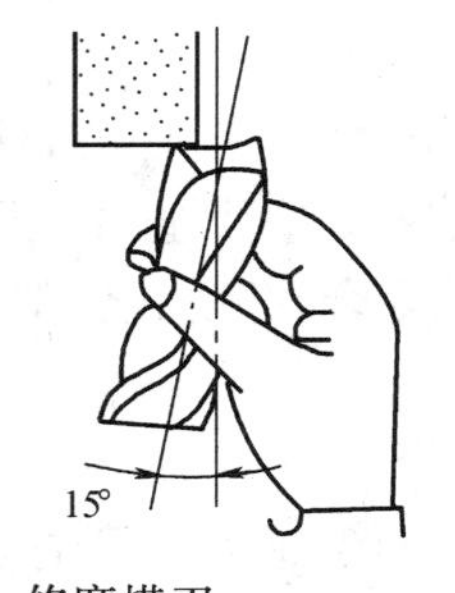

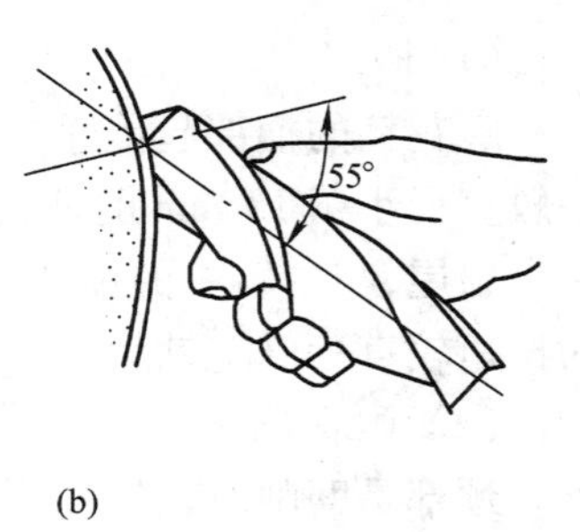

(a)　(b)

图 8－6　修磨横刃

(a)横刃形状　(b)修磨横刃

(2)刃磨时的注意事项

①选择粒度为 46～80 的氧化铝砂轮,砂轮的硬度选中软级为宜,刃磨前应对砂轮做必要的修整。

②左手摆动钻柄时,柄部不能超过水平面,以免磨成负后角。

③两手动作应协调自然,由刃口向后刀面方向刃磨。

④刃磨后,两条主切削刃应对称于钻头轴线,且顶角为 118°±2°,外圆处的后角为 8°～14°,横刃斜角为 50°～55°。

⑤刃磨时,压力不宜过大,应均匀摆动,并经常蘸水冷却,以防止钻头过热退火而降低其硬度。

二、钻孔设备

钻床是钳工用来钻孔的主要设备,常用的有台式钻床、立式钻床和摇臂钻床。

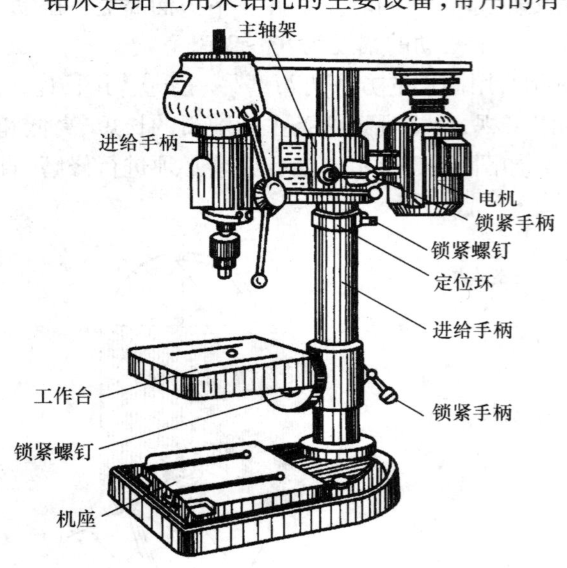

图 8－7　台钻

1. 台式钻床

台式钻床简称台钻,如图 8－7 所示。其最大钻孔直径一般在 15 mm 以下,最小可以加工 0.1 mm 左右的微孔,钻孔深度一般在 100 mm 以内。

2. 立式钻床

立式钻床简称立钻,如图 8－8 所示。它的最大钻孔直径有 25 mm、35 mm、40 mm 和 50 mm 等几种。

3. 摇臂钻床

摇臂钻床如图 8－9 所示。它主要用于大中型零件以及在同一平面内不同位置上的多孔加工,其最大钻孔直径有 25 mm、35 mm、40 mm、50 mm 和 80 mm 等几种。

三、工件的装夹方法

工件的装夹方法一般根据孔径及工件形状来确定,一般有以下几种。

①采用手虎钳夹持工件(图 8－10(a)),适用于小型工件和薄板小工件。

②采用机用平口虎钳夹持工件(图 8－10(b)),适用于中小型平整工件,若钻削力较大时可将机用虎钳固定在钻床工作台上。

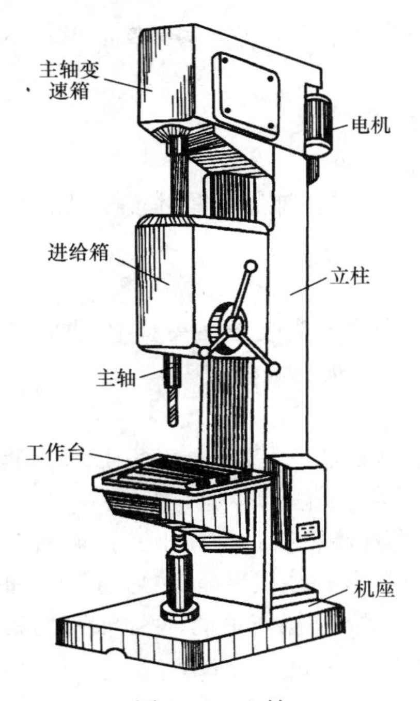

图 8－8　立钻

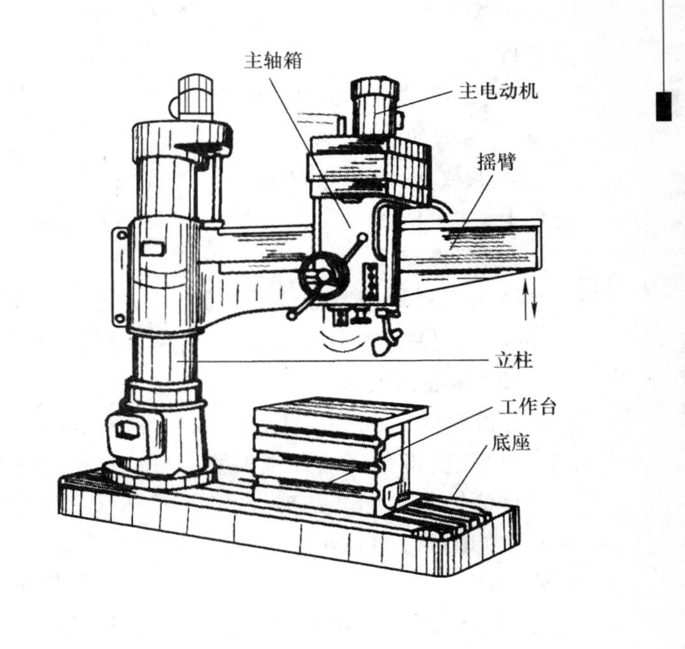

图 8－9　摇臂钻床

③采用 V 形架夹持工件(图 8－10(c)),适用于加工轴套类零件外圆柱面上的孔。采用 V 形架夹持工件时,一般应与螺旋夹紧机构或螺旋压板夹紧机构配合使用。

④采用螺栓压板夹持工件(图 8－10(d))。

⑤采用三爪自定心卡盘夹持工件(图 8－10(e)),适用于加工轴向尺寸较小的轴套类零件端面上的孔。

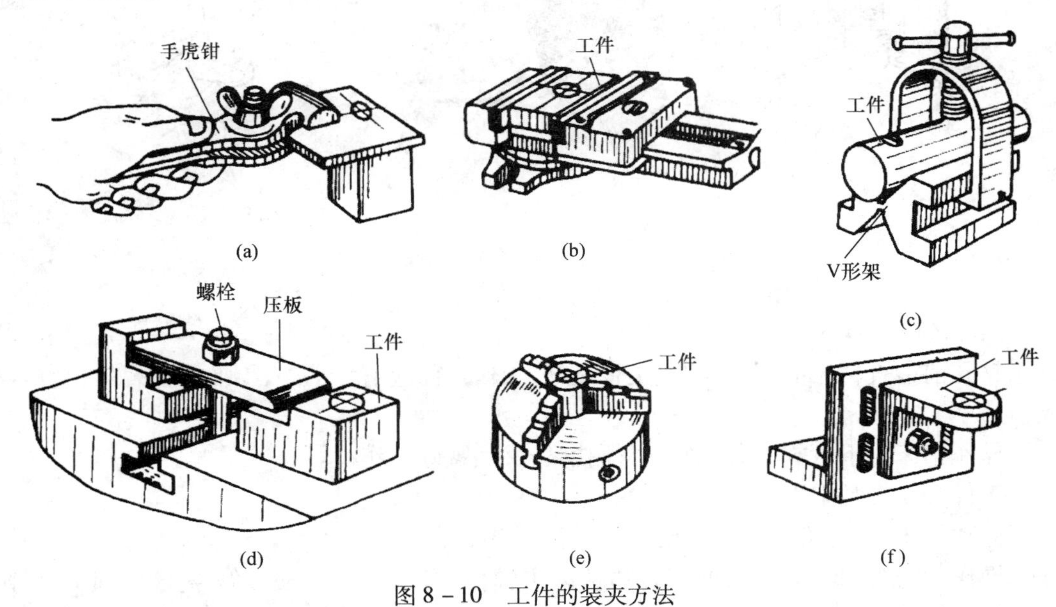

图 8－10　工件的装夹方法

(a)手虎钳夹持　(b)机用平口虎钳夹持　(c)V 形架夹持　(d)螺栓压板夹持
(e)三爪自定心卡盘夹持　(f)专用夹具夹持

⑥采用专用夹具夹持工件(图 8－10(f)),适用于不便于用上述方法夹持的形状不规则的零件。

四、钻孔的基本知识

1. 钻头的装夹

除少数钻头可以直接安装在钻床上外,大多数钻头都需要辅助工具才能安装在钻床的主轴上,常见的辅具有钻头套和标准钻夹头等。

(1)钻头套

钻头套又称中间套筒或过渡套筒(图 8－11(a)),先将钻头装于钻头套中,再将其装到主轴孔中。钻头套主要用于装夹不能直接与钻床主轴孔相配的锥柄钻头。

(2)标准钻夹头

标准钻夹头又称扳手钻夹头(图 8－11(b)),通过钻钥匙的转动,钻夹头上的三个卡爪伸出或缩进,将钻头松开或夹紧。标准钻夹头一般用于直柄钻头装夹。

直柄钻头用标准钻夹头装夹,锥柄钻头用钻头套或直接装在主轴孔中。锥柄钻头的安装方法如图 8－11(a)所示,首先将钻头、钻头套和主轴孔分别擦拭干净;然后将钻头和钻头套装夹在一起;最后将其装在主轴上。安装锥柄钻头时可摇动操作手柄,使主轴带动钻头向垫在工作台的木板冲击两次来完成,拆钻夹头的方法如图 8－11(c)所示。

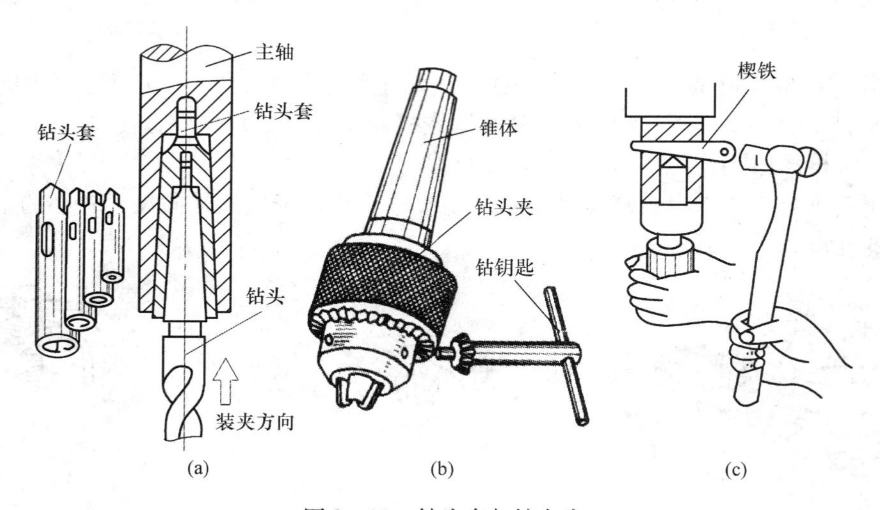

图 8－11　钻头套与钻夹头

(a)锥柄钻头的装夹方法　(b)钻夹头　(c)拆钻夹头的方法

2. 钻孔的安全知识

①钻孔前检查钻床的润滑、调速是否良好,工作台面应清洁干净,不准放置刀具、量具等物品。

②操作钻床时不可戴手套,袖口必须扎紧,女生戴好工作帽。

③工件必须夹紧牢固。

④开动钻床前,应检查钻钥匙或斜铁是否插在钻轴上。

⑤操作者的头部不能太靠近旋转的钻床主轴,停车时应让主轴自然停止,不能用手刹住,也不能反转制动。

⑥钻孔时不能用手或棉纱或用嘴吹来清除切屑,必须用刷子清除,长切屑或切屑绕在钻

头上要用钩子钩去或停车清除。

⑦严禁在开车状态下装拆工件,检验工件和变速须在停车状态下完成。

⑧清洁钻床或加注润滑油时,必须切断电源。

3. 钻孔方法

(1)划线钻孔

在钻孔处划线,并打样冲眼,如图8－12所示。钻孔时,先用钻头在圆心样冲眼处锪一浅孔(约为孔径的1/4),并检查孔是否正确。如果钻偏,纠正后再钻出整个孔。在孔将钻穿时,应减小进给量,以免折断钻头或因钻头摆动而影响钻孔质量;钻盲孔时,应注意控制钻孔的深度,以避免钻深出现质量事故。

当孔的偏斜较小时,可用样冲将孔中心冲大进行矫正。如果偏斜较大,可在借正部位(理想的孔中心)多打几个样冲眼,使之形成一个大的样冲孔进行矫正;也可以用窄錾或油槽錾在借正部位錾几条窄槽进行矫正,如图8－13所示。

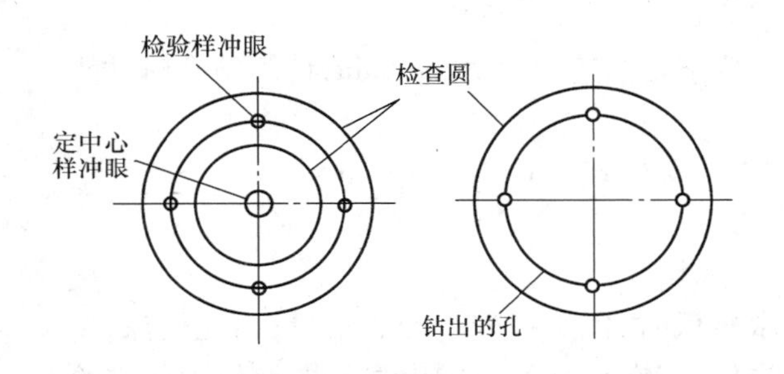

图8－12　钻孔前的划线方法

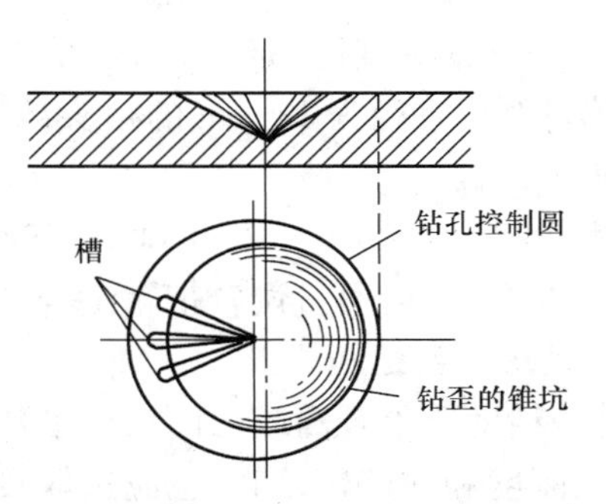

图8－13　纠正钻歪孔的方法

(2)钻深孔

当钻削的孔深大于孔径的三倍时,会出现排屑和冷却困难的现象,影响加工质量,严重时将折断钻头。钻削时,应及时退出钻头进行排屑和冷却。

(3)钻薄板孔

在薄板(即厚度小于1.5 mm的板)上钻孔时,钻孔的中心不容易控制,会出现多边形孔、孔口飞边和毛刺、薄板变形、孔被撕裂等现象;如果进给量过大,还会引起扎刀。在薄板上钻孔时,采用薄板钻头(又称三尖钻)可以克服上述现象。薄板钻头的结构如图8－14所示。

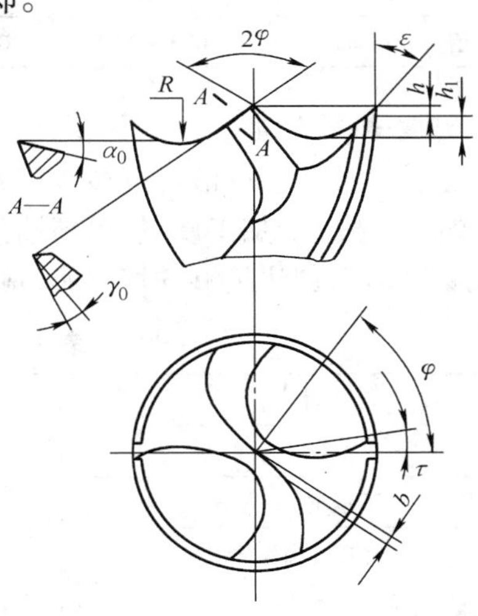

图8－14　薄板钻头结构

(4)钻大孔

当钻直径超过30 mm的孔时应该分两次钻削,即第一次用(0.5～0.7)D的钻头先钻,然后再用所需直径(D)钻头将孔扩大到所需要的直径。分两次钻削既有利于钻头的使用(负荷分担),也有利于提高钻孔质量。

4. 钻孔转速的调整

用直径较大的钻头钻孔时，主轴转速应较低；用小直径的钻头钻孔时，主轴转速可较高，但进给量要小，高速钢钻头切削速度由表 8－1 选择。

表 8－1　高速钢钻头切削速度

工件材料	切削速度 v(m/min)
铸铁	14～22
钢	16～24
青铜或黄铜	30～60

钻床转速公式为：

$$n = 1\,000v/\pi d$$

式中　v——切削速度，m/min；

　　d——钻头直径，mm。

【例】　用直径为 12 mm 的钻头钻削钢件，要求切削速度为 20 m/min，计算钻孔时钻头的转速。

【解】　$n = 1\,000v/\pi d = 1\,000 \times 20/(\pi \times 12) = 530$ r/min

主轴的变速可通过调整带轮组合来实现。

5. 进给量的选择

孔的精度要求较高或表面结构参数值要求较低时，需选择较小的进给量；钻孔较深、钻头较长、刚度和强度较差时，也应选取较小的进给量；在允许的范围内尽量选取较大的进给量，当进给量受到工件表面结构或钻头刚度限制时，再考虑选取较大的切削速度。这是因为切削速度对钻头寿命的影响比进给量大。高速钢标准麻花钻的进给量可参考表 8－2。

表 8－2　高速钢标准麻花钻的进给量

钻头直径 D/mm	<3	3～6	6～12	12～25	25
进给量 f/(mm/r)	0.025～0.05	0.05～0.10	0.10～0.18	0.18～0.38	0.38～0.62

6. 冷却与润滑

钻孔时使用切削液可以减少摩擦，降低切削热，消除黏附在钻头和工件表面上的积屑瘤，提高孔表面的加工质量，提高钻头寿命和改善加工。

钻孔时要加注足够的切削液，钻削相关材料选用的切削液见表 8－3。

表 8－3　钻削相关材料用的切削液

工件材料	切　削　液
各类结构钢	3%～5%乳化液，7%硫化乳化液
不锈钢、耐热钢	3%肥皂＋2%亚麻油水溶液，硫化切削油
纯铜、黄铜、青铜	不用，5%～8%乳化液
铸铁	不用，5%～8%乳化液，煤油
铝合金	不用，5%～8%乳化液，煤油，煤油与菜油的混合油
有机玻璃	5%～8%乳化液，煤油

五、钻孔时常见的废品形式及产生原因

钻孔中常出现的废品形式及产生的原因见表8－4。

表8－4　钻孔时常见的废品形式及产生原因

废品形式	产生原因
孔径大于规定尺寸	(1)钻头两主切削刃长短不等、高度不一致； (2)钻头主轴摆动或工作台未锁紧； (3)钻头弯曲或在钻夹头中未装好，引起摆动
孔呈多棱形	(1)钻头后角太大； (2)钻头两主切削刃长短不等、角度不对称
孔位置偏移	(1)工件划线不正确或装夹不正确； (2)样冲眼中心不准； (3)钻头横刃太长，定心不稳； (4)起钻过偏没有纠正
孔壁粗糙	(1)钻头不锋利； (2)进给量太大； (3)切削液性能差或供给不足； (4)切屑堵塞螺旋槽
孔歪斜	(1)钻头与工件表面不垂直，钻床主轴与台面不垂直； (2)进给量过大，造成钻头弯曲； (3)工件安装时，安装接触面上的切屑等污物未及时清除； (4)工件装夹不牢，钻孔时产生歪斜，或工件有砂眼
钻头工作部分折断	(1)钻头已钝还在继续钻孔； (2)进给量太大； (3)未经常退屑，使钻屑在螺旋槽中阻塞； (4)孔刚钻穿未减小进给量； (5)工件未夹紧，钻孔时有松动； (6)钻黄铜等软金属及薄板料时，钻头未修磨； (7)孔已歪斜还在继续钻
切削刃迅速磨损或碎裂	(1)切削速度太高； (2)钻头刃磨不适应工件材料的硬度； (3)工件有硬块或砂眼； (4)进给量太大； (5)切削液输入不足

【知识链接：钻削加工技术的新发展】

尽管有多种不同的旋转切削刀具能够加工孔，但钻削仍是主要的孔加工方式。当今正不断出现使用新材料、新涂层和合理几何形状的新型钻头设计；钻头正采用更先进的材料，如钴、钨硬质合金和毫微晶粒硬质合金等。新型钻头涂层使钻头设计能够提供更有效的钻头几何形状。在钻头材料和涂层中，微晶硬质合金材料和最新的物理气相沉积（PVD）涂层具有较大的潜力。

在钻削加工中，正确选择钻头十分重要。钻削孔径为 51～76 mm 或更大尺寸的孔所需功率较高，通常要求钻孔必须分两道工序完成，大直径孔由于功率消耗大，仅用一把钻头加工是很难实现的。除了孔径尺寸外，钻削加工的其他因素，如加工材料、零件形状等也是钻削的关键因素。有些材料比另一些材料容易加工；在较大钢件上钻孔并不难，而在一个形状复杂、空间十分有限的区域进行钻孔就比较困难。

具有可换刀片的钻头是加工通孔的理想选择，而精密孔加工则应采用整体式硬质合金钻头，钎焊钻头和焊有硬质合金的钻头在钻孔中钻尖容易脱落，故不宜采用。可换刀片钻头不但可节省与整体硬质合金和钢制钻头相关的昂贵的刀具重磨费用，而且多种可换刀片使得操作者能够快速改变钻削刀片的几何形状，以提高钻头的切削性能。

1. 新型的钻头设计制造技术

快换钻头具有加工灵活性，用户可通过改变钻头的刃磨方法、后刀面锥度及钻头的几何形状，最大限度地提高钻头性能。例如对加工一些硬质材料（如不锈钢和高温合金），钻头应有较锋利的切削刃和更大的后刀面锥度。如想减小切削力，使刀具钻削更流畅、排屑更顺畅，可通过改变钻头的几何形状，使钻头性能最优化。

根据钻头的切削性能要求，可改变混合硬质合金钻头内部的材质成分。Sandvik 公司的双质硬质合金钻头综合了两种不同类型硬质合金的特性。从理论上讲，在钻头中心部位切削速度为零，坚固而富含钴的硬质合金可承受由非常低的切削速度引起的振动。随着切削速度的降低，切屑可能会焊死在切削刃上。钻头应具有足够的刚性和润滑性，新型钻头可以通过涂层来获得好的润滑性能。钻头四周边缘部分以非常高的切削速度旋转，此时钻头又需要采用坚硬的高强度硬质合金和耐磨涂层。Sandvik 公司经常使用氮化钛铝（TiAlN）和碳氮化钛（TiCN）作为钻头涂层，为进一步改善润滑特性，也可加入其他涂层材料。

亚微晶粒硬质合金材料在粗钻和粗铣加工中应用前景广阔。近年来，硬质合金材料和硬质合金刀片制造商已经进入更小晶粒硬质合金材料开发领域。一种新型工艺使制造商能够获得小于微米级的硬质合金晶粒，这种毫微晶粒硬质合金兼具硬质合金的高硬度和高速钢的高拉伸强度。在钻削加工中，无论钻头转速多大，钻头尖端的切削速度几乎为零。当加工硬材料时，钻头有被压碎的可能，采用微晶硬质合金钻头则可避免这种危险。

Iscar 公司在硬质合金烧结前，通过在硬质合金中加入不同的添加剂，生产出亚微晶粒硬质合金。通常在加热和烧结硬质合金到形成最终形态的冶金工艺过程中，晶粒尺寸是趋于长大的。这种亚微晶粒硬质合金是一种刚性类同于高速钢、硬度又与硬质合金相似的材料，它可采用非常高的切削速度，其刀具寿命是原来刀具寿命的 8～10 倍。

先进涂层的出现，使一些工具厂家开发出了几何形状更加合理的钻头，如干式加工用钻头。正确确定钻头的合理几何形状取决于所用钻头的尺寸和特定用途。在先进的 CNC 加工设备上进行大批量加工，一般要求有较高的切削速度和进给量，所以要求钻头具有更为合理的切削刃几何形状。

2. 先进的钻头夹具系统

要想获得满意的加工效果，夹持钻头的夹具性能至关重要。如果钻头夹具达不到所要求的刚性，即使获得了驱动钻头的功率，也不能进行有效的切削。先进的钻头夹具可获得很小的钻孔公差，尽管多数钻削加工不需要太高精度，但仍有些钻削加工的精度要求较高。最近，Bilz/RMT Tool 公司和 TM Smith Tool International 公司引入了一个用于精密钻削加工的新型的刀夹具系统——Thermo-Grip 刀夹具,这是一种新型的热装夹紧工具系统。Thermo-Grip 刀夹具不用紧固螺钉装夹刀柄,也不用螺母和垫片固定刀具,由于在夹具的一侧无紧固螺钉,因此不会引起振动,所以刀具和夹具从一开始就具有良好的动态平衡,使钻削可在平衡状态下更好地进行高速加工。Thermo-Grip 刀夹具的孔比切削刀具稍小,用一个感应线圈加热夹具前端,热膨胀使夹具孔胀开,将切削刀具插入,当夹具冷却后,刀柄四周在冷却压缩效应下即可产生足够的刀具夹持力。

TM Smith Tool 公司开发了两种新型钻削工具系统,即 HSK 和近心钻削系统。据该公司预测,这两种系统承受冷却液压力指标是 6 895 kPa(实际可达 8 274 kPa)。

Briggs & Stratton 公司利用传统的理想圆锥刀柄设计的优点,开发出了一种近心刀具夹持系统。该系统采用一个理想的圆锥前端,刀柄中心的 6 个球形孔将刀具系统夹持在主轴上。用户可选用一个旋在刀具后面的孔塞,此孔塞连接在主轴机体上,可将刀具后部的冷却液隔开。

为了提高切削速度和延长刀具寿命,许多用户已将 HSK 短锥柄、高速主轴和小型金刚石刀片应用于实际加工。使用尖形 PCD 刀具可使刀具寿命更长,减少刀具的更换次数,最大限度地增加每把刀具的孔加工数。HSK 空心短锥柄能使刀具安装公差达到 0.000 13 mm 或更小,可用于高速加工。汽车和航天工业对 HSK 空心短锥柄需求量较大。

【思考与练习】

1. 标准麻花钻的切削角度主要有哪些?其前角、后角各有何特点?
2. 标准麻花钻的刃磨要求有哪些?
3. 现有一支 $\phi12$ mm 的直柄麻花钻需要刃磨,试述其刃磨过程。
4. 如何对标准麻花钻进行修磨,以提高其切削性能?
5. 钻孔时,工件的常见装夹形式有哪些?
6. 采用划线方法钻孔时,如何进行纠偏?
7. 在钻孔时,注入切削液能起到什么作用?
8. 什么情况下钻头易被折断?如何避免?

课题九　扩孔、铰孔及锪孔★

● **拟学习的知识**

➢ 扩孔、铰孔及锪孔的刀具、设备的使用方法。

● **拟掌握的技能**

➢ 扩孔、铰孔及锪孔的操作方法。

■任务说明

掌握扩孔、铰孔及锪孔的刀具、设备的选择,学会扩孔、铰孔及锪孔。

一、扩孔

扩孔用以扩大已加工出的孔(铸出、锻出或钻出的孔)。它可以校正孔的轴线偏差,并使其获得较正确的几何形状和较小的表面结构参数值,其加工精度一般为 IT10 ~ IT9 级,表面结构参数值为 *Ra* 3.2 ~6.3 μm。扩孔可作为要求不高的孔的最终加工,也可作为精加工(如铰孔)前的预加工,扩孔加工余量为 0.5 ~4 mm。

一般用麻花钻作扩孔钻。在扩孔精度要求较高或生产批量较大时,还采用专用扩孔钻扩孔。扩孔钻和麻花钻相似,所不同的是它有 3 ~4 条切削刃,但无横刃,其顶端是平的,螺旋槽较浅,故钻芯粗实、刚性好、不易变形、导向性能好。由于扩孔钻切削平稳,可提高扩孔后的孔的加工质量。图 9 –1 所示为扩孔钻及用扩孔钻扩孔时的情形。

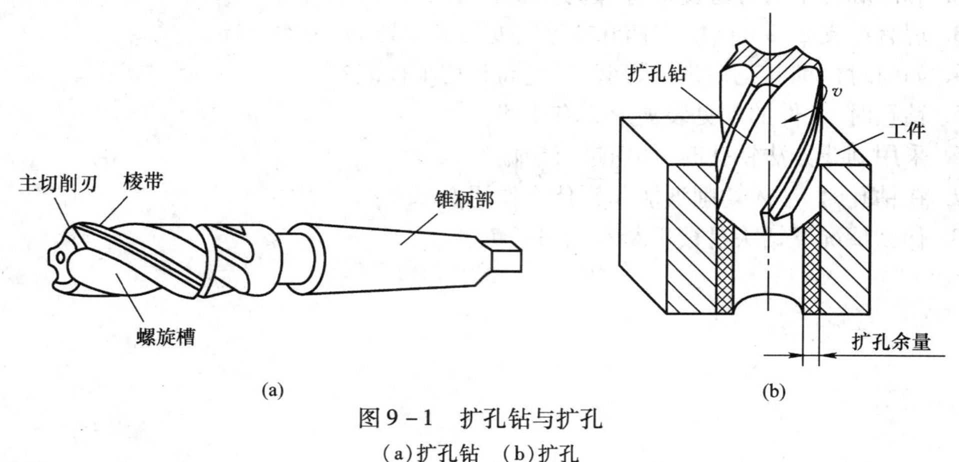

图 9 –1　扩孔钻与扩孔

(a)扩孔钻　(b)扩孔

二、铰孔

1. 铰刀类型及结构

铰孔是用铰刀从工件壁上切除微量金属层,以提高其尺寸精度和表面质量的加工方法。铰孔的加工精度可高达 IT7 ~ IT6 级,铰孔的表面结构参数值为 *Ra* 0.4 ~0.8 μm。

铰刀是多刃切削刀具,有 6 ~12 个切削刃,铰孔时其导向性好。由于刀齿的齿槽很浅,铰刀的横截面大,因此铰刀的刚性好。铰刀按使用方法分为手用和机用两种,按所铰孔的形状分为圆柱形和圆锥形两种(见图 9 –2(a)、(b))。

铰孔因余量很小，而且切削刃的前角 $\gamma = 0°$，所以铰削实际上是修刮过程。特别是手工铰孔时，由于切削速度很低，不会受到切削热和振动的影响，故铰孔是对孔进行精加工的一种方法。铰孔时铰刀不能倒转，否则切屑会卡在孔壁和切削刃之间，从而使孔壁划伤或切削刃崩裂。铰削时如采用切削液，孔壁表面结构参数值将更小（见图 9－2(c)）。

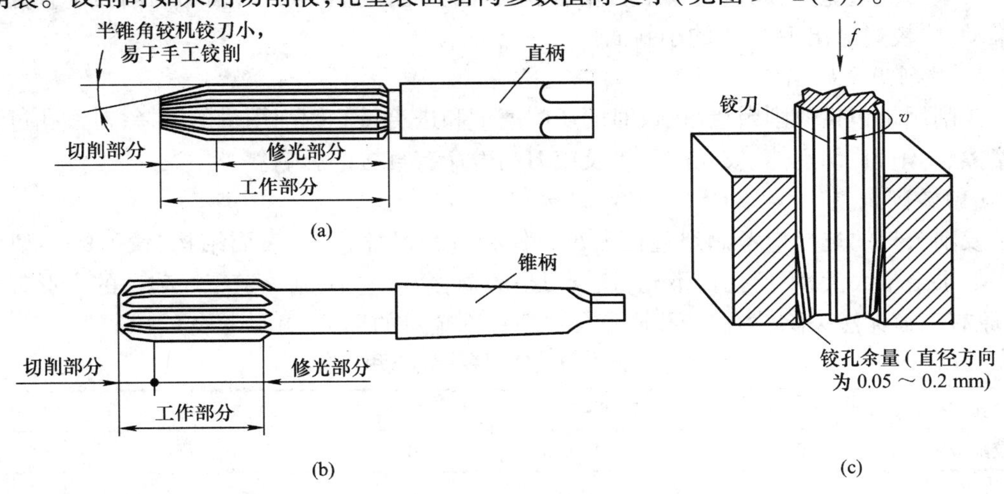

图 9－2　铰刀和铰孔

（a）圆柱形手铰刀　（b）圆锥形机铰刀　（c）铰孔

钳工常遇到的锥销孔铰削，一般采用相应孔径的圆锥手用铰刀进行。圆柱形手铰刀分普通锥铰刀和成套锥铰刀两种，见图 9－3 和图 9－4。

用普通直槽铰刀铰削键槽孔时，因为刀刃会被键槽边钩住，而使铰削无法进行，因此必须采用螺旋槽手用铰刀（见图 9－5）。用这种铰刀铰孔时，铰削阻力沿圆周均匀分布，铰削平稳，铰出的孔光滑。一般螺旋槽的方向应是左旋，以避免铰削时因铰刀的正向转动而产生自动旋进的现象，同时左旋刀刃容易使切屑向下，易推出孔外。

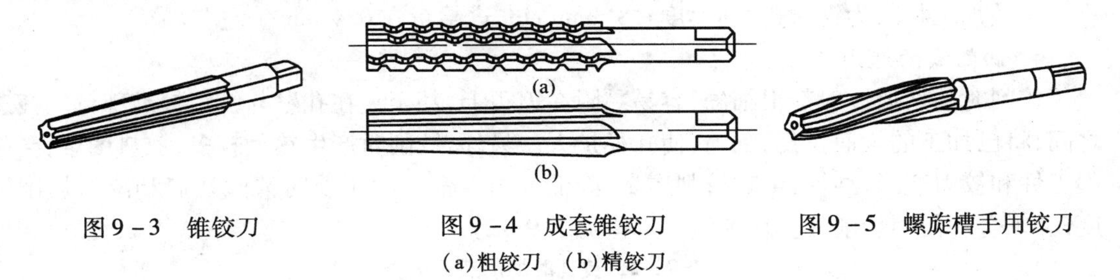

图 9－3　锥铰刀　　图 9－4　成套锥铰刀　　图 9－5　螺旋槽手用铰刀

（a）粗铰刀　（b）精铰刀

2. *铰刀的研磨*

新铰刀直径上留有研磨余量，且棱边的表面也较粗糙，所以公差等级为 IT8 级以上的铰孔，使用前应根据工件的扩张量或收缩量对铰刀进行研磨。无论采用哪种研具，研磨方法都相同。研磨时铰刀由机床带动旋转，旋转方向要与铰削方向相反，机床转速一般以 40～60 r/min 为宜。研具套在铰刀的工作部分上，研套的尺寸调整到能在铰刀上自由滑动为宜。研磨时，用手握住研具作轴向均匀的往复移动，研磨剂放置要均匀，及时清除铰刀沟槽中的研垢，并重新换上研磨剂再研磨，随时检查铰刀的研磨质量。

为了获得理想的铰削质量，还需要及时用油石对铰刀的切削刃和刀面进行研磨。特别是铰刀使用中磨损最严重的地方(切削部分与校准部分的过渡处),需要用油石仔细地将该处的尖角修磨成圆弧形的过渡刃。铰削中,发现铰刀刃口有毛刺或积屑瘤要及时用油石小心地修磨掉。

若铰刀棱边宽度较大,可用油石贴着后刀面,并与棱边倾斜1°,沿与切削刃垂直方向轻轻推动,将棱边磨出1°左右的小斜面。

3. 铰削用量的确定

铰削用量包括铰削余量、机铰时的切削速度和进给量。铰削用量的选择,对铰孔过程中的摩擦、切削力、切削热、铰孔的质量及铰刀的寿命有直接的影响。

(1)铰削余量

铰削余量的选择应考虑到直径大小、材料软硬、尺寸精度、表面结构、铰刀的类型等因素。如果余量太大,不但孔铰不光,且铰刀易磨损;余量过小,则上道工序残留的变形难以纠正,原有刀痕无法去除,影响铰孔质量。一般铰削余量的选用,可参考表9-1。

表9-1 铰削余量的选用

铰孔直径/mm	<5	5~20	21~32	33~50	51~70
铰削余量/mm	0.1~0.2	0.2~0.3	0.3	0.5	0.8

此外,铰削精度还与上道工序的加工质量有直接的关系,因此还要考虑铰孔的工艺过程。一般铰孔的工艺过程是:钻孔→扩孔→铰孔。对于IT8级以上精度、表面结构参数值*Ra*1.6 μm的孔,其工艺过程是:钻孔→扩孔→粗铰→精铰。

(2)机铰时的切削速度和进给量

机铰时的切削速度和进给量要选择适当。过大,铰刀容易磨损,也容易产生积屑瘤而影响加工质量;过小,则切削厚度过小,反而很难切下材料,对加工表面形成挤压,使其产生塑性变形和表面硬化,最后形成刀刃撕去大片切屑,增大了表面结构参数值,也加速了铰刀的磨损。

当被加工材料为铸铁时,切削速度≤10 mm/min,进给量在0~8 mm/r之间。

当被加工材料为钢时,切削速度≤8 mm/min,进给量在0.4 mm/r左右。

4. 切削液的选用

铰削时的切屑一般都很细碎,容易黏附在刀刃上,甚至夹在孔壁与铰刀校准部分的棱边之间,将已加工的表面拉伤、刮毛,使孔径扩大。另外,铰削时产生热量较多,散热困难,会引起工件和铰刀变形、磨损,影响铰削质量,降低铰刀寿命。为了及时清除切屑和降低切削温度,必须合理使用切削液。切削液的选择见表9-2。

表9-2 铰孔时切削液的选择

工件材料	切 削 液
钢	(1)10%~20%乳化液 (2)铰孔要求较高时,采用30%菜油加70%肥皂水 (3)铰孔要求更高时,可用菜油、柴油、猪油等
铸铁	(1)不用 (2)煤油,但会引起孔径缩小,最大缩小量达0.02~0.04 mm (3)3%~5%低浓度的乳化液
铜	5%~8%低浓度的乳化液
铝	煤油、松节油

5. 手用铰刀的铰削方法

①工件要夹正、夹紧，尽可能使被铰孔的轴线处于水平或垂直位置。对薄壁零件夹紧力不要过大，防止将孔夹扁，铰孔后产生变形。

②手铰过程中，两手用力要平衡、均匀，防止铰刀偏摆，避免孔口处出现喇叭口或孔径扩大现象。

③铰削进给时不能猛力压铰杠，应一边旋转，一边轻轻加压，使铰刀缓慢、均匀地进给，保证获得较细的表面结构。

④铰削过程中，要注意变换铰刀每次停歇的位置，避免在同一处停歇而造成振痕。

⑤铰刀不能反转，退出时也要顺转，否则会使切屑卡在孔壁和后刀面之间，将孔壁拉毛，铰刀也容易磨损，甚至崩刃。

⑥铰削钢料时，切屑碎末易黏附在刀齿上，应注意经常退刀清除切屑，并添加切削液。

⑦铰削过程中，如果铰刀被卡住，不能猛力扳转铰杠，防止铰刀崩刃或折断，而应及时取出铰刀，清除切屑和检查铰刀。继续铰削时要缓慢进给，防止在原处再次被卡住。

6. 机用铰刀的铰削方法

使用机用铰刀铰孔时，除注意手铰时的各项要求外，还应注意以下几点。

①要选择合适的铰削余量、切削速度和进给量。

②必须保证钻床主轴、铰刀和工件孔三者之间的同轴度。对于高精度孔，必要时采用浮动铰刀夹头来装夹铰刀。

③开始铰削时先采用手动进给，正常切削后改用自动进给。

④铰盲孔时，应经常退刀清除切屑，防止切屑拉伤孔壁；铰通孔时，铰刀校准部分不能全部出头，以免将孔口处刮坏，退刀时困难。

⑤在铰削过程中，必须注入足够的切削液，以清除切屑和降低切削温度。

⑥铰孔完毕，应先退出铰刀后再停车，否则孔壁上会拉出刀痕。

7. 铰刀损坏的原因

铰削时，铰削用量选择不合理、操作不当等都会引起铰刀过早损坏，具体损坏形式及原因见表9－3。

表9－3　铰刀损坏的形式及原因

铰刀损坏形式	损坏原因
过早磨损	(1)切削刃表面粗糙，使耐磨性降低 (2)切削液选择不当 (3)工件材料硬
崩刃	(1)前、后角太大，引起切削刃强度变差 (2)铰刀偏摆过大，造成切削负荷不均匀 (3)铰刀退出时反转，使切屑嵌入切削刃与孔壁之间
折断	(1)铰削用量太大 (2)工件材料硬 (3)铰刀已被卡住，继续用力扳转 (4)进给量太大 (5)两手用力不均或铰刀轴心线与孔轴心线不重合

8. 铰孔时常见的废品形式及产生原因

铰孔时，如果铰刀质量不好、铰削用量选择不当、切削液使用不当、操作疏忽等都会产生废品，具体分析见表 9－4。

表 9－4　铰孔时常见的废品形式及产生原因

废品形式	产生原因
表面结构达不到要求	(1)铰刀刃口不锋利或有崩刃，铰刀切削部分和校准部分粗糙； (2)切削刃上粘有积屑瘤或容屑槽内切屑黏结过多未清除； (3)铰削余量太大或太小； (4)铰刀退出时反转； (5)切削液不充足或选择不当； (6)手铰时，铰刀旋转不平稳； (7)铰刀偏摆过大
孔径扩大	(1)手铰时，铰刀偏摆过大； (2)机铰时，铰刀轴心线与工件孔的轴心线不重合； (3)铰刀未研磨，直径不符合要求； (4)进给量和铰削余量太大； (5)切削速度太高，使铰刀温度上升，直径增大
孔径缩小	(1)铰刀磨损后，尺寸变小继续使用； (2)铰削余量太大，引起孔弹性复原而使孔径缩小； (3)铰铸铁时加了煤油
孔呈多棱形	(1)铰削余量太大和铰刀切削刃不锋利，使铰刀发生"啃切"，产生振动而呈多棱形； (2)钻孔不圆使铰刀发生弹跳； (3)机铰时，钻床主轴振摆太大
孔轴线不直	(1)预钻孔孔壁不直，铰削时未能使原有弯曲度得以纠正； (2)铰刀主偏角太大，导向不良，使铰削方向发生偏歪； (3)手铰时，两手用力不匀

三、锪孔

锪孔是用锪钻对工件上的已有孔进行孔口形面的加工，其目的是为保证孔端面与孔中心线的垂直度，以便使与孔连接的零件位置正确、连接可靠。常用的锪孔工具有柱形锪钻（锪柱孔）、锥形锪钻（锪锥孔）和端面锪钻（锪端面）三种（见图 9－6）。

①圆柱形埋头锪钻的端刃起切削作用，其周刃作为副切削刃起修光作用（见图 9－6(a)）。为保证原有孔与埋头孔同心，锪钻前端带有导柱与已有孔配合使用起定心作用。导柱和锪钻本体可制成整体，也可分开制造然后装配成一体。

②锥形锪钻用来锪圆锥形沉头孔（见图 9－6(b)）。锪钻顶角有 60°、75°、90°和 120°四种，其中以顶角为 90°的锪钻应用最为广泛。

③端面锪钻用来锪与孔垂直的孔口端面，如图 9－6(c)所示。

锪孔时刀具易产生振动，使所锪的端面或锥面出现振痕，特别是使用麻花钻改制的锪钻，振痕更为严重。因此，在锪孔时应注意以下几点。

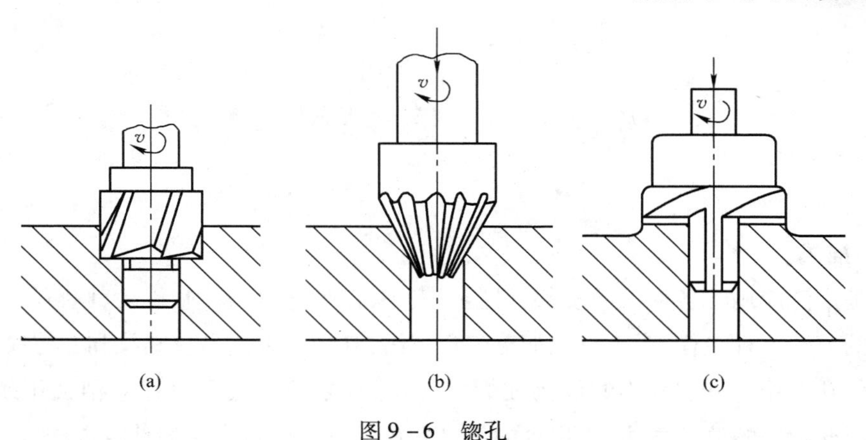

图 9－6　锪孔

(a)锪柱孔　(b)锪锥孔　(c)锪端面

①锪孔时的进给量为钻孔时的 2～3 倍，切削速度为钻孔的 1/3～1/2。精锪时可利用停车后的主轴惯性来锪孔，以减小振动而获得光滑表面。

②使用麻花钻改制的锪钻时，尽量选用较短的钻头，并适当减小后角和外缘处前角，以防止扎刀和减小振动。

③锪钢件时，应在导柱和切削表面间加切削润滑液。

【思考与练习】

1. 铰刀的种类有哪些？应如何选用？
2. 如何合理地选择铰削余量？
3. 扩孔钻的特点是什么？
4. 如何确定铰削余量？
5. 锪孔的加工要点是什么？
6. 钻孔、扩孔和铰孔各有什么区别？铰孔操作应注意些什么？

课题十 攻 螺 纹

【项目描述】

螺纹被广泛应用于各种机械设备、仪器仪表中,作为连接、紧固、传动、调整的一种机构。螺纹加工的方法多种多样,钳工只能加工三角螺纹,其加工方法是攻螺纹和套螺纹。

在工件孔中用丝锥切割出螺纹为攻螺纹,攻螺纹之前的底孔直径应稍大于螺纹小径。本项目主要介绍攻螺纹的方法,攻螺纹的工具和攻螺纹前底孔直径的计算方法。

- **拟学习的知识**

➢ 螺纹底孔尺寸的确定。

➢ 工件的装夹方法。

➢ 攻螺纹工具的使用方法。

➢ 攻螺纹的基本知识。

- **拟掌握的技能**

➢ 攻螺纹操作。

■任务说明

会选择攻螺纹工具,掌握攻螺纹的基本知识,学会攻螺纹。

攻螺纹是指采用丝锥在工件孔中切削出内螺纹的工艺方法。

一、任务描述

运用钻头、钻床、丝锥、铰杠,加工图 10-1 所示工件的 M12 的螺纹孔,材料为 45 钢板,完成时间为 120 min。

二、任务分析

要完成该工件上螺纹孔的加工任务,其操作步骤为:划线→确定螺纹底孔尺寸→选择钻孔工具和量具→选择钻孔设备→装夹工件→加工螺纹底孔→选择攻螺纹的工具→再次装夹工件→攻螺纹。

三、相关知识

(一)螺纹底孔尺寸的确定

1. 螺纹底孔直径的确定

由于攻螺纹时有较强的挤压作用,使金属产生塑性变形而形成凸起挤向牙尖。因此,攻螺纹前的底孔直径应略大于螺纹小径。螺纹底孔直径的大小应考虑工件材质,可查阅有关手册(见表 10-1),也可以按经验公式确定。

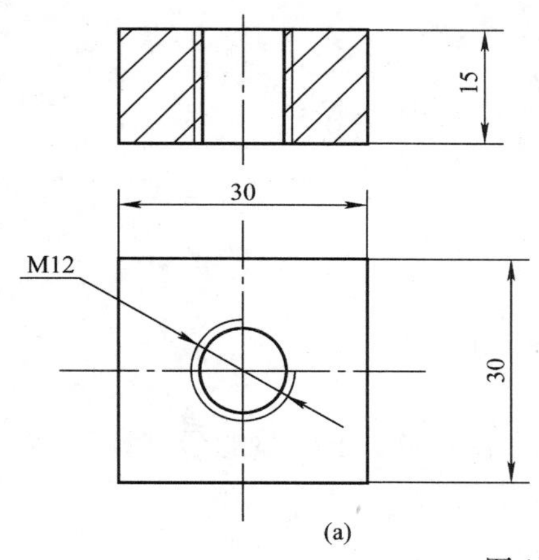

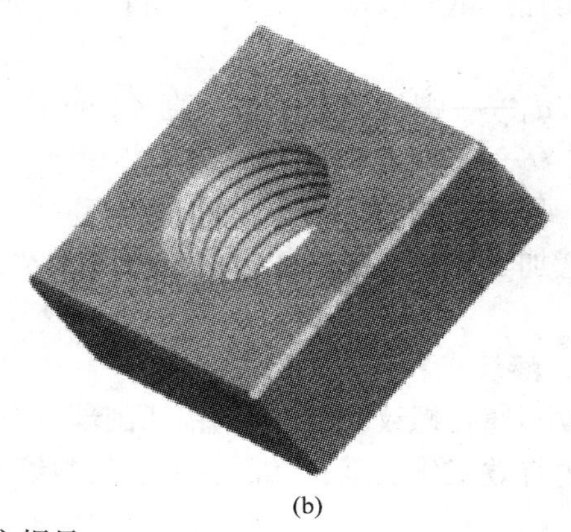

图 10－1　方螺母

(a)零件图　(b)实物图

表 10－1　普通螺纹攻丝前钻底孔的钻头直径　　mm

螺纹直径	螺距	钻头直径：铸铁、青铜、黄铜	钻头直径：钢、可锻铸铁、紫铜、层压板
2	0.4	1.6	1.6
	0.25	1.75	1.75
2.5	0.45	2.05	2.05
	0.35	2.15	2.15
3	0.5	2.5	2.5
	0.35	2.65	2.65
4	0.7	3.3	3.3
	0.5	3.5	3.5
5	0.8	4.1	4.2
	0.5	4.5	4.5
6	1	4.9	5
	1.75	5.2	5.2
8	1.25	6.6	6.7
	1	6.9	7
10	1.75	7.1	7.2
	1.5	8.4	8.5
12	1.25	8.6	8.7
	1	8.9	9
	1.75	9.1	9.2
	1.75	10.1	10.2
	1.5	10.4	10.5
	1.25	10.6	10.7
	1	10.9	11

螺纹直径	螺距	钻头直径：铸铁、青铜、黄铜	钻头直径：钢、可锻铸铁、紫铜、层压板
14	2	11.8	12
	1.5	12.4	12.5
	1	12.9	13
16	2	13.8	14
	1.5	14.4	14.5
	1	14.9	15
18	2.5	15.3	15.5
	2	15.8	16
	1.5	16.4	16.5
	1	16.9	17
20	2.5	17.3	17.5
	2	17.8	18
	1.5	18.4	18.5
	1	18.9	19
22	2.5	19.3	19.5
	2	19.8	20
	1.5	20.4	20.5
	1	20.9	21
24	3	20.7	21
	2	21.8	22
	1.5	22.4	22.5
	1	22.9	23

①加工钢件或塑性较大的材料时，一般取

$$d_0 = D - P$$

式中　d_0——螺纹底孔用钻头直径，mm；

D——螺纹大径，mm；

P——螺距，mm。

②加工铸铁或塑性较小的材料时，一般取

$$d_0 = D - (1.05 \sim 1.1) P$$

2. 螺纹底孔深度的确定

攻不通孔螺纹时，由于丝锥切削部分有锥角，前端不能切出完整的牙型，所以为了保证螺纹的有效工作长度，钻螺纹底孔时，螺纹底孔的深度

$$H = h + 0.7D$$

式中　h——螺纹的有效长度，mm。

（二）攻螺纹的工具

攻螺纹的主要工具是丝锥和铰杠。

1. 丝锥的结构

丝锥一般可分为手用丝锥和机用丝锥两种。丝锥结构如图 10－2 所示，由工作部分和柄部组成，工作部分又由切削部分与校准部分组成。切削部分是指丝锥前部的圆锥部分，有锋利的切削刃，起主要切削作用。校准部分起确定螺纹的直径和修光螺纹的作用，是丝锥的备磨部分。柄部是丝锥的夹持部位，起传递转矩及轴向力的作用，其截面形状一般为正方形。在丝锥上还开有 3～4 条容屑槽，以形成锋利的切削刃，起容屑和排屑的作用。

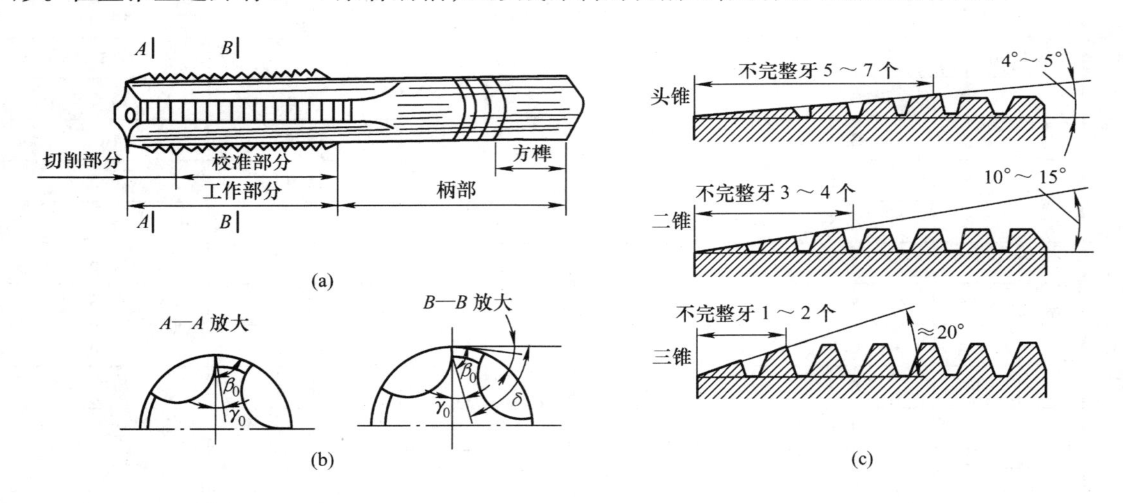

图 10－2　丝锥

（a）丝锥结构　（b）丝锥的切削角度　（c）头锥、二锥及三锥的区别

为减小切削阻力，延长丝锥的使用寿命，一般将整个切削工作分配给几只丝锥来完成。通常 M6～M24 的丝锥每组有两只；M6 以下和 M24 以上的丝锥每组有三只；细牙普通螺纹丝维每组有两只。圆柱管螺纹丝锥与手用丝维相似，只是其工作部分较短，一般每组有两只。

小贴士　在实际应用过程中使用成套丝锥的目的是为了减小切削力、提高丝锥的耐用度。

切削量的分配方式有两种:锥形分配和柱形分配。

①锥形分配(等径分配):小于 M12 的丝锥采用锥形分配,即每套丝锥的大径、中径和小径都相等,只是切削部分的长度及偏角不同。

②柱形分配(不等径分配):大于等于 M12 的丝锥采用柱形分配,其第一、第二粗锥的大径、中径和小径都比精锥小,所以攻 M12 及 M12 以上的螺纹时,一定要用最末一支丝锥攻过,才能得到正确的螺纹直径。

2. 铰杠

铰杠是指手工攻螺纹时用于夹持丝锥进行工作的工具,如图 10－3 所示。铰杠可分为普通铰杠和丁字铰杠,各种铰杠又都可分为固定式和活络式,丁字铰杠主要用于攻工件凸台旁的螺纹或箱体内部的螺纹,日常生产中经常使用活络式铰杠,活络式铰杠可以调节夹持丝锥方榫。

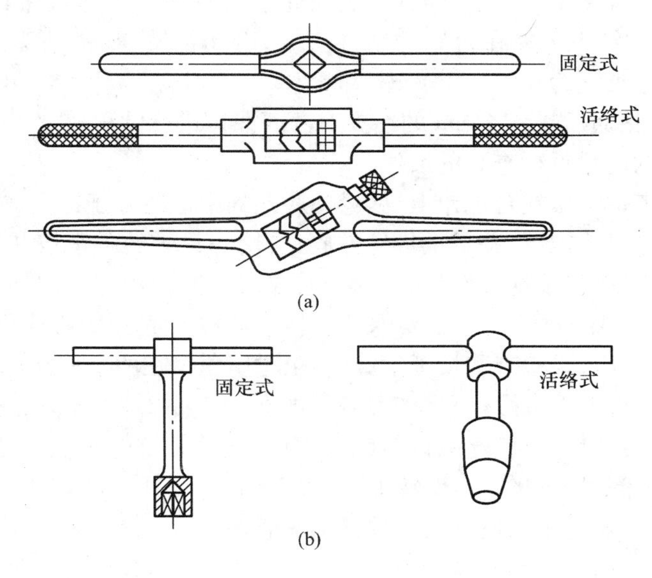

图 10－3　铰杠

(a)普通铰杠　(b)丁字铰杠

铰杠的长度应根据丝锥尺寸的大小选择,以便更好地控制攻螺纹时的扭矩,选择方法参见表 10－2。

表 10－2　铰杠长度选择

丝锥直径/mm	≤6	8～10	12～14	≥16
铰杠长度/mm	150～200	200～250	250～300	400～450

(三)攻螺纹时切削液的选择

攻螺纹时合理选择适当品种的切削液,可以有效地提高螺纹精度、降低螺纹的表面结构值。选择切削液的具体方法参见表 10－3。

表 10－3　攻螺纹时切削液的选用

零件材料	切削液
结构钢、合金钢	乳化液
铸铁	煤油，75%煤油＋25%植物油
铜	机械油，硫化油，75%煤油＋25%矿物油
铝	50%煤油＋50%机械油，85%煤油＋15%亚麻油，煤油，松节油

四、任务实施

（一）准备工作

尺寸为 30 mm×30 mm、厚度为 15 mm 的 45 钢板一件，游标卡尺（0.02 mm/（0～150）mm）、10.2 mm 的钻头、14 mm 的钻头、平口虎钳、台钻（共用）、M12 的手用头攻和二攻丝锥、铰杠、台虎钳、M12 的标准螺钉各一。

（二）操作步骤

①将划好线的工件用木垫垫好，使其上表面处于水平面内，夹紧在平口虎钳上。

②将 10.2 mm 的钻头装夹在台钻的钻夹头上，启动台钻，观察钻头是否夹正，如未夹正，要重新装夹，直至夹正为止。

③钻螺纹底孔，钻通后，换 14 mm 的钻头对两面孔口进行倒角。

④用游标卡尺的内量爪检查孔的尺寸。

⑤将钻好孔的工件夹紧在台虎钳上，尽量使底孔的中心线处于铅垂位置。

⑥首先用头攻进行攻螺纹，并尽量将丝锥放正，用一只手的手掌按住铰杠中部，沿丝锥轴线方向加压用力，另一只手配合作顺时针旋转；或两手握住铰杠两端均匀用力，并将丝锥顺时针旋进，如图 10－4（a）所示，一定要保证丝锥中心线与底孔中心线重合，不能歪斜；当丝锥进入工件 1～2 牙时，要检查和校正丝锥，校正时用角尺在两个相互垂直的平面内进行，如图 10－4（b）所示，边工作边检查和校正，当丝锥进入工件 3～4 牙时，丝锥的位置要正确无误；之后只需自然转动铰杠，使丝锥自然旋入工件，直至螺纹的深度尺寸，如图 10－4（c）所示；每正转 1/2～1 圈时，应将丝锥反转 1/4～1/2 圈，以便断屑和排屑；然后不要用力，自然反向旋转，退出丝锥。再用二攻对螺孔进行一次清理。

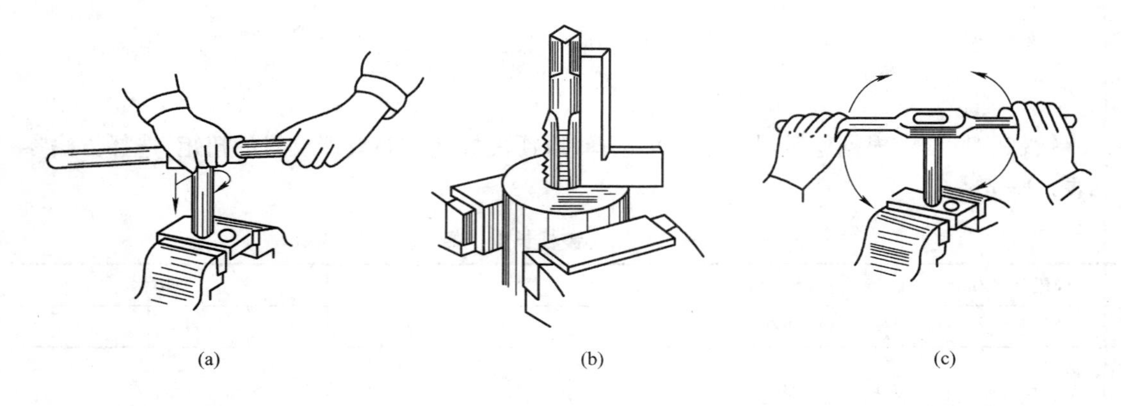

图 10－4　攻螺纹的方法
（a）起攻　（b）检查　（c）攻螺纹

⑦用 M12 的标准螺钉检查螺孔尺寸。

（三）注意事项

①操作钻床时，严禁戴手套或垫棉纱工作；留长发者必须将头发固定在工作帽内；工件、夹具、刀具必须装夹牢固、可靠。

②钻深孔或在铸件上钻孔时，要经常退刀，排除切屑，不可超范围钻削；钻通孔时，要在工件的底部垫垫板，以免钻伤工作台。

③开始钻孔，将钻至钻孔深度或孔将钻通时，应采用手动进给，中间过程可采用机动进给。钻削薄板上的孔或孔径为 3 ~ 5 mm 的小孔时，一般都采用手动进给。

④选择合适的铰杠手柄长度，以免旋转力过大，折断丝锥。

⑤正常攻螺纹阶段，双手作用在铰杠上的力要平衡，切忌用力过猛或左右晃动，不能施加向下的压力，每正转 1/2 ~ 1 圈时，应将丝锥反转 1/4 ~ 1/2 圈，将切屑切断排出，加工盲孔时更要如此。

⑥转动铰杠感觉较吃力时，不能强行转动，应退出头攻，换用二攻，用手将二攻旋入螺孔中，如此交替进行攻螺纹。如果丝锥无法进退，应用小钢丝或压缩空气清除孔内的切屑并加润滑油，将丝锥退出检查。

⑦加工通孔时，尽量不要将校准部分攻出头。

（四）攻螺纹质量分析

攻螺纹产生废品及刀具损坏的原因，见表 10 – 4 和表 10 – 5。

表 10 – 4　攻螺纹产生废品的原因及防止方法

废品形式	产生原因	防止方法
螺纹乱牙	（1）底孔直径太小，丝锥不易切入，造成孔口乱牙； （2）攻二锥时，未按已切出的螺纹切入； （3）丝锥磨钝，不锋利； （4）螺纹歪斜过多，用丝锥强行纠正； （5）未用合适的切削液； （6）攻螺纹时，丝锥未经常倒转	（1）根据加工材料，选择合适底孔直径； （2）先用手旋入二锥，再用铰杠攻入； （3）刃磨丝锥； （4）开始攻入时，两手用力要均匀，并注意检查丝锥与螺孔端面的垂直度； （5）选用合适的切削液； （6）多倒转丝锥，使切屑碎断
螺纹歪斜	（1）丝锥与螺孔端面不垂直； （2）攻螺纹时，两手用力不均匀	（1）开始切入时，注意丝锥与螺孔端面垂直； （2）两手用力要均匀
螺纹牙深不够	（1）底孔直径太大； （2）丝锥磨损	（1）正确选择底孔直径； （2）刃磨丝锥
螺纹表面粗糙	（1）丝锥前、后刀面及容屑槽粗糙； （2）丝锥不锋利、磨钝； （3）攻螺纹时丝锥未经常倒转； （4）未用合适的切削液； （5）丝锥前、后角太小	（1）刃磨丝锥； （2）刃磨丝锥； （3）多倒转丝锥，改善排屑； （4）选择合适切削液； （5）磨大前、后角

表 10 - 5 丝锥崩牙或扭转损坏原因及防止方法

损坏原因	防止方法
(1)螺纹底孔直径过小，或圆杆直径太大，切削负荷大； (2)工件材料中夹有杂质或有较大砂眼； (3)工件材料硬度太高，或硬度不均匀； (4)丝锥切削部分前、后角太大； (5)铰杠过大，掌握不稳或用力过猛； (6)加工韧度材料（不锈钢等）时不用切削液，使工件与丝锥咬住； (7)攻盲孔螺纹时，丝锥顶住孔底，还继续用力旋转； (8)丝锥没有经常倒转，致使切屑将容屑槽堵塞； (9)刀齿磨钝； (10)丝锥位置不正，单边受力过大	(1)根据加工材料，合理选择底孔直径； (2)加工前检查材料中是否有砂眼夹渣等情况，如有这些情况应小心加工； (3)加工前检查材料硬度，采用热处理措施，小心加工； (4)刃磨丝锥或板牙； (5)选择合格的铰杠，小心加工； (6)应用切削液，注意经常倒转切断切屑； (7)注意盲孔深度及丝锥攻入深度，注意排屑； (8)应经常倒转； (9)刃磨或更换丝锥； (10)注意检查起削时丝锥对工件平面或圆杆轴线的垂直度

五、操作训练

在铸铁件或钢件上进行钻孔和攻螺纹练习。

六、评分标准

攻螺纹操作的评分标准见表 10 - 6。

表 10 - 6 攻螺纹操作的评分标准

序号	项目与技术要求	配分	检测标准	实测记录	得分
1	工件装夹方法正确（2 次）	10	不符合要求酌情扣分		
2	工、量具摆放位置正确、整齐（2 次）	10	不符合要求酌情扣分		
3	台钻操作正确	20	钻头折断扣 10 分，其余酌情扣分		
4	10.2 mm 孔尺寸	20	每超差 0.1 mm 扣 10 分		
5	攻螺纹过程自然、协调	20	丝锥折断扣 10 分，其余酌情扣分		
6	M12 尺寸与表面质量	20	总体评定，酌情扣分		
7	安全文明操作		违者每次扣 2 分		

【知识链接：如何取出断丝锥？】

丝锥工作时折断在螺孔中，取出是十分困难的，故在攻螺纹中应尽量防止丝锥折断。万一折断可先把切屑和丝锥碎屑清除干净（用敲击周边振动，同时将螺孔倒置，用磁性量针挑、吸碎屑等方法），加入少许润滑油。根据折断情况确定取出方法。下面介绍几种从螺孔中取出折断丝锥的基本方法以供参考。

①当丝锥折断部分露出孔外时，可用钳子将其拧出。

②断丝锥尚露出于孔口时，可用一冲头或弯尖錾子抵在丝锥容屑槽内，顺着螺纹圆周切线方向轻轻地正反方向反复敲打，一直敲到丝锥有了松动，就能顺利取出。也可用一根厚 2 ~3 mm、长 150 ~200 mm 的扁钢，在其长度 1/2 处钻一孔（孔的直径为丝锥的外径），再把扁钢套在断丝锥上，扁钢与轴端面留有 0.5 ~1 mm 的间隙。用电焊把断丝锥与扁钢牢固地焊接在一起，焊时应先从丝锥的中心焊起，逐渐和扁钢焊接在一起。等到折断的丝锥自然冷却后，再往断丝锥的排屑槽中注入机油，轻轻左右扳动扁钢，松动断丝锥，就能很容易地将丝锥

从轴中取出。也可以用内径略大于丝锥直径的六角螺母来焊接。

③当丝锥折断部分在孔内时，可在带方榫的断丝锥上拧两个螺母，用钢丝（根数与丝锥槽数相同）插入断丝锥和螺母的空槽中，然后用铰杠按退出方向扳动方榫，把断丝锥取出。如果仍不能取出，可用乙炔火焰或喷灯使丝锥退火，然后用钻头去钻，此时钻头直径应比底孔直径小，钻孔也要对准中心，防止将螺纹钻坏，孔钻好后打入一个扁形或方形冲头再用扳手旋出丝锥。

④可采用断螺栓专用旋出器，形状见图 10－5。

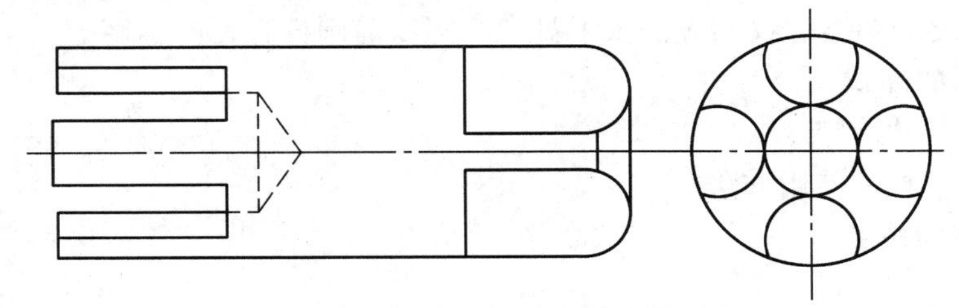

图 10－5　断螺栓专用旋出器

⑤如果丝锥在不锈钢中，可以用硝酸进行腐蚀。因为不锈钢能耐硝酸腐蚀，而高速钢丝锥则不能。因此，丝锥在硝酸的作用下很快被腐蚀，腐蚀到丝锥松动，便可取出。

⑥欲在形状复杂、加工周期较长的零件上取出断丝锥，可用电脉冲将断在工件中的丝锥腐蚀（电蚀）掉。

注意事项：丝锥的折断往往是在受力很大的情况下突然发生的，致使断在螺孔中的半截丝锥的切削刃紧紧地楔在金属内，一般很难使丝锥的切削刃与金属脱离，为了使丝锥能够在螺孔中松动，可以用振动法。振动时用一个尖凿子，抵在丝锥的容屑槽内，用手锤按螺纹的正反方向反复轻轻敲打，一直到丝锥松动。

【思考与练习】

1. 起攻螺纹时应注意什么？

2. 攻螺纹时发生乱牙的主要原因有哪些？

3. 在钢件上攻 M32 的不通孔螺纹，其螺纹有效深度为 40 mm，底孔直径和深度各是多少？

4. 根据图纸（图 10－6）要求完成攻螺纹任务

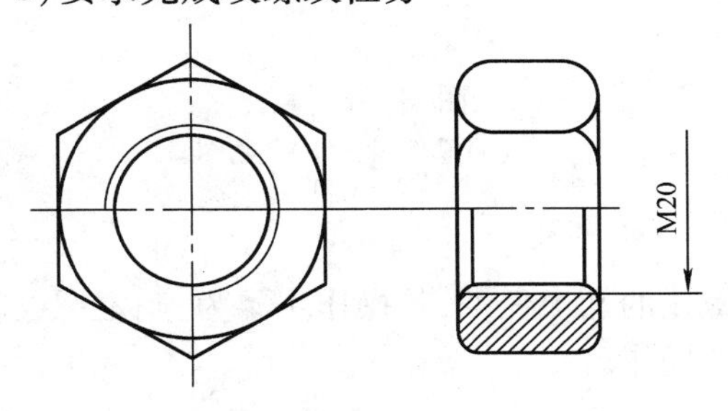

螺纹加工的表面结构值为 *Ra*12.5 μm

图 10－6　攻螺纹

课题十一　套　螺　纹

【项目描述】

在外圆柱(锥)面上用板牙切削出螺纹为套螺纹,套螺纹前圆杆直径应稍小于螺纹大径。本项目主要介绍套螺纹的方法及工具和套螺纹前圆杆直径的确定。

- **拟学习的知识**

➢ 螺杆直径的确定。

➢ 套螺纹工具的使用方法。

- **拟掌握的技能**

➢ 选择套螺纹工具。

➢ 套螺纹操作。

■任务说明

掌握螺纹杆径尺寸的确定方法,会选择套螺纹工具,会套螺纹。

套螺纹是用圆板牙在圆柱体上加工出外螺纹的工艺方法。

一、任务分析

运用圆板牙和板牙架,加工图 11－1 所示的螺杆,材料为 45 钢,完成时间为 60 min。

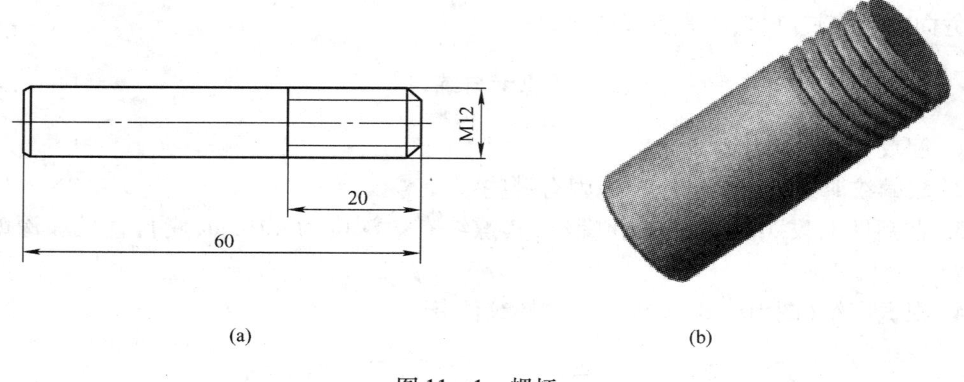

图 11－1　螺杆

(a)零件图　(b)实物图

二、任务描述

要完成该工件上外螺纹的加工任务,其操作步骤为:确定螺纹的杆径尺寸→选择套螺纹工具→装夹工件→套螺纹操作。

三、相关知识

(一)套螺纹杆径的确定

由于套螺纹与攻螺纹的切削原理基本相同,因此套螺纹前毛坯圆杆的直径应小于螺纹的大径。套螺纹前圆杆的直径一般可通过查阅有关手册选取(表 11－1),也可以通过经验

公式计算确定。其计算公式为

$$d_0 = d - 0.13P$$

式中　d_0——圆杆直径,mm;

d——螺纹大径,mm;

P——螺距,mm。

表 11-1　套螺纹圆杆直径的确定

粗牙普通螺纹				英制螺纹		
螺纹直径	螺距	螺杆直径		螺纹直径	螺杆直径	
		最小直径	最大直径	(英寸)	最小直径	最大直径
M6	1	5.8	5.9	1/4	5.9	6
M8	1.25	7.8	7.9	5/16	7.4	7.6
M10	1.5	9.75	9.85	3/8	9	9.2
M12	1.75	11.75	11.9	1/2	12	12.2
M14	2	13.7	13.85	—	—	—
M16	2	15.7	15.85	5/8	15.2	15.4
M18	2.5	17.7	17.85	—	—	—
M20	2.5	19.7	19.85	3/4	18.3	18.5
M22	2.5	21.7	21.85	7/8	21.4	21.6
M24	3	23.65	23.8	1	24.5	24.8
M27	3	26.65	26.8	5/4	30.7	31
M30	3.5	29.6	29.8	—	—	—
M36	4	35.6	35.8	3/2	37	37.3
M42	4.5	41.55	41.75	—	—	—
M48	5	47.5	47.7	—	—	—
M52	5	51.5	51.7	—	—	—
M60	5.5	59.45	59.7	—	—	—
M64	6	63.4	63.7	—	—	—
M68	6	67.4	67.7	—	—	—

(二)套螺纹用工具

套螺纹常用的工具是圆板牙和板牙架。

1. 圆板牙

圆板牙是指用合金工具钢或高速钢制作经淬火处理的套螺纹刀具,如图 11-2 所示。圆板牙由切削部分、校准部分和排屑孔组成。

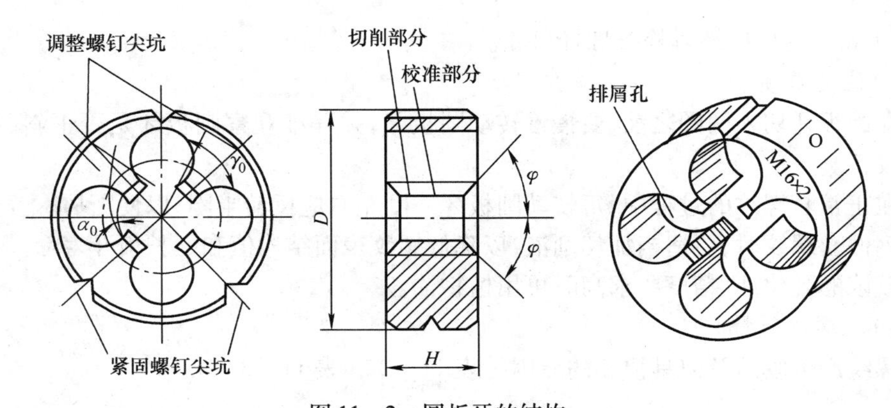

图 11-2　圆板牙的结构

切削部分是板牙两端有切削锥角的部分，它不是圆锥面，而是经铲磨加工而成的阿基米德螺旋面，能形成后角。板牙两端均有切削部分，一面磨损后，可换另一面使用。校准部分是板牙中间的一段，也是套螺纹时的导向部分。在板牙的前面对称钻有四个排屑孔，用以排出套螺纹时产生的切屑。

2. 板牙架

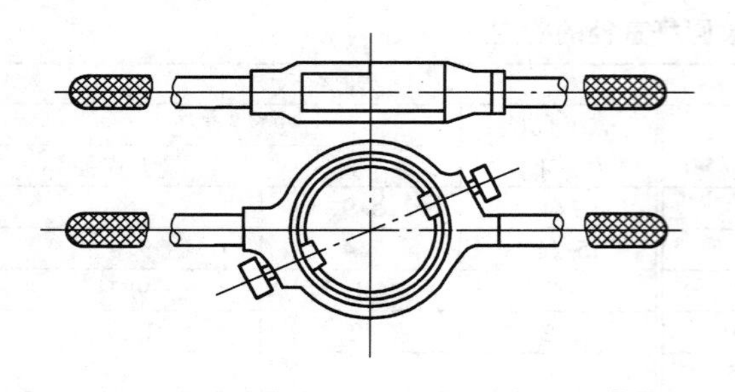

图 11－3　板牙架

板牙架是指用于装夹圆板牙的工具，如图 11－3 所示。

四、任务实施

（一）准备工作

ϕ11.7 mm×60 mm 的 45 钢棒料一根，游标卡尺（0.02 mm/（0～150）mm）、10.2 mm 的钻头、M12 的圆板牙、板牙架、台虎钳、M12 的标准螺母各一。

（二）操作步骤

①对圆杆的端部倒 15°～20°角，使其小头直径小于螺纹小径。

②将圆杆衬软垫，并使轴线处于铅垂方向，套螺纹端尽量短到伸出钳口，夹牢在台虎钳中间。

③使圆板牙端面与圆杆轴心线垂直，且圆板牙的中心应与圆杆的中心重合；然后转动圆板牙并向下均匀施加压力，当圆板牙切入 4 圈时，不再对圆板牙施加压力，自然旋转圆板牙使其切入工件至要求尺寸，如图 11－4 所示；最后不要用力，自然反向旋转，退出圆板牙。

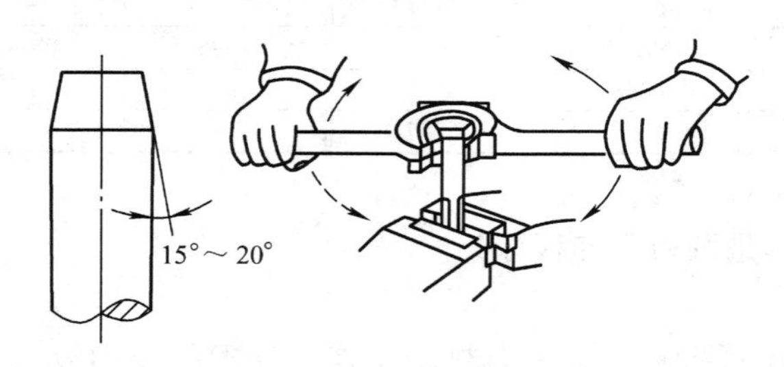

图 11－4　套螺纹的方法

④用 M12 的标准螺母检查螺杆尺寸。

（三）注意事项

①在圆板牙切入两圈之前，要慢慢转动圆板牙，并仔细观察圆板牙是否歪斜，如果歪斜要及时校正。

②在正常套螺纹的过程中，每转动圆板牙一圈左右应反转半圈，以便断屑。

③钢件套螺纹时，要适当加切削液，以降低螺纹表面结构值和延长板牙寿命。一般选用机油或较浓的乳化液，精度要求高时可用植物油。

（四）套螺纹质量分析

套螺纹产生废品及刀具损坏的原因见表 11－2 和表 11－3。

表 11-2　套螺纹产生废品的原因及防止方法

废品形式	产生原因	防止方法
螺纹乱牙	(1)塑性材料未用切削液,螺纹被撕坏; (2)套螺纹时,没有反转断屑过程,使切屑堵塞,咬坏螺纹; (3)圆杆直径太大; (4)板牙歪斜太多而强行纠正	(1)根据材料,正确选用切削液; (2)应经常倒转,使切屑断碎及时排出; (3)正确选择圆杆直径; (4)开始套时就应该注意板牙平面与杆轴线垂直,同时注意两手用力相等
螺纹歪斜	(1)圆杆倒角过小,ϕ 角过大,或倒角歪斜; (2)两手用力不均匀	(1)倒角要正确、无歪斜; (2)起套要正,两手用力均衡
螺纹太瘦	(1)铰杠摆动太大,或由于偏斜多次纠正,切削过多,使螺纹中径偏小; (2)起削后,仍用压力扳动	(1)要摆稳板牙,用力均衡; (2)起削后去除压力,只用旋转力
螺纹太浅	圆杆直径太小	根据材料正确选择圆杆直径

表 11-3　板牙崩牙或扭转损坏原因及防止方法

损 坏 原 因	防 止 方 法
(1)圆杆直径太大,切削负荷大; (2)工件材料中夹有杂质或有较大砂眼; (3)工件材料硬度太高,或硬度不均匀; (4)板牙切削部分前、后角太大; (5)板牙架过大,掌握不稳或用力过猛; (6)加工韧度材料(不锈钢等)时不用切削液,使工件与板牙咬住; (7)板牙没有经常倒转,致使切屑将容屑槽堵塞; (8)刀齿磨钝; (9)板牙位置不正,单边受力过大	(1)根据加工材料,合理选择圆杆直径; (2)加工前检查材料中是否存在砂眼夹渣等情况,如有这些情况应小心加工; (3)加工前检查材料硬度,采用热处理措施,小心加工; (4)刃磨板牙; (5)选择合格的板牙架,小心加工; (6)应用切削液,注意经常倒转切断切屑; (7)应经常倒转; (8)刃磨或更换板牙; (9)注意或检查起削时板牙对工件平面或圆杆轴线的垂直度

五、操作训练

在铸铁件或钢件上进行套螺纹练习。

六、评分标准

套螺纹操作的评分标准见表 11-4。

表 11-4　套螺纹操作的评分标准

序号	项目与技术要求	配分	检测标准	实测记录	得分
1	工件装夹方法正确	5	不符合要求酌情扣分		
2	工、量具摆放位置正确、排列整齐	5	不符合要求酌情扣分		
3	套螺纹过程自然、协调	30	不符合要求酌情扣分		
4	M12 尺寸、表面质量	40	总体评定,酌情扣分		
5	截面长度尺寸 20 mm	20	不符合要求酌情扣分		
6	安全文明操作		违者每次扣 2 分		

【思考与练习】

1. 简述板牙切削部分的结构。
2. 简述套螺纹的方法。
3. 根据图纸(图 11 －5)要求完成套螺纹任务。

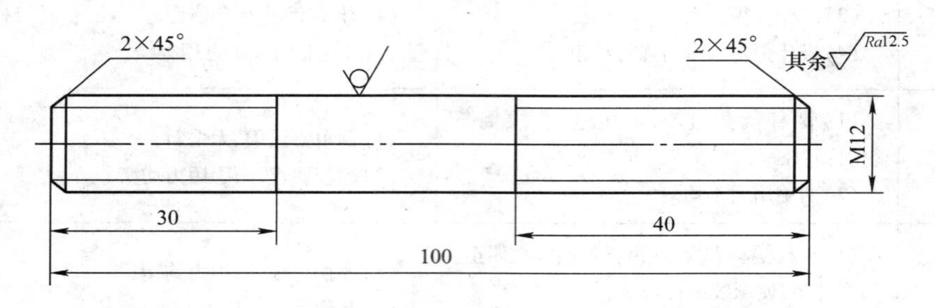

技术要求

(1) 不应有乱扣、滑牙；(2)M12 与螺杆倾斜度不大于 1/150；(3) 螺纹表面结构值为 Ra12.5 μm。

图 11 －5

课题十二　刮　　削★

【项目描述】

刮削与研磨是钳工工作中两种非常重要的精加工方法。本项目主要介绍刮削的基本概念、刮削工具、刮削方法和刮削的质量检验。

- **拟学习的知识**

➢ 刮削的基本知识。

➢ 平面和曲面的刮削方法。

- **拟掌握的技能**

➢ 刮刀的选用。

➢ 刮削操作。

■ 任务说明

能正确选用刮刀，掌握刮削的基本知识，学会刮削操作。

刮削是在工件与校准工具或与其相配合的工件之间涂上一层显示剂，经过对研使工件上较高的部位显示出来，然后用刮刀进行微量刮削，刮去较高的金属层。刮削同时，刮刀对工件还有推挤和压光的作用，这样反复地显示和刮削，就能使工件的加工精度达到预定的要求。

刮削是一种精密加工，一般在机械加工后进行，以提高工件加工精度，能刮去机械加工遗留下来的刀痕、表面细微不平等。同时刮削可增加工件表面接触面积，提高配合精度，减小工件表面结构值，提高工件的耐磨性和使用寿命。因此，刮削主要用于工件形状精度要求高或相互配合的主要表面，如划线平台、机床导轨、滑动轴承等。

刮削的缺点是：生产效率低，劳动强度大，对操作者的技术水平要求很高。

一、刮削工具

1. 刮刀

刮刀是刮削的主要工具，刀头具有较高的硬度，刃口锋利。刮刀一般采用碳素工具钢（T10A 或 T12A）或弹性较好的滚动轴承钢（GCr15）锻造而成。经热处理后硬度可达 60 HRC 左右。刮削淬火硬件时，也可换上硬质合金刀头。刮刀刃口呈圆弧状、负前角，刮削时对工件表面能起挤压作用，这也是刮削能改善工件表面结构和提高表层质量的原因之一。

根据用途不同，刮刀可分为平面刮刀和曲面刮刀两大类。平面刮刀又分为普通刮刀和活头刮刀两种，如图 12 - 1(a)所示。其中普通刮刀按所刮表面精度的不同，又可分为粗刮刀、细刮刀和精刮刀三种。曲面刮刀主要用来刮削内曲面，如滑动轴承的内孔等，如图 12 - 1(b)所示。

2. 校准工具

校准工具也称标准检具，其作用有两个：一是用来与刮削表面磨合，以接触点子（研点）的多少和分布的疏密程度来显示刮削表面的平整程度；二是用来检验刮削表面的精度。常

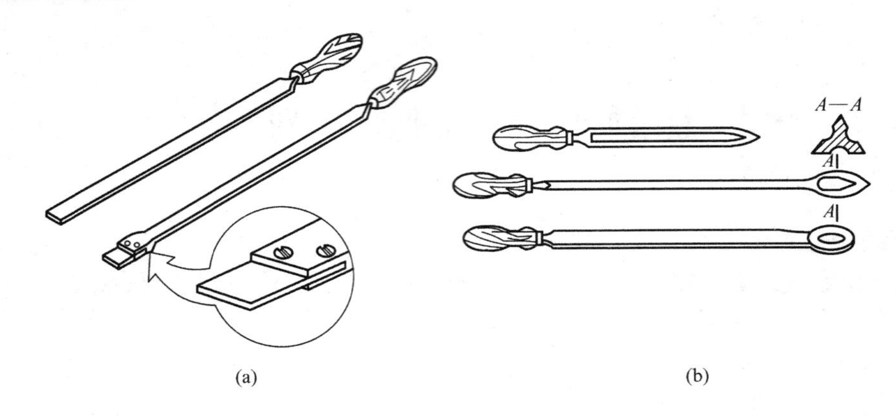

(a)　(b)

图 12－1　刮刀

(a)平面刮刀　(b)曲面刮刀

用的校准工具有标准平板、桥式直尺和角度直尺三种，如图 12－2 所示，还有根据被刮面形状设计制造的专用校准型板。

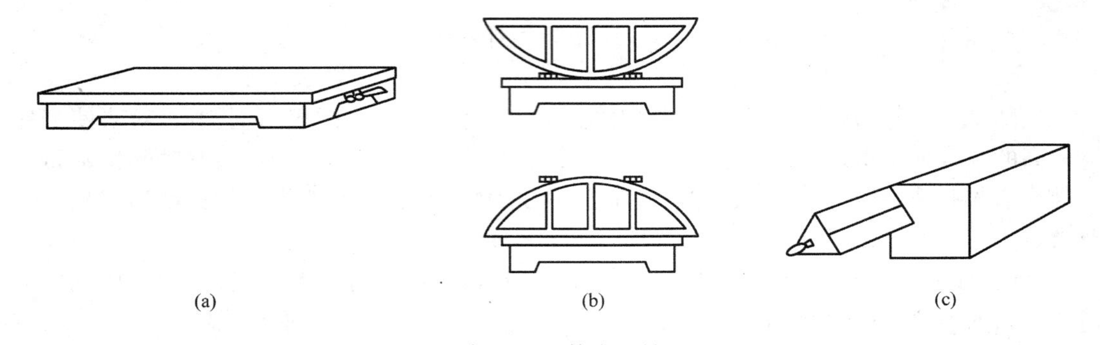

(a)　(b)　(c)

图 12－2　校准工具

(a)标准平板　(b)桥式直尺　(c)角度直尺

标准平板主要用来检验较宽的平面，其面积尺寸有多种规格。选用时，它的面积一般应不大于刮削面的 3/4。桥式直尺主要用来校检狭长的平面。角度直尺主要用来校检和磨合燕尾形或 V 形面的角度。

3. 显示剂

工件和校准工具对研时，所加的涂料叫显示剂，其作用是显示工件误差的位置和大小。

(1) 显示剂的种类

1) 红丹粉

红丹粉分铅丹(氧化铅，呈橘红色)和铁丹(氧化铁，呈红褐色)两种，颗粒较细，用机油调和后使用，广泛用于钢和铸铁工件。

2) 蓝油

蓝油是用蓝粉和蓖麻油及适量机油调和而成的，呈深蓝色，其研点小而清楚，多用于精密工件和有色金属及其合金的工件。

(2) 显示剂的用法

刮削时，显示剂可涂在工件表面上，也可涂在校准件上。前者在工件表面显示的结果是红底黑点，没有闪光，容易看清，适用于精刮；后者只在工件表面的高处着色，研点暗淡，不易看清，但切屑不易黏附在刀刃上，刮削方便，适用于粗刮。

在调和显示剂时应注意：粗刮时，可调得稀些，这样在刀痕较多的工件表面上，便于涂抹，显示的研点也大；精刮时，应调得干些，涂抹要薄而均匀，这样显示的研点细小，否则研点会模糊不清。在使用显示剂时，必须注意保持清洁，不能混进沙粒、铁屑和其他污物，以免划伤工件表面。涂布显示剂用的纱头，必须用纱布包裹。其他用物，都必须保持干净，以免影响显示效果。

二、刮削基本技能

1. 平面刮削方法

平面刮削的方法有挺刮法和手刮法两种，如图 12－3 所示。

（1）挺刮法

刮削时将刮刀柄放在小腹右下侧，双手握住刀身，左手在前，握于距刀刃 80～100 mm 处，刀刃对准研点，左手下压，利用腿部和臂部力量将刮刀向前推进。当推进到所需的距离后，迅速将刮刀提起完成一个挺刮动作。由于挺刮法用下腹肌肉施力，每刀刮削量大，工作效率较高，适合大余量的刮削。

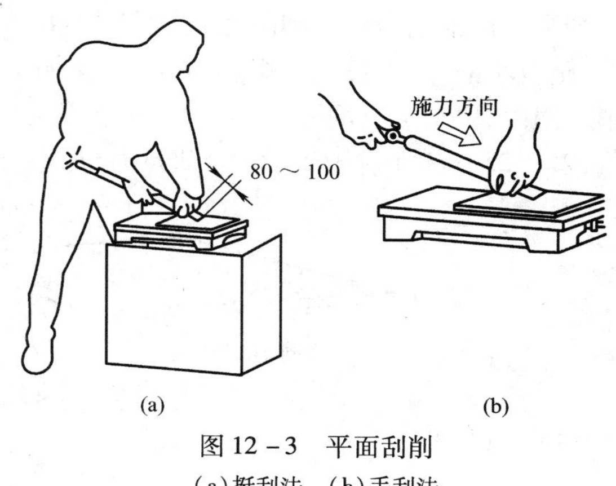

图 12－3　平面刮削
（a）挺刮法　（b）手刮法

（2）手刮法

刮削时以右手握刮刀柄，左手握住刮刀近头部约 50 mm 处，刮刀与刮削平面成 25°～30°角，右臂利用上身摆动使刮刀向前推进，左手下压引导刮刀前进，当推进到所需距离后，左手迅速提起，完成一个手刮动作。这种方法动作灵活、适应性强，可用于各个工作位置，但手容易疲劳，一般在加工余量较小的场合采用。

2. 曲面刮削方法

曲面刮削一般是内曲面刮削，其刮削方法有两种，分别是短刀柄和长刀柄姿势，如图 12－4所示。刮削时，左右手应同时作圆弧运动，并顺着曲面使刮刀作后拉或前推的螺旋运动，刀迹与曲面轴线成 45°夹角，且交叉进行。

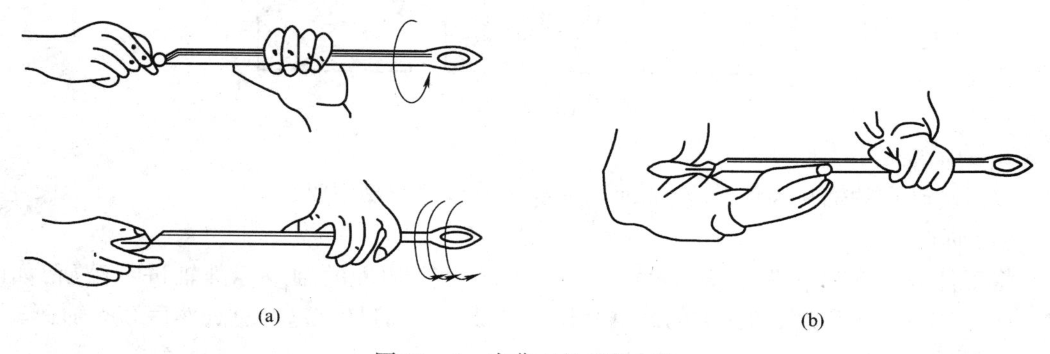

图 12－4　内曲面的刮削方法
（a）短刀柄刮削姿势　（b）长刀柄刮削姿势

三、刮削技能练习

1. 平面刮削

平面刮削时,先将工件稳固地安放到合适的位置,清理工件表面后再刮削。平面刮削可分为四步进行。

(1)粗刮

粗刮是用粗刮刀在刮削面上均匀地铲去一层较厚的金属。粗刮时采用连续推铲的方法,刀迹要连成一片,粗刮能很快地去除刀痕、锈斑或过多的余量,当刮到每$(25\times25)\,mm^2$面积内有2~3个研点时,可转入细刮。

(2)细刮

细刮是用细刮刀在粗刮削面上刮去稀疏的大块研点,如图12-5所示。细刮时采用短刮法,施较小的力,刀痕宽而短。刮削时朝着同一方向刮(一般与平面的边成一定的角度);刮第二遍时,要交叉刮削,形成45°~60°的网纹,以消除原方向刀痕,达到精度要求。当刮到每$(25\times25)\,mm^2$内有12~15个研点时,可进行精刮。

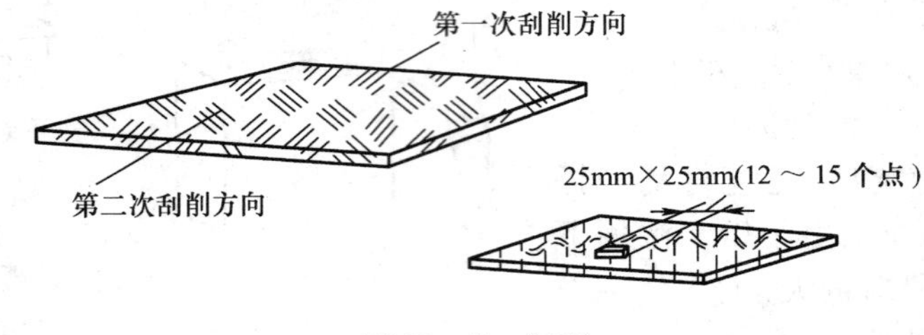

图12-5　细刮

(3)精刮

精刮在细刮的基础上进行,一般采用点刮法,即将精刮刀对准点子,落刀要轻,起刀要快,每个研点只能刮一刀,不要重复,并始终交叉地进行刮削。经反复配研、刮削,使被刮平面达到每$(25\times25)\,mm^2$面积内有20个以上研点。

(4)刮花

刮花是在刮削面或机器外观表面上利用刮刀刮出装饰性花纹,如图12-6所示。

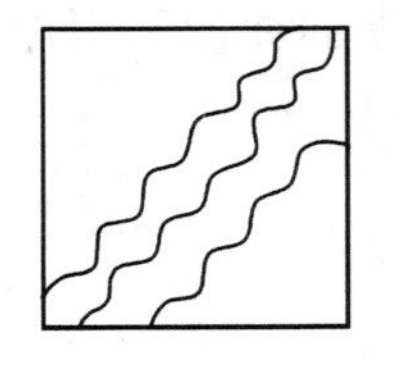

图12-6　刮花

2. 曲面刮削

以滑动轴承的轴瓦为例,介绍曲面刮削的操作步骤及操作要点。

(1)研点子

将工件表面清理干净,并涂上显示剂,用与该轴瓦相配的轴或标准轴进行配研,如图12-7(a)所示。配研时,轴瓦上的高点处显示剂被磨去而显出金属亮点,然后卸下轴瓦。

(2)刮削

将轴瓦稳固地装夹在台虎钳上,用曲面刮刀顺着主轴的旋转方向刮去高点。待研出的高点全部刮去后，再进行配研，并用刮刀刮去高点，前后两次刀痕必须要交叉成45°，如图12－7(b)所示。如此反复，直至达到精度要求。

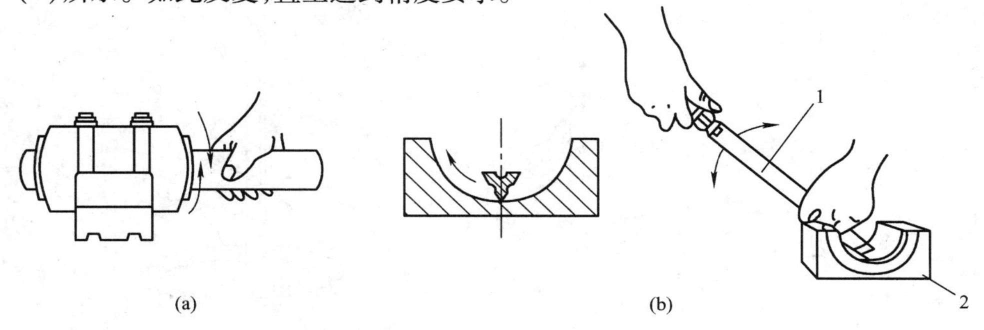

图12－7　内曲面刮削

(a)研点子　(b)刮削姿势

1—刮刀；2—轴瓦

四、刮削质量缺陷分析

刮削质量缺陷分析见表12－1。

表12－1　刮削质量缺陷分析

缺陷形式	特　征	产生原因
深凹痕	刀迹太深，局部显点稀少	(1)粗刮时用力不均匀，局部落刀太重； (2)多次刀痕重叠； (3)刀刃圆弧过小
梗痕	刀迹单面产生刻痕	刮削时用力不均匀，使刃口单面切削
撕痕	刮削面上呈粗糙刮痕	(1)刀刃不光洁、不锋利； (2)刀刃有缺口或裂纹
落刀或起刀痕	在刀迹的起始或终止处产生深的刀痕	落刀时，左手压力和动作速度较大及起刀不及时
振痕	刮削面上呈有规则的波纹	多次同向切削，刀迹没有交叉
划道	刮削面上划有深浅不一的直线	显示剂不清洁或研点时有砂粒、铁屑等杂物
切削面精度不高	显点变化情况无规律	(1)研点时压力不均匀，工件外露太多而出现假点子； (2)研具不正确； (3)研点时放置不平稳

【知识链接】

平面刮刀的刃磨和热处理。

1. 粗磨

粗磨在砂轮机上进行，如图12－8(a)所示，使刮刀刀头基本成形，为热处理做好准备。

2. 热处理

将粗磨好的刮刀头部(长约25 mm)，放在炉火中缓慢加热到780～800 ℃(呈樱红色)，取出后迅速放入冷水(或10%的盐水)中冷却，浸入深度8～10 mm，并将刮刀沿着水面缓缓移动，待冷却到刮刀露出水面部分呈黑色时，由水中取出，当其刃部颜色变为白色时，再迅速将刮刀浸入水中完全冷却即可，如图12－8(b)所示。

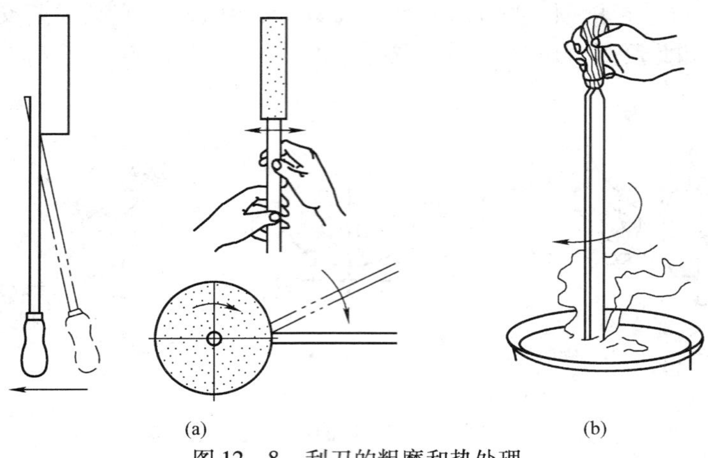

(a) (b)

图 12－8 刮刀的粗磨和热处理

(a)粗磨 (b)热处理

3. 细磨

热处理后的刮刀在细砂轮上进行细磨，动作和方法与粗磨相同，其目的是使刮刀达到要求的几何形状和角度。细磨时，应避免刀口部分退火。

4. 精磨

精磨时，在油石上滴上适量的润滑油，先按图 12－9(a)所示的方法刃磨两后刀面，达到光洁、平整。然后精磨前刀面，一种方法是左手扶住手柄，右手紧握刀身，使刮刀直立在油石上，略带前倾，推时磨锐刀口，拉时刮刀提起，如此反复，直至符合形状、角度要求，刃口锋利为止，如图 12－9(b)所示；另一种方法是将刮刀上部靠在肩上，两手握刀身，拉动时磨锐刀口，推时刮刀提起，此法虽然慢，但易掌握，如图 12－9(c)所示。

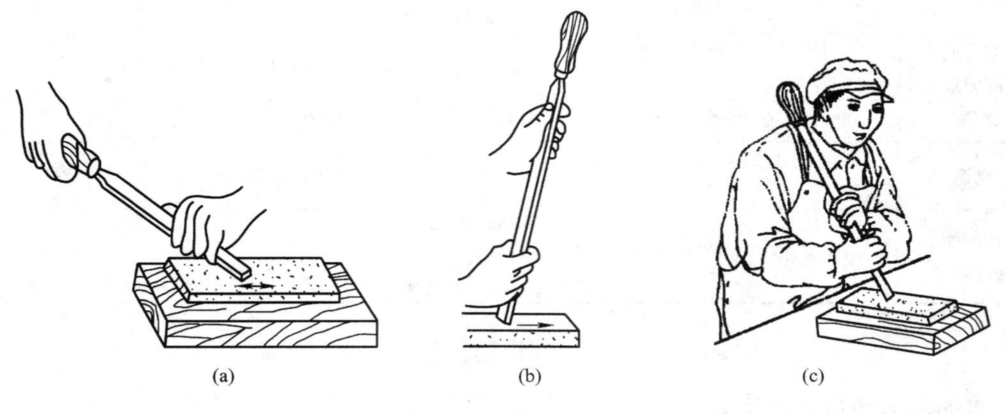

(a) (b) (c)

图 12－9 精磨刮刀

(a)精磨后刀面 (b)精磨前刀面方法一 (c)精磨前刀面方法二

【思考与练习】

1. 简述刮削的特点和功用。
2. 简述原始平板的刮削过程。

课题十三　研　　磨★

【项目描述】

本项目主要介绍研磨的概念、研磨的用具、研磨剂的分类、研磨方法及质量检验。

- **拟学习的知识**

➢ 研磨的基本知识。

➢ 平面和柱面的研磨方法。

- **拟掌握的技能**

➢ 研具的选用。

➢ 研磨操作。

■ **任务说明**

能正确选用研具，掌握研磨的基本知识，学会研磨操作。

用研磨工具和研磨剂，从工件上研去一层极薄表面的加工方法，称为研磨。

一、研磨的原理与作用

1. *研磨原理*

手工研磨的一般方法如图 13－1 所示，即在研磨工具(简称研具，图中为平板)的研磨面上涂上研磨剂，在一定压力下，使工件和研具按一定轨迹作相对运动，直至研磨完毕。

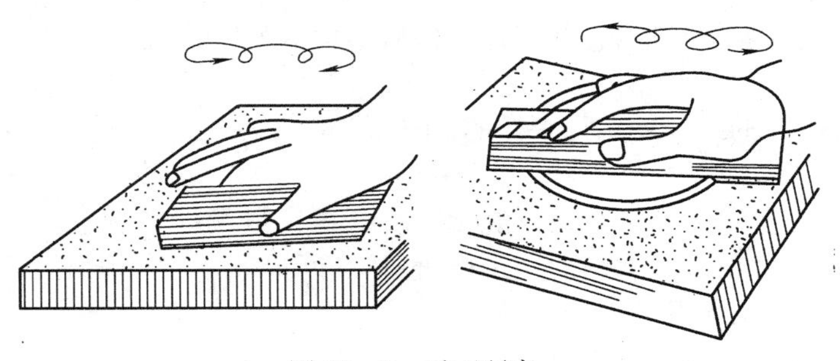

图 13－1　平面研磨

研磨的基本原理是物理和化学的综合作用。

(1) 物理作用

研磨时要求研具材料比被研磨的工件软，这样受到一定压力后，研磨剂中微小颗粒(磨料)被压嵌在研具表面上。这些细微的磨料具有较高的硬度，像无数刀刃。由于研具和工件的相对运动，使半固定或浮动的颗粒在工件和研具之间作运动轨迹很少重复的滑动和滚动，因而对工件产生微量的切削作用，均匀地从工件表面切去一层极薄的金属。借助于研具的精确型面，可使工件逐渐得到准确的尺寸精度及合格的表面结构。

(2) 化学作用

有的研磨剂还起化学作用。例如，采用氧化铬、硬脂酸等化学研磨剂进行研磨时，与空气接触的工件表面，很快就形成一层极薄的氧化膜，而且氧化膜又很容易被研磨掉，这就是研磨的化学作用。在研磨过程中，氧化膜迅速形成(化学作用)，又不断地被磨掉(物理作用)。经过这样的多次反复，工件表面就能很快地达到预定要求。由此可见，研磨加工实际体现了物理和化学的综合作用。

2. 研磨的作用

① 研磨能降低表面结构值:与其他加工方法比较,工件经过研磨加工后的表面结构值最小,一般情况表面结构值为 $Ra0.1\sim1.6\ \mu m$,最小可达 $Ra0.012\ \mu m$。

② 能达到精确的尺寸精度:通过研磨后的尺寸精度可达到 0.001 ~0.005 mm。

③ 能改善工件的几何形状:可使工件得到准确形状,用一般机械加工方法产生的形状误差都可以通过研磨的方法校正。

④ 延长工件寿命:由于研磨后零件表面结构值小,形状准确,所以零件的耐磨性、抗腐蚀能力和疲劳强度都相应地得到提高,从而延长了零件的使用寿命。

二、研具

在研磨加工中,研具是保证研磨工件几何形状正确的主要因素,因此对研具的材料、几何精度要求较高,而且表面结构值要小。

1. 研具材料

研具材料应满足的技术要求:材料的组织要细致均匀;要有很高的稳定性和耐磨性;具有较好的嵌存磨料的性能;工作面的硬度应比工件表面硬度稍低。

常用的研具材料有如下几种。

① 灰铸铁:有润滑性好、磨耗较慢、硬度适中、研磨剂在其表面容易涂布均匀等优点,是一种研磨效果较好、价廉易得的研具材料,因此得到广泛的应用。

②球墨铸铁:比一般灰铸铁更容易嵌存磨料,且更均匀、牢固、适度,同时还能增加研具的寿命。采用球墨铸铁制作的研具已得到广泛应用,尤其用于精密工件的研磨。

③软钢:韧性较好,不容易折断,常用来做小型的研具,如研磨螺纹和小直径工具、工件等。

④铜:较软,表面容易被磨料嵌入,适于做研磨软钢类工件的研具。

2. 研具的类型

生产中需要研磨的工件是多种多样的,不同形状的工件应用不同类型的研具。常用的研具有以下几种。

①研磨平板:主要用来研磨平面,如研磨量块、精密量具的平面等。它分为有槽的和光滑的两种,如图 13 -2 所示。有槽的用于粗研,研磨时易于将工件压平,可防止将研磨面磨成凸弧面;精研时,应在光滑的平板上进行。

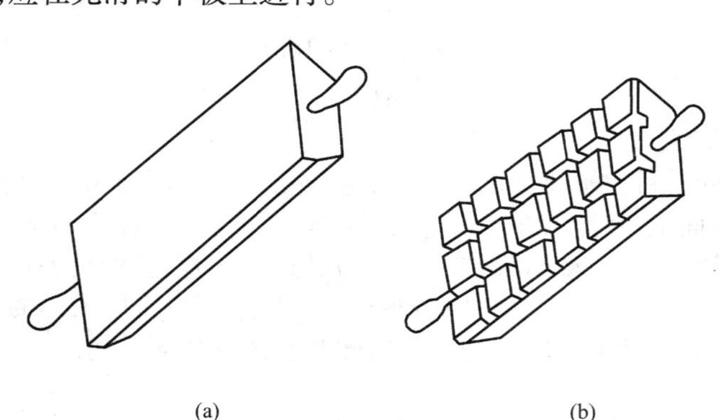

图 13 -2 研磨平板

(a)光滑的 (b)有槽的

②研磨环：主要用来研磨外圆柱表面。研磨环的内径应比工件的外径大 0.025 ~ 0.05 mm，其结构如图 13－3 所示。当研磨一段时间后，若研磨环内径磨大，拧紧调节螺钉 3，可使孔径缩小，以达到所需间隙，如图 13－3(a)所示。图 13－3(b)所示的研磨环，孔径的调整则靠右侧的螺栓。

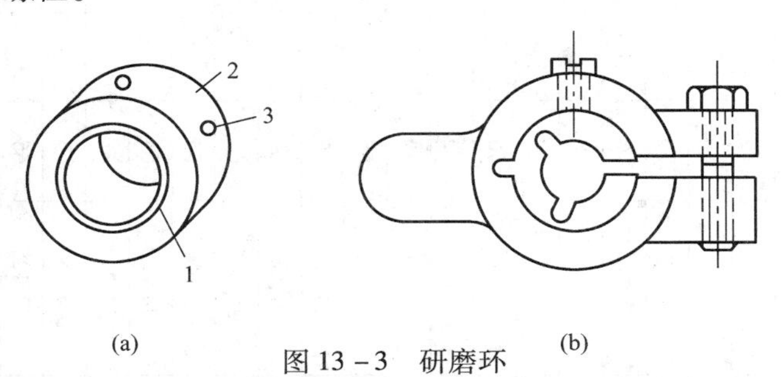

图 13－3　研磨环

1—调节圈；2—外圈；3—调节螺钉

③研磨棒：主要用于圆柱孔的研磨，有固定式和可调节式两种，如图 13－4 所示。

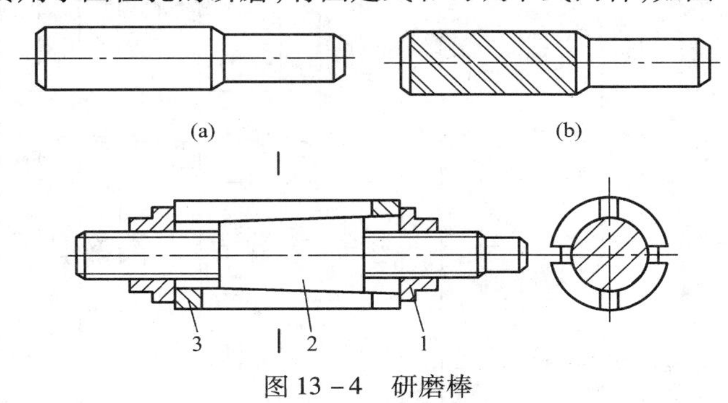

图 13－4　研磨棒

(a)固定式光滑研磨棒　(b)固定式带槽研磨棒　(c)可调节式研磨棒

1—调整螺母；2—锥度心轴；3—开槽研磨套

固定式研磨棒制造容易，但磨损后无法补偿，多用于单件研磨或机修当中。对工件上某一尺寸孔径的研磨，需要两三个预先制好的有粗、半精、精研磨余量的研磨棒来完成。有槽的用于粗研，光滑的用于精研。

可调节式研磨棒因为能在一定的尺寸范围内进行调整，适用于成批生产中孔的研磨，寿命较长，应用较广。

三、研磨剂

研磨剂是由磨料和研磨液调和而成的混合剂。

1. 磨料

磨料在研磨中起切削作用，研磨工作的效率、工件精度和表面结构都与磨料有密切关系。常用的磨料有刚玉和碳化硅等。刚玉主要用于碳素工具钢、合金工具钢、高速钢和铸铁工件的研磨。碳化硅的硬度高于刚玉磨料，除用于一般钢铁材料制件的研磨外，主要用来研磨硬质合金、陶瓷之类的高硬度工件。

磨粒的标记应包含磨料种类和磨粒标记，例如碳化硅—F80。

磨料的粗细用粒度表示，根据标准规定粒度用 37 个粒度代号表示，其中 F4 ~ F220 粗磨粒粒度组成见表 13－1。

表 13-1　F4～F220 粗磨粒粒度组成

粒度标记	最粗粒			粗粒			基本粒			混合粒			细粒		
	筛孔尺寸		筛上物	筛孔尺寸		筛上物≤	筛孔尺寸		筛上物≥	筛孔尺寸		筛上物≥	筛孔尺寸		筛上物≤
	mm	μm	质量比/%	mm	μm	质量比/%	mm	μm	质量比/%	mm	μm	质量比/%	mm	μm	质量比/%
F4	8.00		0	5.60		20	4.75		40	4.75,4.00		70	3.35		3
F5	6.70		0	4.75		20	4.00		40	4.00,3.35		70	2.80		3
F6	5.60		0	4.00		20	3.35		40	3.35,2.80		70	2.36		3
F7	1.75		0	3.35		20	2.80		40	2.36,2.00		70	1.70		3
F8	4.00		0	2.80		20	2.36		45	2.36,2.00		70	1.70		3
F10	3.35		0	2.36		20	2.00		45	2.00,1.70		70	1.40		3
F12	2.80		0	2.00		20	1.70		45	1.70,1.40		70	1.18		3
F14	2.36		0	1.70		20	1.40		45	1.40,1.18		70	1.00		3
F16	2.00		0	1.40		20	1.18		45	1.18,1.00		70		850	3
F20	1.70		0	1.18		20	1.00		45		850	70		600	3
F22	1.40		0	1.00		20		850	45		850,710	70		600	3
F24	1.18		0		850	25		710	45		710,600	65		500	3
F30	1.00		0		710	25		600	45		600,500	65		425	3
F36		850	0		600	25		500	45		500,425	65		355	3
F40		710	0		500	30		425	45		425,355	65		300	3
F46		600	0		125	30		355	40		355,300	65		250	3
F54		500	0		355	30		300	40		300,250	65		212	3
F60		425	0		300	30		250	40		250,212	65		180	3
F70		355	0		250	25		212	40		180,150	65		125	3
F80		300	0		3212	25		180	40		150,125	65		106	3
F90		250	0		180	20		125	40		125,106	65		75	3
F100		212	0		150	20		125	40		125,106	65		75	3
F120		180	0		125	20		106	40		106,90	65		63	3
F150		150	0		106	15		74	40		75,63	65		45	3
F180		125	0		90	15		75,63	40		75,63,53	65			
F220		106	0		75	15		63,53	40		63,53,45	60			

2. 研磨液

研磨液在研磨中起调和磨料、冷却和润滑的作用。研磨液应具备以下条件：

①有一定的黏度和稀释能力，磨料通过研磨液的调和黏附在研具表面，才能对工件产生切削作用；

②有良好的润滑和冷却作用；

③对工人健康无害，对工件无腐蚀作用，且易于洗净，符合环保要求。

常用的研磨液有煤油、汽油、机油、L—AN15 全损耗系统用油、L—AN32 全损耗系统用油以及工业用甘油、汽轮机油及熟猪油等。

3. 研磨剂的配制

在磨料和研磨液中再加入适量的石蜡、蜂蜡等填料和黏性较大而氧化作用较强的油酸、脂肪酸、硬脂酸等，即可配成研磨剂或研磨膏。

研磨剂的调法是先将硬脂酸和蜂蜡加热融化，待其冷却后加入汽油搅拌，经过双层纱布过滤，最后加入研磨粉和油酸(精磨时不加油酸)。

一般工厂常采用成品研磨膏，使用时加机油稀释即可。

四、研磨方法

1. 平面研磨

(1) 一般平面研磨

一般平面的研磨方法如图 13－5 所示，工件沿平板全部表面按仿 8 字形或螺旋形运动轨迹进行研磨。

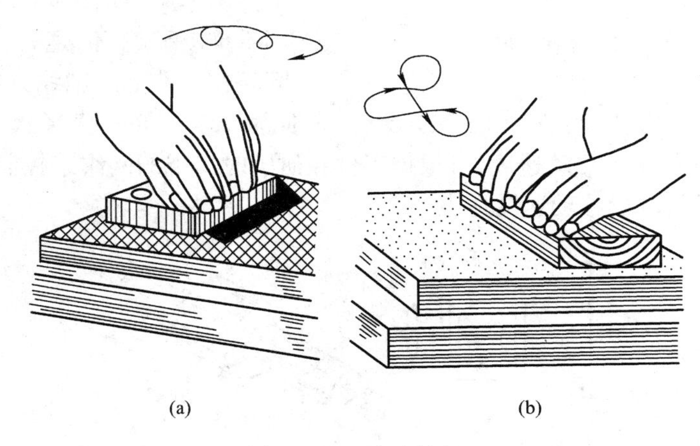

图 13－5　平面研磨

(a)螺旋形　(b)仿 8 字形

研磨时工件受压要均匀，压力大小应适中。压力大，研磨切削量大，表面结构值大，还会使磨料压碎，划伤表面。粗研时宜用压力$(1\sim2)\times10^5$ Pa，精研时宜用压力$(1\sim5)\times10^4$ Pa。研磨不宜太快。手工粗研磨时，往复 40～60 次/min，精研磨时每 20～40 次/min，否则会引起工件发热，降低研磨质量。

(2) 狭窄平面的研磨

图 13－6 所示为狭窄平面的研磨方法。为防止研磨平面产生倾斜和圆角，研磨时应用金属块做成“导靠”(图 13－6(a))，采用直线研磨轨迹。图 13－6(b)所示为样板要研成半

径为 R 的圆角，则采用摆动式直线研磨运动轨迹。

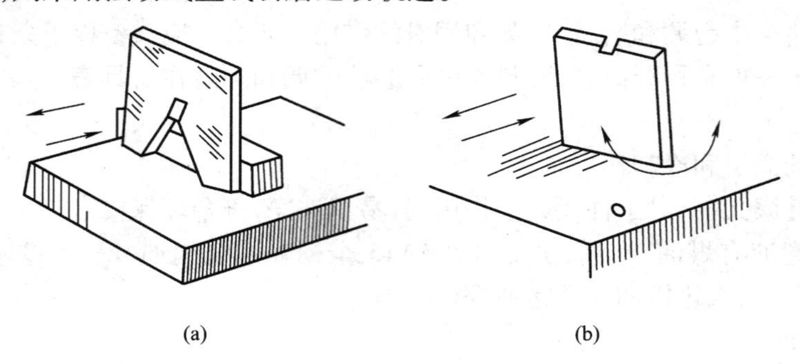

图 13－6　狭窄平面的研磨

(a)往复式直线研磨；(b)摆动式直线研磨

图 13－7　多件研磨

如工件数量较多，则应采用将几个工件夹在一起研磨的方法，这样能有效地防止倾斜，如图 13－7 所示。

2. 圆柱面的研磨

圆柱面一般是手工与机器配合进行研磨。

外圆柱面的研磨如图 13－8 所示，工件由车床带动，其上均匀涂布研磨剂，用手推动研磨环，通过工件的旋转和研磨环在工件上沿轴线方向作往复运动进行研磨。一般工件的转速：在直径小于 80 mm 时为 100 r/min；直径大于 100 mm 时为 50 r/min。研磨环的往复移动速度，可根据工件在研磨时出现的网纹来控制。当出现 45°交叉网纹时，说明研磨环的移动速度适宜。

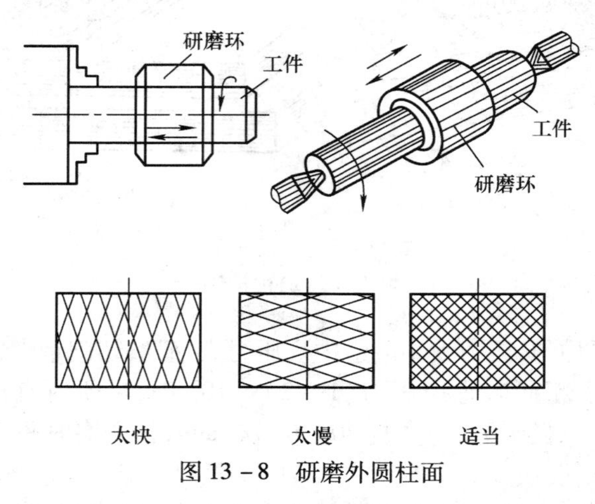

图 13－8　研磨外圆柱面

研磨圆柱孔时，可将研磨棒用车床卡盘夹紧并转动，把工件套在研磨棒上进行研磨。机体上大尺寸孔，应尽量置于垂直地面方向，进行手工研磨。

五、研磨质量缺陷分析

研磨质量缺陷形式、原因及防止方法见表 13－2。

表 13－2　研磨常见缺陷及防止方法

缺陷形式	产生原因	防止方法
表面有划痕	(1)磨料粒度不纯； (2)研磨剂中有灰尘或杂质； (3)研磨液选择不当； (4)研磨剂涂得太厚； (5)研磨速度不当	(1)重新分选磨料； (2)重新清洗，重涂研磨剂； (3)正确选用研磨液； (4)适量地涂研磨剂，要薄而均匀； (5)正确选择研磨速度
平面成凸状	(1)研磨剂太厚； (2)研磨不稳； (3)研磨运动不正确	(1)适当地涂抹研磨剂； (2)正确地掌握研磨技巧； (3)重新调整运动轨迹
圆柱不圆、有凸凹锥形	(1)研磨剂涂得不均匀； (2)前道工序误差没校正； (3)研磨运动不正确	(1)适当地涂匀研磨剂； (2)事先检查，重新校正； (3)重新调整运动轨迹
内孔圆度、圆柱度不良	(1)前道工序误差没校正； (2)研磨时没更换方向； (3)研磨时没有调头	(1)事先检查，重点校正； (2)经常交换研磨方向； (3)应调头研磨
薄形工件拱曲变形	(1)零件发热后仍然研磨； (2)装夹不正确	(1)不使零件温度超过 50 ℃，发热后暂停； (2)装夹要稳定，不要夹得过紧

【思考与练习】

1. 研磨时的压力及研磨速度对研磨质量有哪些影响？
2. 研磨后，工件表面结构不合格的原因有哪些？

课题十四 矫正、弯形和铆接★

【项目描述】

矫正与弯形是钳工工作中经常会遇到的任务。本项目主要介绍矫正与弯形的方法、常用工具及弯形毛坯的相关尺寸计算、手工绕制弹簧的方法、矫正工具等。

- **拟学习的知识**

➢ 矫正、弯形和铆接的基本知识。

- **拟掌握的技能**

➢ 矫正、弯形和铆接的操作。

■ **任务说明**

能正确操作工具,掌握基本知识,学会矫正、弯形和铆接的操作。

一、矫正

制造零件的原材料(如钢丝、板料、型钢等)常常有不直、不平或翘曲等缺陷。有的零件经过加工、热处理或使用以后产生了变形。用手工或机械的方法消除原材料缺陷或零件变形的操作叫矫正。

矫正是指使材料在外力作用下发生塑性变形,将原来的不平直状态变为平直状态。因此,塑性很差的和脆性材料(如铸铁、淬硬钢)不能矫正。

矫正时,不仅工件形状改变了,而且工件材料产生了加工硬化(或称冷作硬化,即金属材料变硬变脆)。冷作硬化现象给工件进一步冷加工带来困难。因此,必要时可在矫正后进行退火热处理,使材料恢复原来的力学性能。

矫正可以在矫直机、压力机上进行,也可手工进行。手工矫正用的支承工具有矫正平板、铁砧和 V 形铁等。加力用的工具有圆头锤、铜锤、木槌和压力机等。检验工具有平板、直尺和百分表等。

常用的矫正方法有扭转法、伸张法、弯曲法和延展法。

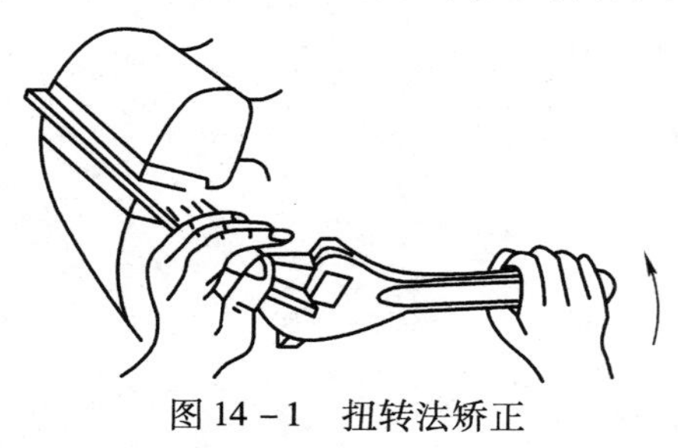

图 14-1 扭转法矫正

1. *扭转法*

这种方法用来矫正受扭曲变形的条料,如图 14-1 所示。

2. *伸张法*

这种方法是靠拉力作用来矫正的,用于矫正弯曲的金属线材,见图 14-2。矫正时,把线材一端夹紧在台虎钳上,在靠近钳口处把线材在圆木上绕一圈,一手握着圆木向后拉,一手展开线材并适当拉紧。

3. *弯曲法*

这种方法用来矫正弯曲的棒料和在宽度方向上弯曲的条料。直径小的棒料和厚度小的

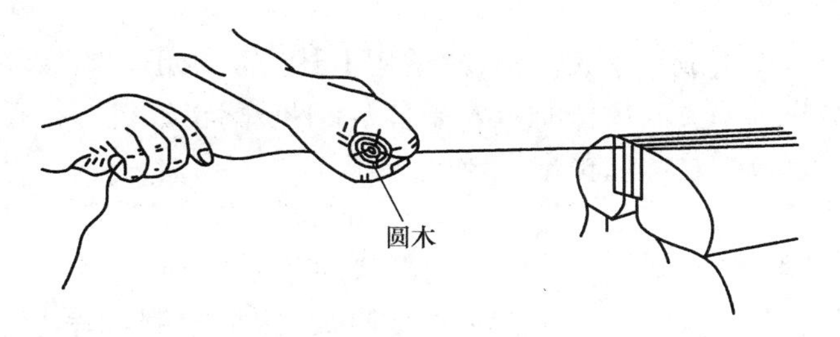

图 14－2　伸张法矫正

条料，可以夹在台虎钳上，用手将弯曲部分扳直，也可以在矫正平板上用捶击法矫直。直径大的棒料，常使用压力机矫直。矫直时，工件用 V 形铁支承，支承位置要根据工件变形情况调整（见图 14－3）。

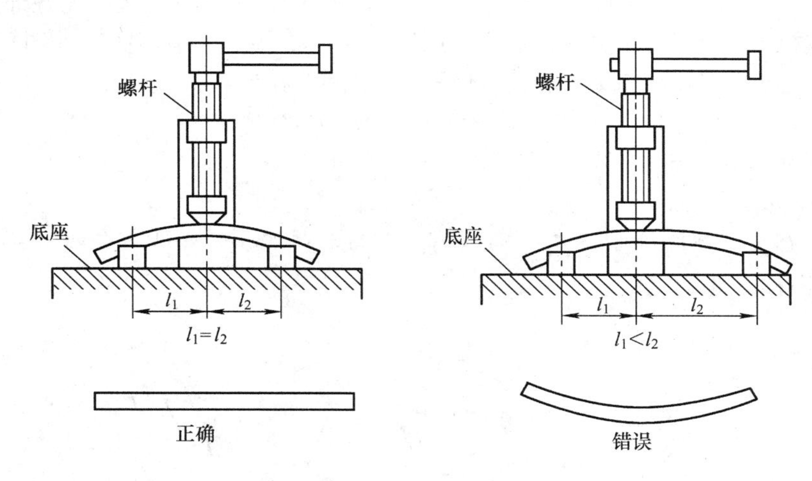

图 14－3　用压力机矫直

矫直丝杠、轴类等精度较高的工件时，常把工件顶在两个顶尖之间或架在 V 形铁上，转动工件，并用百分表测量弯曲变形矫直的情况。

用弯曲法矫直时，外力 P 使材料上部产生压应力 D，材料下部产生拉应力，这两种力使上部材料压缩，下部材料伸长，从而将材料矫直（见图 14－4）。

4. 延展法

这种方法用于矫正在窄的方向上弯曲的条料和凹凸不平的板料。矫正条料时，把宽大平面放在矫正平板上，用锤子捶击凹入部分的材料（见图 14－5），使材料延展伸长，逐渐变直。矫正中部凸起的板料时，要捶击凸起部分外围的材料，使材料延展，凸起部分就逐渐消除。假使直接捶击凸起部分，由于材料的延展，会使不平程度更加严重。当板料上有几个凸

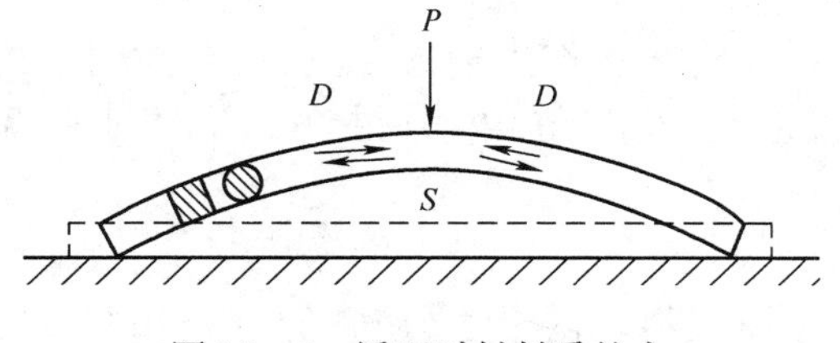

图 14－4　矫正时材料受的力

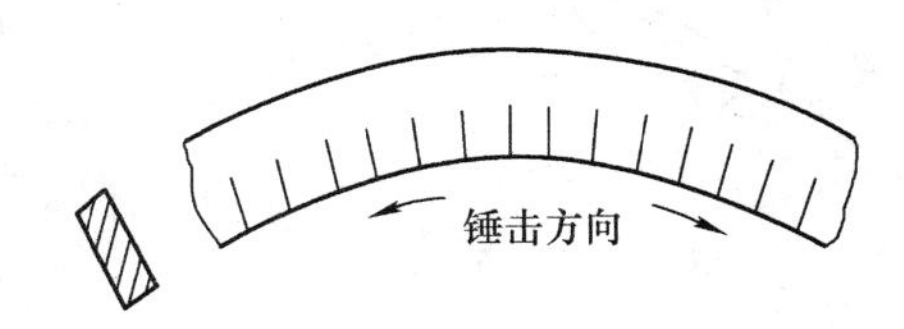

图 14－5　延展法矫直条料

起时，应把几个凸起先捶击成一个大凸起，然后用上述方法矫正。当板料中央平整，四周成波浪形时，应捶击板料的中央。捶击时锤要端平，且不断翻转板料进行捶击；需要延展材料多的地方，捶击要重复，次数要多，捶击点要密。

二、弯形

将钢丝、棒料、条料、板料等弯曲成需要的形状的加工方法叫弯形。

材料弯曲变形后，外层材料因受拉应力而伸长，内层材料因受压应力而缩短（见图14－6），而中间有一层材料，弯曲前后的长度不变，这一层叫中性层。中性层的位置不一定就在材料厚度的正中间。实验证明，只有当弯曲半径 r 很大时，中性层才处于材料厚度的正中间，而多数情况下是靠近内层的。但在粗略计算弯曲毛坯的展开长度时，可以假设中性层位置在正中间。

计算弯曲毛坯展开长度时，先把工件分解成最简单的几何形状，然后把各部分的计算结果加起来，就得到毛坯的总长度，也就是下料的尺寸。图14－7是弯曲工件图形，图上直线部分长度 l_1、l_2 可以直接计算出来，圆弧部分长度可用下式计算：

$$A=(\pi(r+s/2)\alpha)/180$$

式中 r——内弯曲半径，mm；

s——材料厚度，mm；

α——圆弧所对应的圆心角，(°)，弯曲圆环时 $\alpha=360°$，弯曲直角时 $\alpha=90°$，弯曲任意形时 α 由图样尺寸确定。

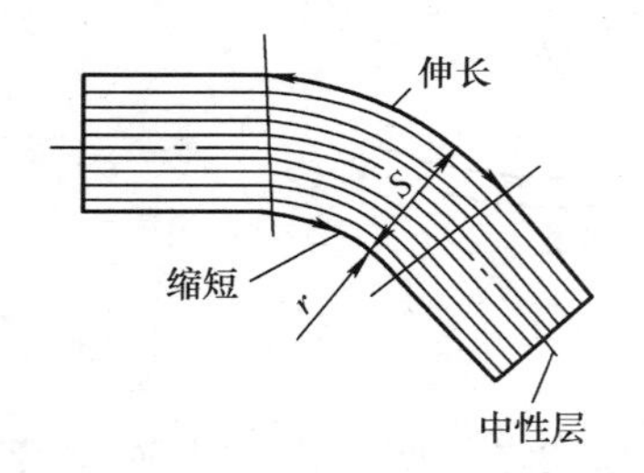

图14－6　弯曲材料变形

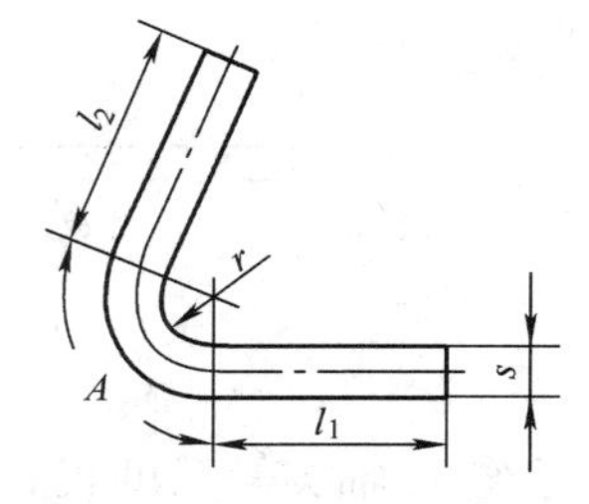

图14－7　弯曲工件图形

弯形的方法有冷弯和热弯两种。热弯是先将工件的弯曲部分加热，然后进行弯曲；冷弯是在常温下进行弯曲。热弯一般由锻工进行，钳工多进行冷弯操作。

1. 弯直角形工件

先在工件待弯曲部分划线，然后夹在台虎钳上，使划线和钳口平齐，用锤子敲打根部，或用垫铁垫在根部敲打（见图14－8）。

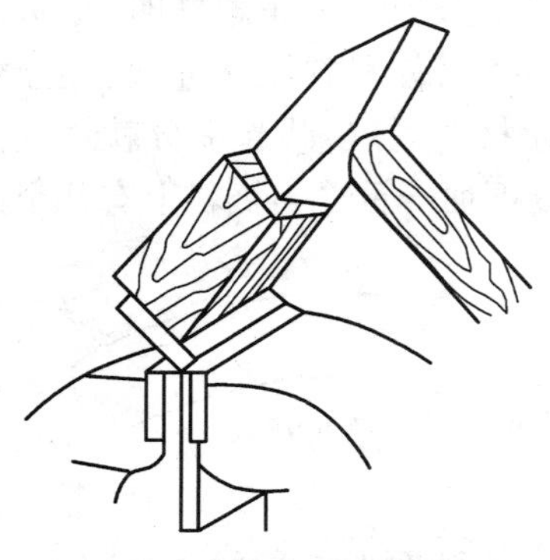

图14－8　台虎钳上弯直角工件

2. 弯成形件

选用适宜尺寸的垫块作为辅助工具，在台虎钳上进行弯曲。一般应先弯内角，再弯外角，弯曲过程见图14－9。

3. 咬缝

咬缝是指弯曲板料的两个边，使它们互相扣紧。图

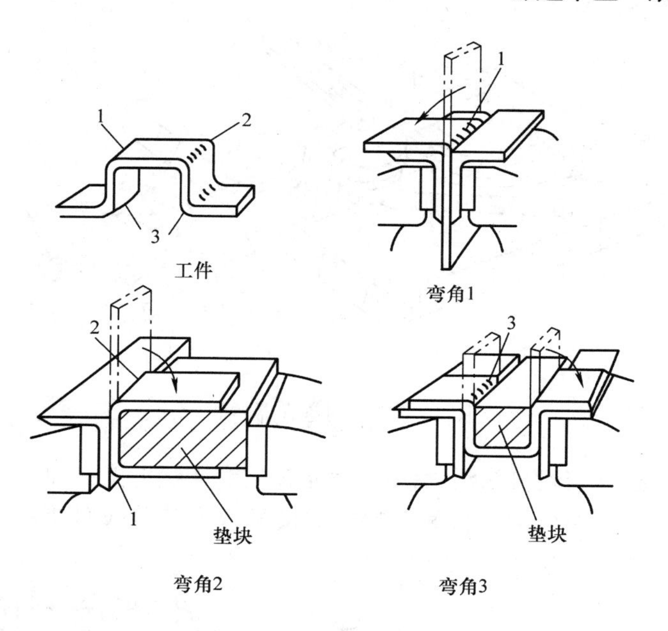

图 14－9　弯成形件

14－10 是单扣平卧式咬缝的操作过程，其中，图(a)为弯成直角；图(b)为翻转板料，弯成 75°～80°；图(c)为伸出板料；图(d)为捶打伸出部分，使弯角减小和下凹；图(e)为使板料两边扣合；图(f)为咬缝敲紧。

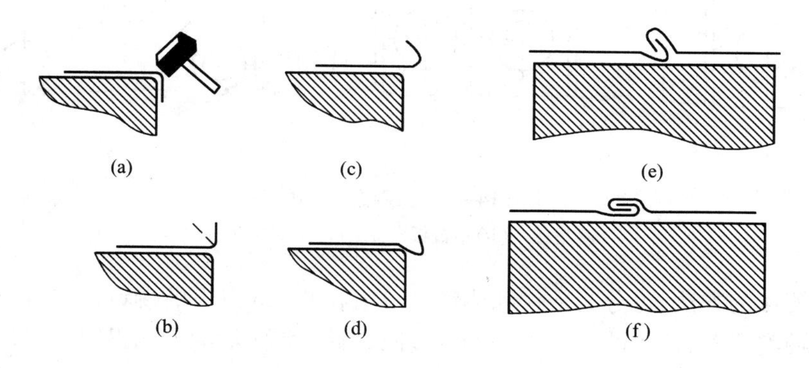

图 14－10　单扣平卧式咬缝

(a)弯成直角　(b)翻转板料　(c)伸出板料　(d)捶打伸出部分　(e)使板料两边扣合　(f)咬缝敲紧

4. 弯管

直径小于 13 mm 的管子，一般用冷弯。直径大的管子，则用热弯。为避免弯曲处出现凹瘪现象，需在管内灌满砂子，并用木塞堵口。弯管可在台虎钳上进行，也可在弯管工具上进行(见图 14－11)。弯曲有焊缝的管子时，应将焊缝置于中性层位置上进行弯曲，以免焊缝开裂。

三、铆接

借助铆钉把两个或两个以上的工件连接起来形成不可拆卸连接的加工方法叫铆接。

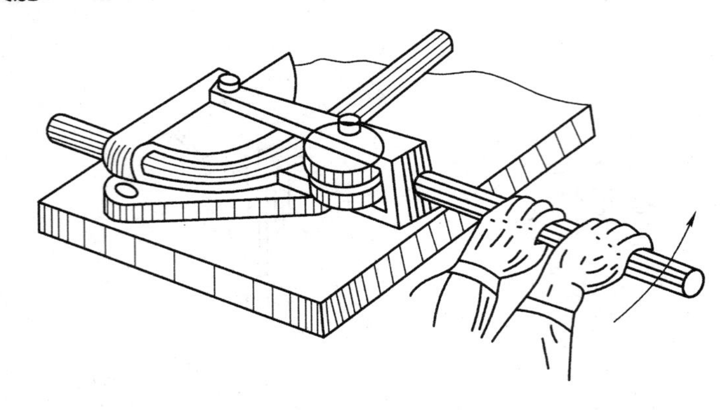

图 14－11　用弯管器弯管

①按照应用情况，铆接可分为活动铆接、固定铆接和密缝铆接三种。

②按照铆接的形式，可分为搭接和对接。对接又分为单盖板对接和双盖板对接（见图 14－12）。

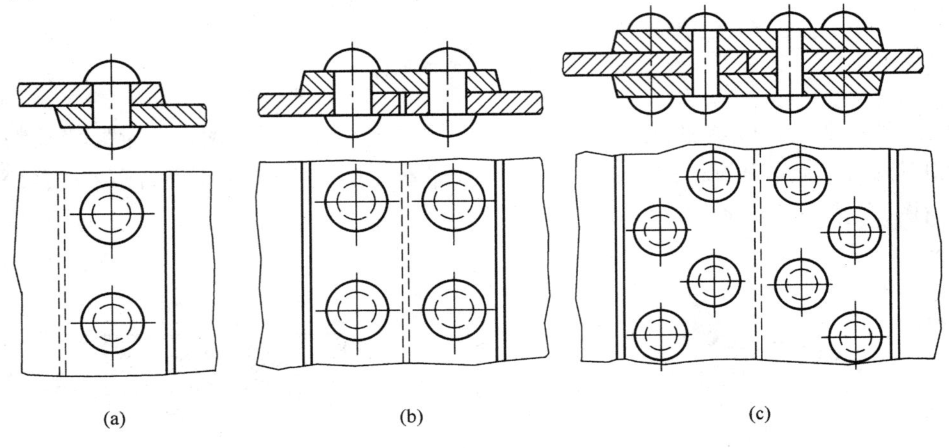

图 14－12　铆接的形式
（a）搭接　（b）单盖板对接　（c）双盖板对接

③按照铆接的方法，可分为冷铆和热铆。直径在 8 mm 以下的铆钉，常采用冷铆。

铆钉的种类很多，常用的有半圆头铆钉、埋头铆钉和平头铆钉（见图 14－13）。此外，还有特种铆钉和空心铆钉等。

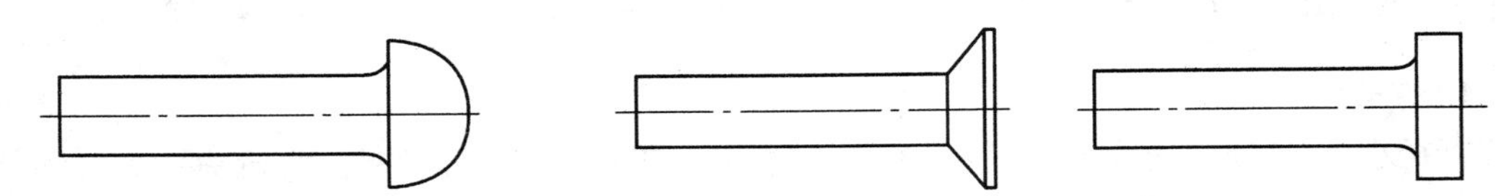

图 14－13　铆钉的种类
（a）半圆头铆钉　（b）埋头铆钉　（c）平头铆钉

铆钉常用低碳钢、黄铜、纯铜和铝等塑性较好的材料制造。铆接时，选用的铆钉材料应和被铆接的工件材料相近。

为了保证铆接的质量,常要进行铆钉直径和长度尺寸的计算(见图 14－14)。

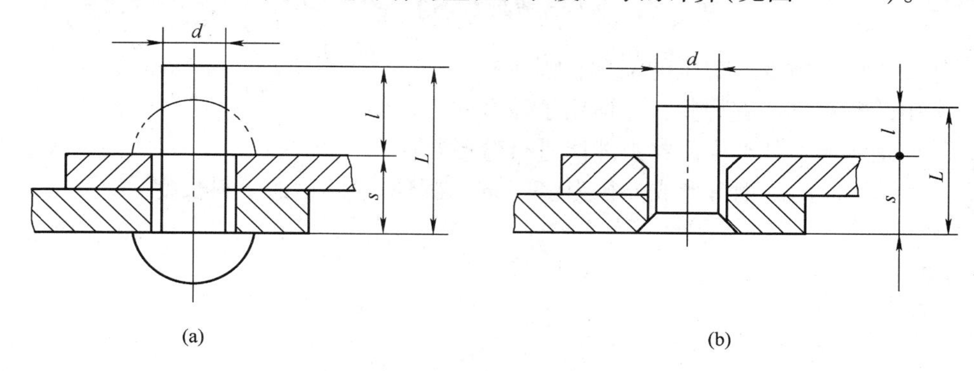

图 14－14　铆钉尺寸的计算
(a)半圆头铆钉　(b)埋头铆钉

铆钉工作中多承受剪力,它的直径是根据铆接强度决定的。如果图样上没有规定,可以参考有关手册确定,或取铆钉直径 d 等于或大于铆接板料的总厚度 s,即 $d \geqslant s$。

铆钉上已制出的铆钉头叫原头,铆接时做成的铆钉头叫铆成头。铆钉的长度 L 等于铆接板料总厚度 s 与铆钉伸出长度 l 的和,即 $L = s + l$。铆钉伸出长度必须合适,过长或过短都会造成铆接废品。一般半圆头铆钉杆的伸出长度 $l = (1.25 \sim 1.5)d$,埋头铆钉杆的伸出长度 $l = (0.8 \sim 1.2)d$。对铆钉头质量要求比较高时,铆钉杆伸出的长度需要通过试验确定。

铆接操作是先在板料上钻孔,去毛刺。埋头铆钉钻孔后要锪孔,锪孔的角度和深度要正确。然后插入铆钉,把铆钉原头放在顶模上(见图 14－15(a)),用镦紧工具镦紧板料,再用锤子镦紧铆钉杆(见图 14－15(b)),捶击铆钉四周做成铆成头(见图 14－15(c)),最后用罩模修整(见图 14－15(d))。

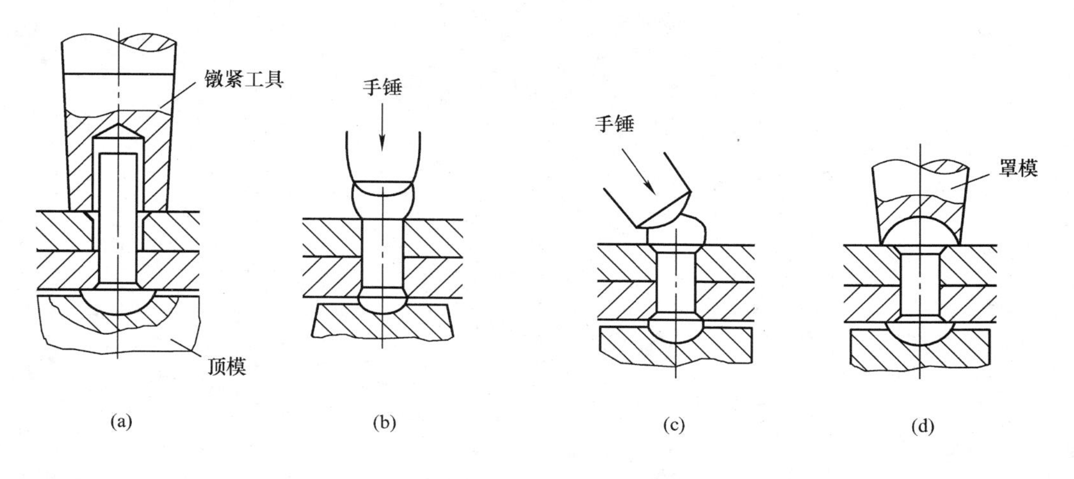

图 14－15　铆接过程
(a)压紧板料;(b)镦粗铆钉;(c)铆钉成形;(d)整修

进行活动铆接时,要经常检查活动情况,如果发现太紧,可把铆钉原头垫在有孔的垫铁上,用锤子捶击铆成头,使其活动。

【思考与练习】

1. 什么是矫正？手工矫正的工具有哪些？
2. 常用的矫正方法有哪些？各适用于什么样的材料？
3. 什么是弯形？什么样的材料才能进行弯形？
4. 用 ϕ46 mm 的圆钢弯形成外径为 48 mm 的圆环，求圆钢的下料长度。

课题十五　综合训练一（仪表锤的制作）

● **拟掌握的技能**

➢划线、锯削、錾削、锉削和钻孔的综合操作。

■**任务说明**

综合应用划线、锯削、錾削、锉削和钻孔的基本知识，加工出合格的锤子。锻炼学生钳工基本技能的综合运用能力。

一、任务描述

加工如图 15－1 所示的锤子，材料为 ϕ32 mm 的 45 钢棒料，完成时间为 900 min。

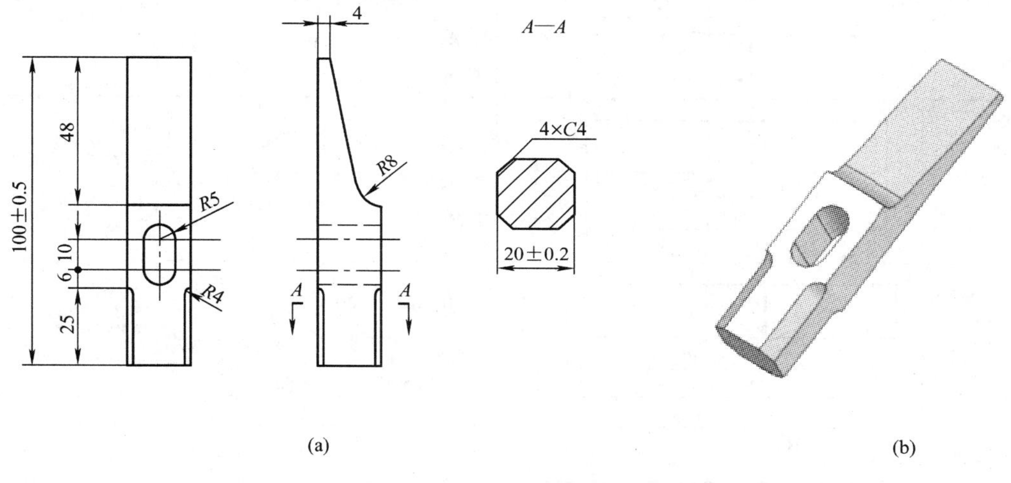

图 15－1　锤子图样

（a）图样　（b）实物图

二、任务分析

要完成锤子的加工，其操作步骤为：锯削下料长度为（113 ± 1）mm→在棒料的两端面及圆柱面上划线→在圆柱面上錾削出 4 个平面→锉削 6 个表面→划出锤子的轮廓加工界限线→锯削大头的斜面→锉削弧面及斜面→钻中心距为 10 mm 的 2 × ϕ9. 8 mm 孔→用錾子錾去钻孔后留在两孔之间的多余金属→锉削加工孔至要求尺寸→倒棱 *R*4 及 4 × *C*4，锉球面至要求尺寸→抛光→热处理。

三、任务实施

1. 准备工作

ϕ32 mm 的 45 钢棒料一根，游标卡尺（0. 02 mm/（0 ~ 150）mm）、钢直尺、划线平板、划线盘、直角尺、划针、样冲、锤子、锯弓、粗齿平锉刀、中齿平锉刀、窄錾、中齿方锉、ϕ8 mm ~ ϕ10 mm 中齿圆锉、1 号或 0 号砂布、ϕ9.8 mm 的钻头、台虎钳、平口虎钳、箱式电阻炉、钻床各一，锯条若干。

2. 操作步骤

锤子的加工工艺过程如表 15－1 所示。

表 15－1　锤子的加工工艺过程

序号	工序简图	加工内容	工具、量具、设备
1	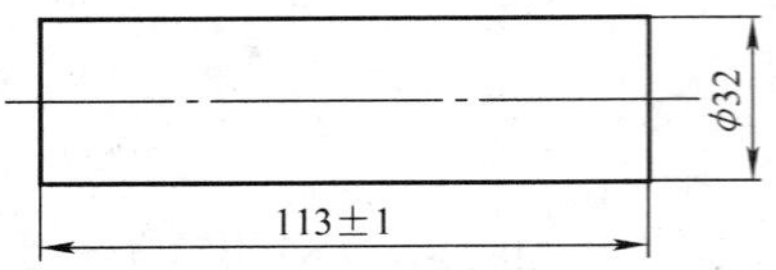 ϕ32；113±1	锯削下料保证长度为(113 ± 1)mm	锯弓、锯条、钢直尺
2		粗锉 ϕ32 mm 棒料的一个端面，要求与棒料轴线基本垂直	粗齿平锉刀、钢直尺
3	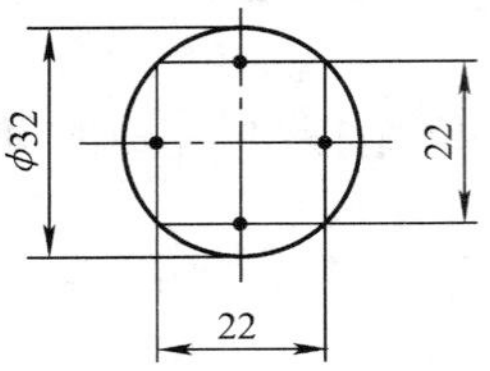 ϕ32；22；22	划线：在 ϕ32 mm 棒料的两端面及圆柱面上划好加工界限线，打好样冲眼	划线盘、直角尺、划针、样冲、锤子
4	20±0.4；113；20±0.4	錾削 4 个垂直侧平面达图样尺寸，要求各面平整，对边平行，邻边垂直	錾子、锤子、游标卡尺
5	20±0.2；110±1；20±0.2	锉削 6 个平面(4 个垂直侧平面、2 个端面)达图样尺寸，要求各面平直，对边平行，邻边垂直	粗齿平锉刀、中齿平锉刀、游标卡尺
6	48；R4；R8；4；2×ϕ9.8；10；20±0.5	划出工件图轮廓尺寸加工界限线，并打好样冲眼	划规、划线盘、划针、样冲、锤子、钢直尺
7	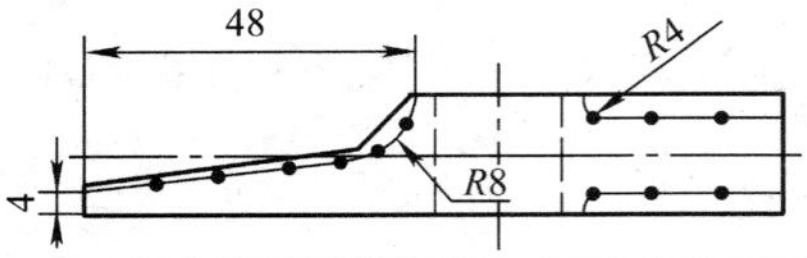 48；R4；R8；4	锯削斜面及圆弧面，留有锉削余量，要求锯缝平直，锯削面与邻面交线平直并与两侧面垂直	锯弓、锯条
8	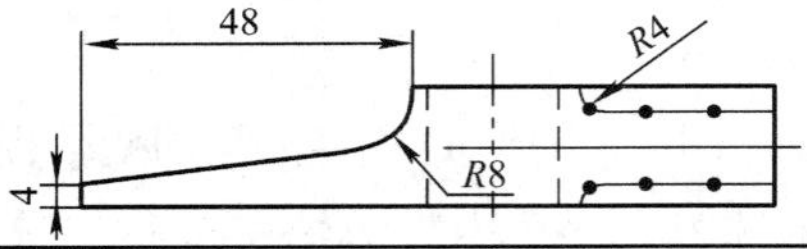 48；R4；R8；4	锉削斜面及圆弧面达图样尺寸，要求各面平直并且与两侧面垂直	粗齿平锉刀、中齿平锉刀、半圆锉刀及圆锉刀

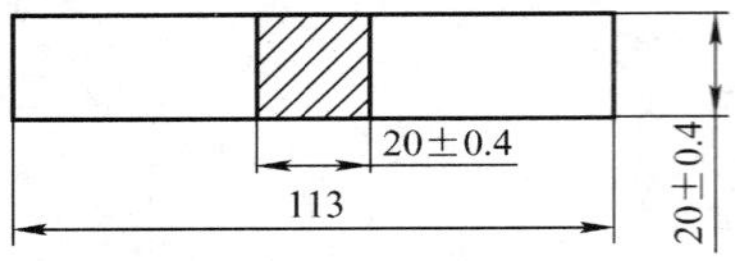

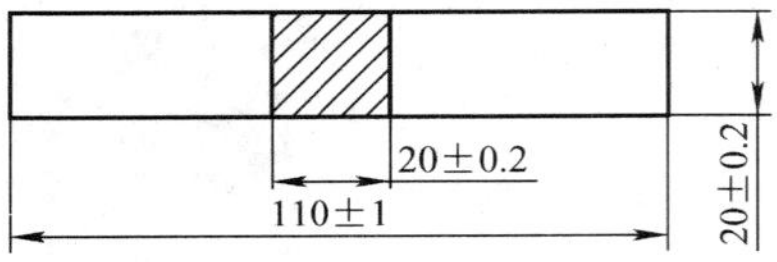

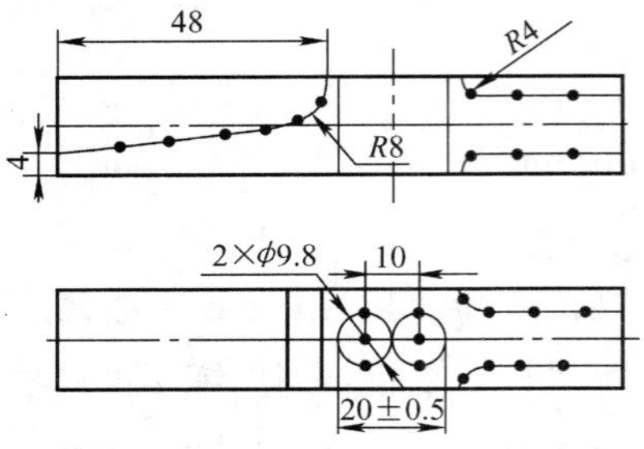

续表

序号	工序简图	加工内容	工具、量具、设备
9	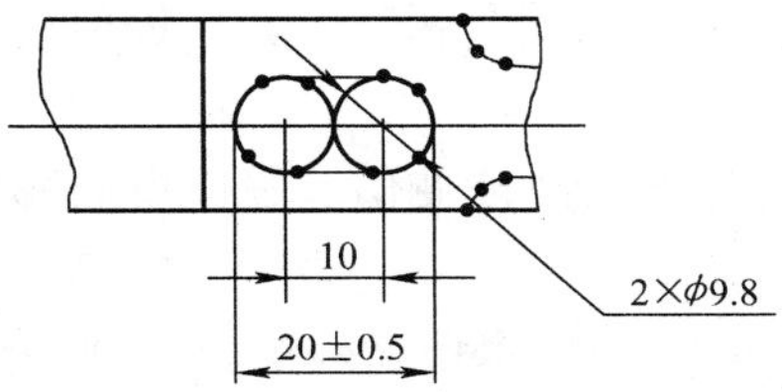 10 20±0.5 2×ϕ9.8	钻中心距为 10 mm 的 2×ϕ9.8 mm 孔	ϕ9.8 mm 钻头、平口虎钳、钻床
10	R5 R5 12 20±0.5	(1)用錾子錾去钻孔后留在两孔之间的多余金属; (2)按已经划好的线锉削加工孔至尺寸要求	窄錾、中齿方锉、ϕ8 mm ~ ϕ10 mm 中齿圆锉
11	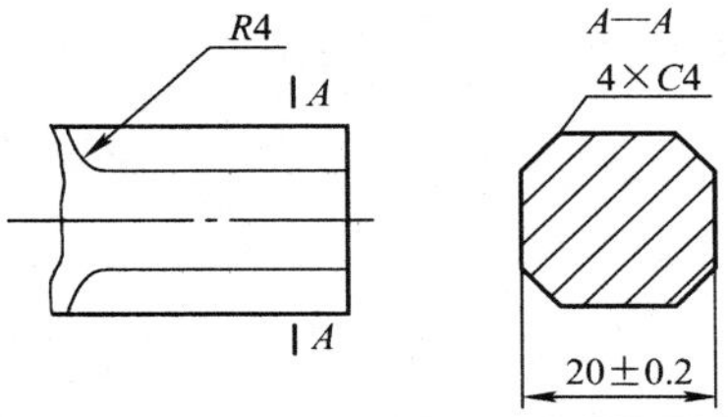 R4 A—A 4×C4 A A 20±0.2	(1)倒棱 R4 及 4×C4; (2)抛光	中齿锉、砂布(1 号或 0 号)
12	热处理	对锤子头部工作面进行淬火处理,深 10 mm,表面硬度 49 ~ 51HRC	箱式电阻炉

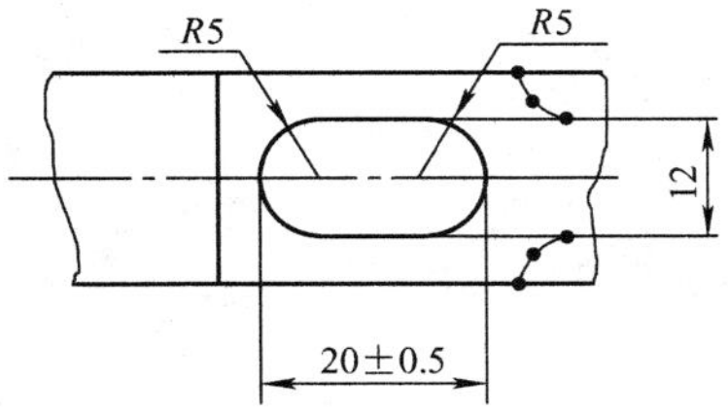

四、评分标准

锤子加工操作的评分标准见表 15－2。

表 15－2　锤子加工操作的评分标准

序号	项目与技术要求	配分	检测标准	实测记录	得分
1	工件装夹方法正确	5	不符合要求酌情扣分		
2	工、量具摆放位置正确、排列整齐	5	不符合要求酌情扣分		
3	站立位置和身体姿势正确、自然	5	不符合要求酌情扣分		
4	锯削过程自然、协调	5	不符合要求酌情扣分		
5	錾削过程自然、协调	5	不符合要求酌情扣分		
6	锉削过程自然、协调	5	不符合要求酌情扣分		
7	线条清晰无重线、检验样冲点分布合理	10	不符合要求酌情扣分		
8	工具、量具使用正确、合理	5	不符合要求酌情扣分		
9	表面结构值 $Ra \leq 6.3$ μm(14 处)	10	不符合要求酌情扣分		
10	尺寸正确(23 处)	30	每超差一处扣 2 分		
11	锉削表面平整	15	总体评定,酌情扣分		
12	安全文明操作		违者每次扣 2 分		

五、相关工艺分析

①钻腰形孔时，为防止钻孔位置偏斜、孔径扩大，造成加工余量不足。钻孔时可先用 ϕ7 mm钻头钻底孔，做必要修整后，再用 ϕ9.8 mm 钻头扩孔。

②锉腰形孔时，先锉两侧平面，保证对称度，再锉两端圆弧面。锉平面时要控制好锉刀横向移动，防止锉坏两端孔面。

③锉 4 × C4 倒角时，工件装夹位置要正确，防止工件被夹伤。扁锉横向移动要防止锉坏圆弧面，造成圆弧塌角。

④加工圆弧面时，横向必须平直，且与侧面垂直，还要保证连接正确、外形美观。

⑤砂布应放在锉刀上或钳台面上对加工面打光，防止造成棱边圆角，影响美观。

课题十六　综合训练二(锉配角度样板)

【项目描述】

用锉削加工的方法使两个或两个以上的零件配合在一起,达到规定的配合要求,这种加工过程称为锉配,通常也称为镶配。它是钳工的一项重要的综合性强的操作技能,涉及工艺、数学、材料、公差、制图等多学科知识,且要运用划线、钻孔、锯割、锉削等多种基本操作技能。本项目主要通过锉配任务来学习相关的锉配工艺知识、操作步骤及要点。

- **拟掌握的技能**

➢划线、锯削、锉削、钻孔的综合操作。

■**任务说明**

综合应用钳工基本知识,加工出合格的角度样板,进一步锻炼钳工技能的综合能力。

一、任务描述

对图 16－1 所示的角度样板,按要求完成锉配制作。

二、备料

35 钢,尺寸为 $60^{+0.2}_{+0.1}$ mm × $40^{+0.2}_{+0.1}$ mm ×(10 ±0.05) mm,刨削加工。

三、工量具

划针、划规、样冲、锤子、扁錾、划线平板、手锯、扁锉(粗、细)、三角锉、方锉、ϕ3 mm 钻头、游标高度尺、游标卡尺、千分尺、90°角尺、刀口尺、60°标准角度样板、钢直尺等。

四、训练步骤

1. 加工外形尺寸

按图样要求,锉削件 1 和件 2,达到尺寸(40 ±0.05)mm、(60 ±0.05)mm 和垂直度等要求。

2. 划线、钻工艺孔

划出件 1 和件 2 全部加工线,并钻 3 ×ϕ3 mm 工艺孔。

3. 加工件 1 凸形面

①先按划线垂直锯去一角余料,粗、细锉两垂直面。锉削时根据 40 mm 处的实际尺寸,通过控制 25 mm 的尺寸误差值(本处应控制在 40 mm 处的实际尺寸减去$15^{0}_{-0.05}$ mm 的范围内),从而保证$15^{0}_{-0.05}$ mm 的尺寸要求;同样根据 60 mm 处的实际尺寸,通过控制 39 mm 的尺寸误差值(本处应控制在 1/2 ×60 mm 处的实际尺寸加 $9^{+0.025}_{-0.05}$ mm 的范围内),从而保证在取得尺寸$18^{0}_{-0.05}$ mm 的同时,又能保证其对称度误差在 0.1 mm 内。

②再按划线锯去另一侧的垂直角余料,用上述方法控制并锉削尺寸$15^{0}_{-0.05}$ mm;至于凸形面的$18^{0}_{-0.05}$ mm 尺寸要求,可直接测量锉削。

4. 加工件 2 凹形面

①用钻头钻出排孔,并用手锯锯除凹形面的多余部分,然后粗锉至接触线条。

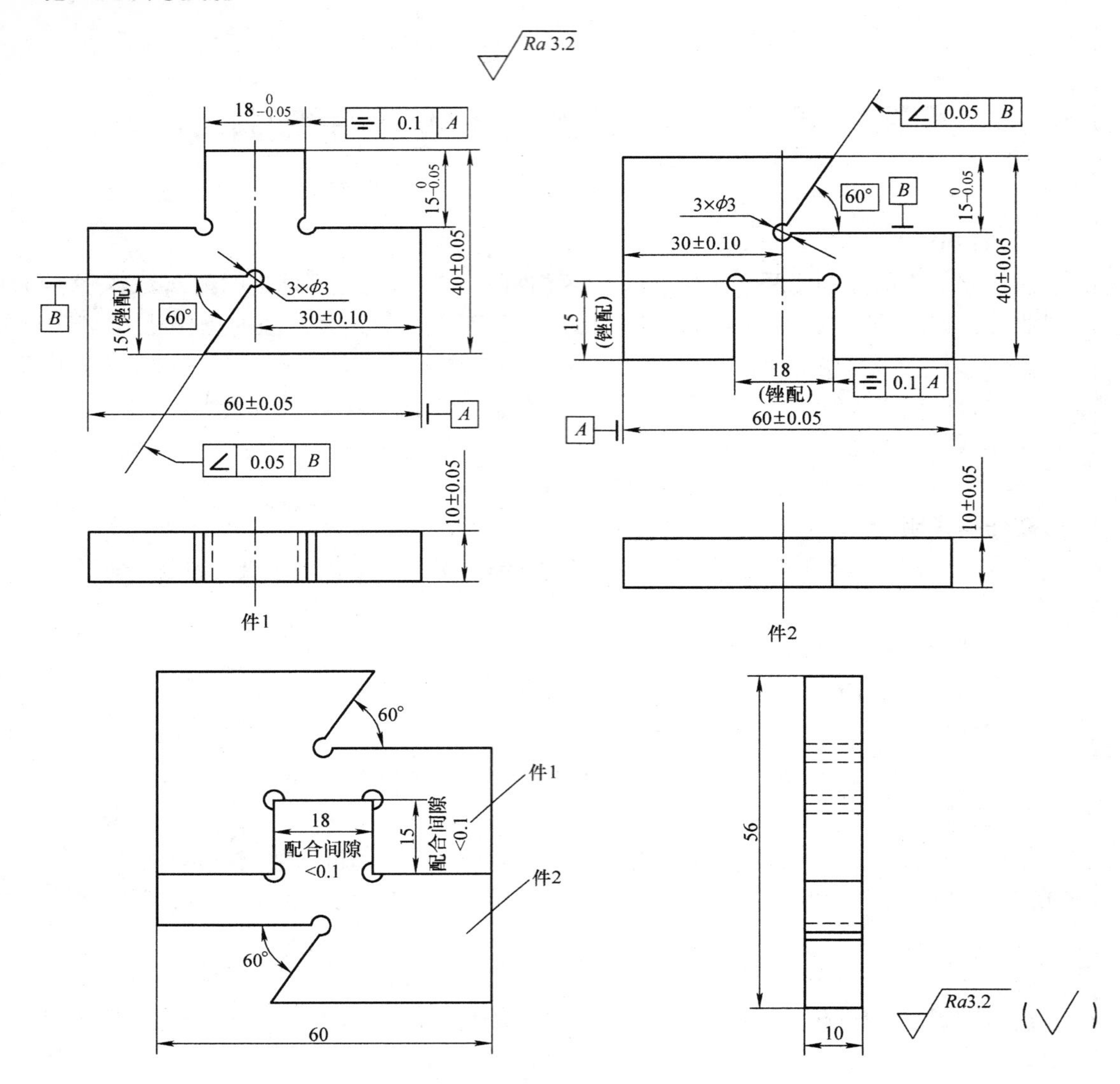

图 16－1 角度样板锉配

②细锉两侧垂直面。细锉两面时同样根据件 2 外形 60 mm 和件 1 凸形面 18 mm 的实际尺寸，通过控制 21 mm 的尺寸误差值（如凸形面尺寸为 17.95 mm，一侧面可用 1/2 × 60 mm处的实际尺寸减去 $9_{-0.01}^{+0.05}$ mm，而另一侧面必须控制 1/2 ×60 mm 处的实际尺寸减去 $9_{-0.01}^{+0.05}$ mm），并用件 1 凸形面锉配，从而保证达到对称度误差在 0.1 mm 内、配合间隙小于 0.1 mm 等要求。

③细锉凹形顶端面。根据件 2 外形 40 mm 处的实际尺寸，通过控制 25 mm 的尺寸误差值（本处与凸形面的两垂直面一样控制尺寸），并用件 1 凸形面锉配，从而保证达到对称度误差在 0.1 mm 内、配合间隙小于 0.1 mm 等要求。

5. 加工件 2 的 60°角

①按划线锯去 60°角余料，锉削并按前述方法控制 25 mm 的尺寸误差，来达到$15_{-0.05}^{0}$ mm 的尺寸要求。

②用60°标准角度样板检验锉准60°角,并用0.05 mm塞尺检查不得塞入,同时用圆柱间接测量,按下面计算公式求出测量的规定读数来控制达到(30 ±0.10)mm的尺寸要求。

角度样板斜面锉削时的尺寸测量,一般都采用圆柱间接测量,其测量方法如图16 -2所示,其测量尺寸M与样板的尺寸B、圆柱直径d之间有如下关系:

$$M = B + \frac{d}{2}\cot \alpha + \frac{d}{2}$$

式中 M——测量读数值,mm;

B——样板斜面与槽底的交点至侧面的距离,mm;

d——圆柱量棒的直径尺寸,mm;

α——斜面的角度值。

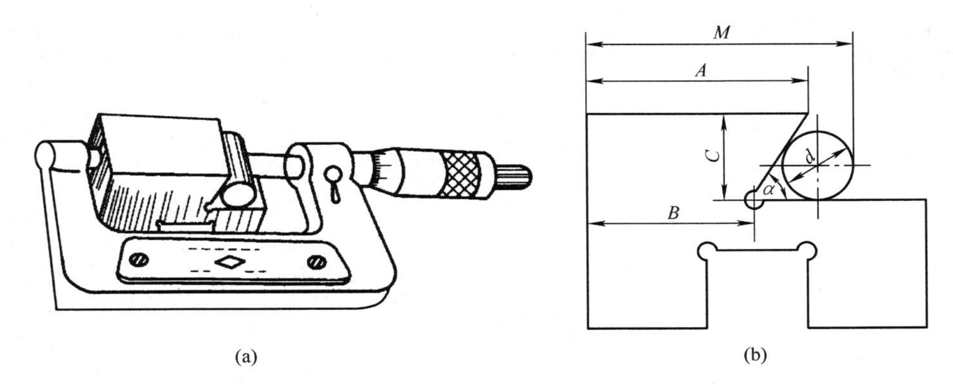

图16 -2 角度样板边角尺寸的测量

(a)测量图 (b)原理图

当要求尺寸为A时,则可按下式进行换算:

$$B = A - C\tan \alpha$$

式中 A——斜面与槽口平面的交点(边角)至侧面的距离,mm;

C——角度的深度尺寸,mm。

6. 加工件1的60°角

按划线锯去60°角余料,照件2锉配,达到角度配合间隙不大于0.1 mm的要求,同时也用圆柱间接测量,来控制达到(30 ±0.10) mm的尺寸要求。

7. 全部锐边倒棱,检查精度,送检

五、考核标准

锉配角度样板的考核标准见表16 -1。

表16 -1 锉配角度样板的考核标准

序号	考核项目	配分	评分标准	得分
1	尺寸要求(40 ±0.05)mm(2处)	3 ×2	超差0.01 mm扣3分	
2	尺寸要求(60 ±0.05)mm(2处)	3 ×2	超差0.01 mm扣3分	
3	尺寸要求$15_{-0.05}^{0}$ mm(3处)	4 ×3	超差0.01 mm扣4分	
4	尺寸要求$18_{-0.05}^{0}$ mm	3	超差0.01 mm扣3分	
5	尺寸要求(30 ±0.1)mm(2处)	3 ×2	超差0.01 mm扣3分	

续表

序号	考核项目	配分	评分标准	得分
6	凹凸配合间隙小于 0.1 mm(5 面)	5×5	超差 0.01 mm 扣 5 分	
7	60°角配合间隙小于 0.1 mm(2 面)	5×2	超差 0.01 mm 扣 5 分	
8	60°角倾斜度 0.05 mm(2 面)	3×2	超差 0.01 mm 扣 3 分	
9	凹凸配合后对称度 0.1 mm	10	超差 0.05 mm 扣 5 分	
10	表面结构参数值≤3.2 μm(20 面)	0.5×20	1 面不符合要求扣 0.5 分	
11	ϕ3 mm 工艺孔位置正确(6 个)	1×6	1 个不正确扣 1 分	
12	安全文明生产		违反规定酌情扣分	
13	工时定额 12 h		每超 30 min 扣 3 分	

总分:100	姓名:	学号:	实际工时:	教师签字:	学生成绩:

课题十七　综合训练三(锉配凹凸体)

【项目描述】

本项目主要学习锉配(盲配)凹凸体,掌握对称度的检测方法,初步了解工艺尺寸链的计算方法,初步掌握如何加工具有对称度要求的工件,理解配合件的加工工艺。通过本项目的学习和训练,能够完成如图 17－1 所示的零件。

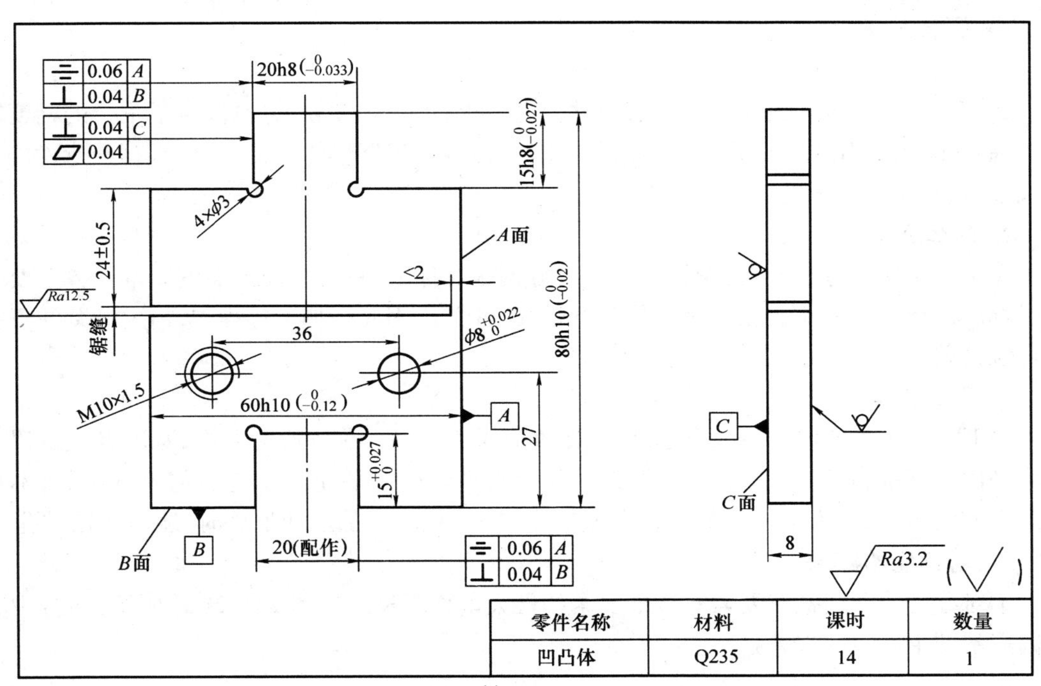

(a)

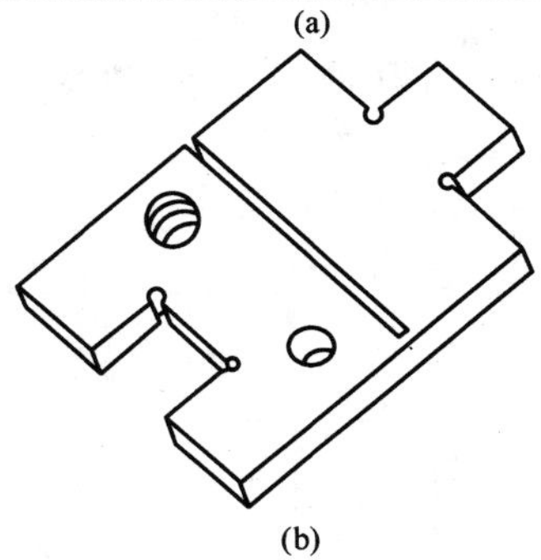
(b)

图 17－1　凹凸体图样

(a)零件图　(b)立体图

- **拟掌握的技能**

➢划线、锯削、锉削、钻孔、铰孔、攻螺纹等的综合操作。

■**任务说明**

综合应用钳工基本知识,加工出合格角度样板,进一步锻炼钳工技能的综合能力。

图17－1为锉配凹凸体的零件图和立体图,按要求完成锉配制作。

任务一　工艺分析和划线

- **学习目标**

本任务主要学习对称度的概念,掌握对称度的检测方法,理解对称度误差对配合精度的影响和配合件的加工工艺。通过本任务的学习,掌握对称形体的划线方法。

- **相关知识**

一、图样分析

1. 尺寸

图17－1所示零件的7个尺寸有尺寸公差要求,加工难度较大,也决定了配合的精度较高。在加工时,应先加工凸形体,保证尺寸正确;然后加工凹形体,其尺寸应根据凸形件的实际尺寸,进行配作。

2. 形位公差

图17－1所示零件共有三类形位公差,分别是对称度、垂直度和平面度。本任务主要介绍对称度。形位公差不合格将可能导致两件无法配合,因此在加工过程中,需要时刻注意控制形位公差。

3. 基准及工艺孔

图17－1所示零件共有三个基准,基准*A*表示以工件对称中心为基准,基准*B*表示以工件小平面为基准,基准*C*表示以工件大平面为基准。*A*、*B*平面需要锉削加工,*C*平面不加工。为方便加工,零件上还需加工四个工艺孔($4\times\phi3$)。在加工凹形件时,还需要钻排孔。

二、对称度的概念

①对称度公差是被测要素对基准要素的最大偏移距离。如图17－2(a)所示,凸台中心线偏离基准中心线的误差是Δ。

注意:误差Δ不是对称度误差。

②对称度的公差带是相对基准中心平面(或中心线、轴线)对称配置的两平行平面(或垂直平面)之间的区域,其宽度是距离t,见图17－2(b)。

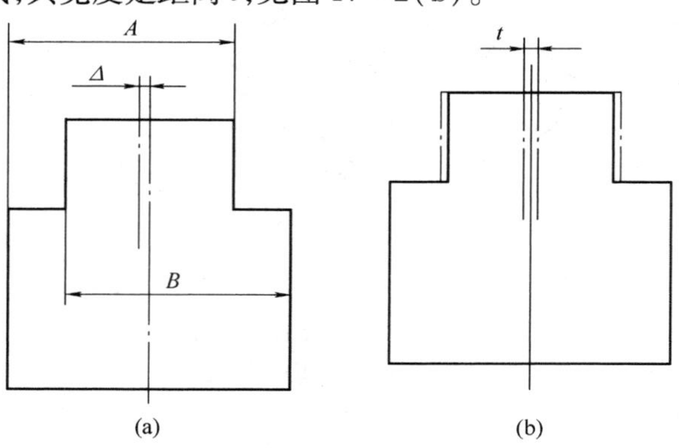

图17－2　对称度及其检测

三、对称度的检测

对图 17 -2(a)所示零件,测量面到基准面之间的尺寸为 A 和 B,其差值就是对称度误差。

说明:由于受测量方法和量具精度的限制,用这种方法测量的对称度误差较大。

四、对称度误差对配合精度的影响

对称度误差对转位互换精度的影响很大,控制不好将导致配合精度很低。

如图 17 -3 所示,如果凹凸件的对称度误差都为 0.05 mm,且在同一个方向,原始配合位置达到间隙要求时两侧面平齐(图 17 -3(a));而转位 180°做配合时,就会产生两基准面错位误差,其误差值为 0.10 mm,使工件超差(图 17 -3(b))。

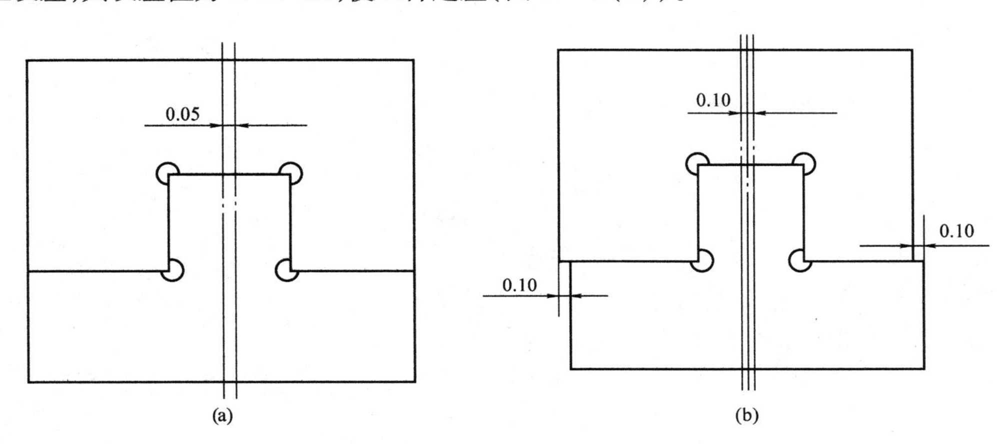

图 17 -3　对称度误差对配合精度的影响

(a)两侧面平齐　(b)工件超差

- **技能训练**

一、工艺分析

1. 毛坯

毛坯为尺寸 62 mm ×82 mm ×8 mm 的 Q235 钢。

材料选用 Q235 是因为这是一种常见的普通碳素结构钢。虽杂质较多,但冶炼容易,工艺性好,价格便宜,产量大,在性能上能满足一般工程结构及普通零件的要求,常用于受力不大的机械零件。

Q235 名称的含义为屈服点为 235 MPa 的碳素结构钢。

2. 工艺步骤

①检查毛坯。

②如图 17 -4 所示,先粗、精加工平面 A;再以 A 面为基准,加工平面 C,并保证两者的垂直度和各自的平面度。

③精加工 A 面的平行平面 B。

④按加工所得两平行平面的实际尺寸,计算出中心位置尺寸 $L/2$。用高度游标卡尺,以 A 面为基准划中心线 1。

⑤将工件翻转后以 B 面为基准,划中心线 2。如果中心线 1、2 重合,则中心线位置准确,如图 17 -4(a)所示;如果不重合,如图 17 -4(b)所示,将高度游标卡尺调到中心线 1、2

中间的位置，再次划线。反复进行，直到分别以 A、B 两面为基准，所划的中心线重合为止。

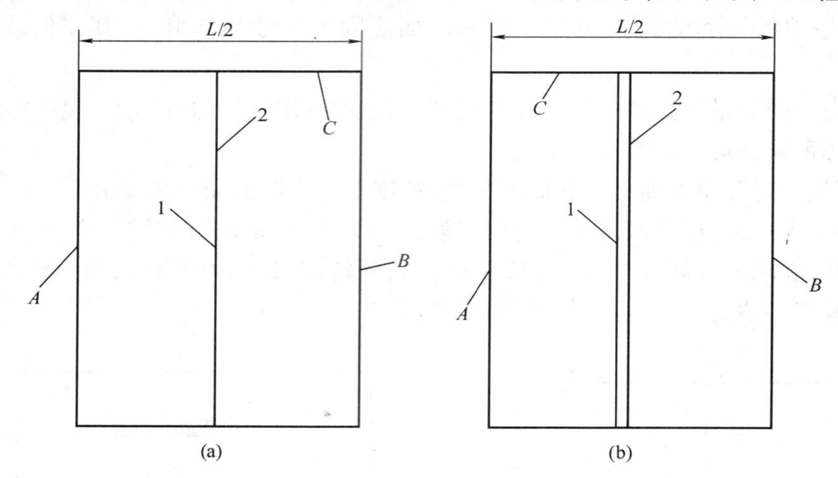

图 17－4　划中心线

（a）中心线 1、2 重合　（b）中心线 1、2 不重合

⑥以对称中心线为基准划出其他位置线。

⑦以相邻面为基准，划出另外两条线。

⑧以中心线和底平面为基准，划出两个孔的位置。

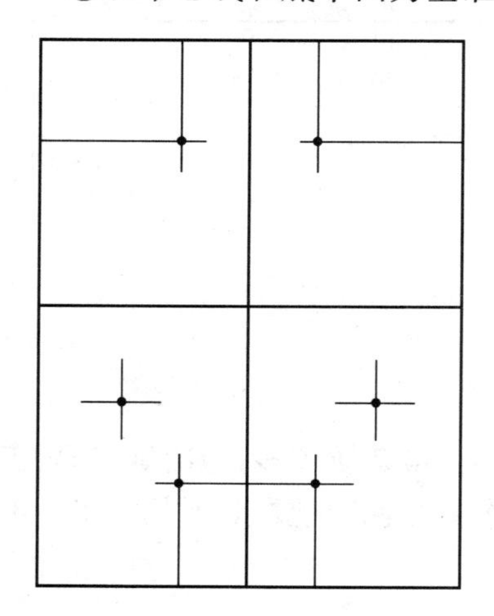

图 17－5　划线图

⑨检查尺寸，打样冲眼。完成划线工序，如图 17－5 所示。

二、操作要求

①划线前应看懂图样。

②为了能对凸形体的对称度进行控制，60 mm 处的尺寸必须要测量准确。实际操作时，可以取多点的平均值，以提高测量精度。

③对划线、尺寸反复校验，确认无误后，才能打样冲眼。

三、注意事项

①使用千分尺时，一定要注意读数方法。读千分尺有两种方法：一种是当棘轮装置发出“咔咔”声，并轻轻晃动尺架，感到两测量面已与被测表面接触良好后，即进行读数，然后反转微分筒，取出千分尺；另一种方法是用上述方法调整好千分尺后，锁紧，取下读数。

②凹凸体盲配加工的难点在于对尺寸的控制。因此，从划线开始，每一步工序都要适时检测，以保证尺寸准确。

任务二　加工凸形体

• 学习目标

本任务主要是学习用间接测量的方法控制工件的尺寸精度，学会计算有对称度要求的凸形体工艺尺寸。通过本任务的学习，能完成如图 17－6 所示工件。

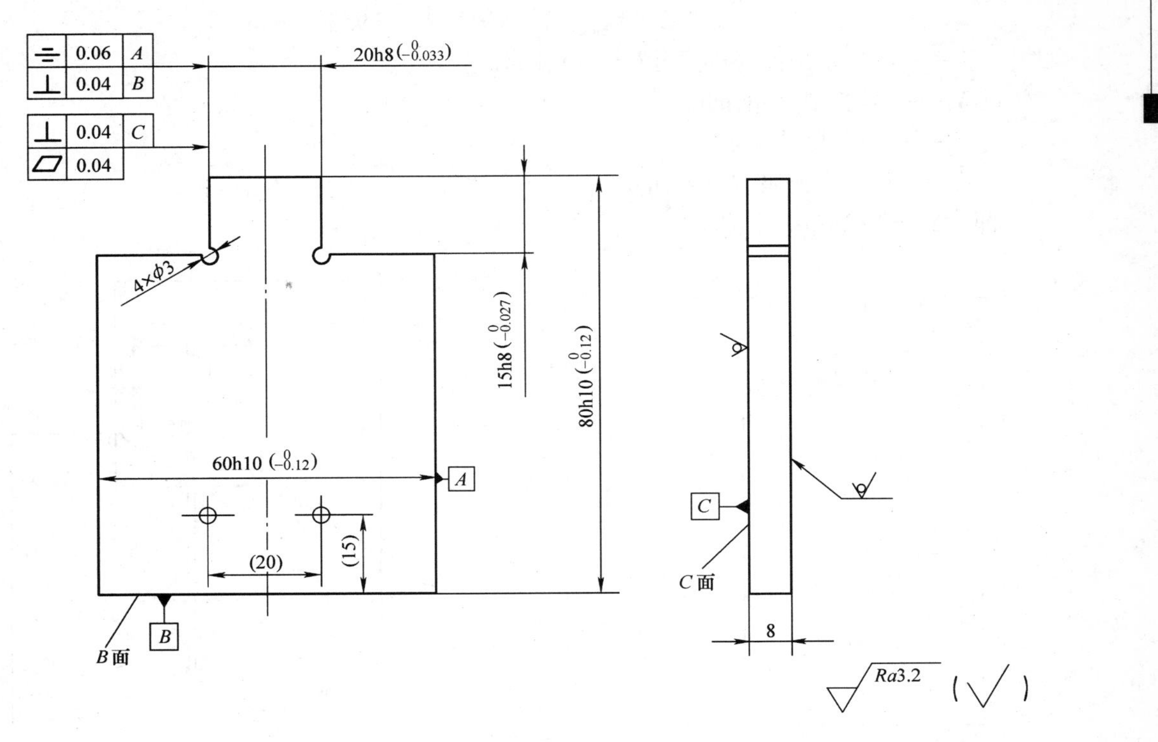

图 17－6　凸形体零件图

● **相关知识**

一、深度尺寸$15_{-0.027}^{\ 0}$ mm 的间接控制

由于受测量手段的限制，深度尺寸$15_{-0.027}^{\ 0}$ mm 不能直接测量保证精度，需要采用间接测量法。

外形尺寸$80_{-0.12}^{\ 0}$ mm 已加工成形，以 L 表示其具体尺寸。通过控制尺寸 L_1（易于测量），间接保证深度尺寸 L_2的精度。L_1的极限尺寸需要计算获得。根据图 17－7，可得

$$L_1 = L - L_2$$

根据 L_2公差，可得

$$L_{1\max} = L - 14.973(\text{mm})$$
$$L_{1\min} = L - 15(\text{mm})$$

式中　L——外形尺寸；

L_1——通过测量控制的尺寸；

L_2——间接控制的深度尺寸。

二、对称度的间接控制

1. 先去除一个角

如图 17－8 所示，先去除一个角，控制尺寸 X_1。其数值将影响尺寸$20_{-0.033}^{\ 0}$ mm，并同时保证对称度公差。X_1计算如下：

$$X_1 = X/2 + X_2/2 \pm \Delta$$
$$X_{1\max} = X/2 + X_{2\max}/2 + \Delta = X/2 + 10.03(\text{mm})$$

$$X_{1\min} = X/2 + X_{2\min}/2 - \Delta = X/2 + 9.953\ 5(\text{mm})$$

式中　X——已加工出的外形尺寸(定值),mm;

X_1——需控制尺寸,mm;

X_2——凸台尺寸,mm;

Δ——对称度公差的一半,mm。

即　$X_1 = X/2 + 10^{+0.030}_{-0.0465}$(mm)

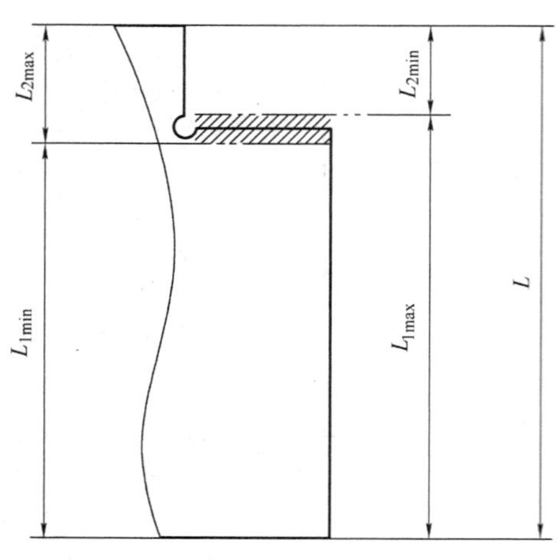

图 17－7　深度尺寸的间接控制

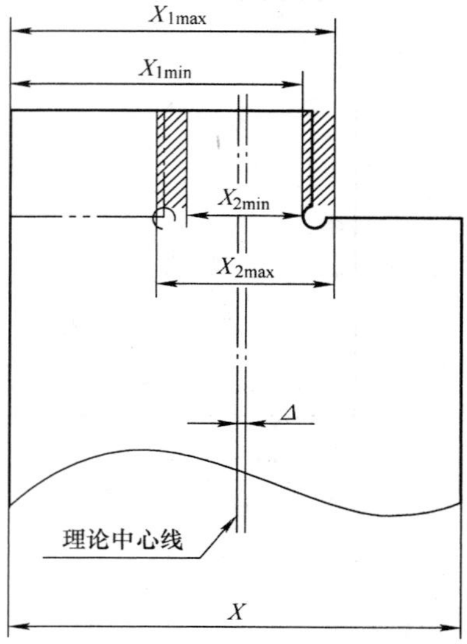

图 17－8　去除第一角尺寸控制

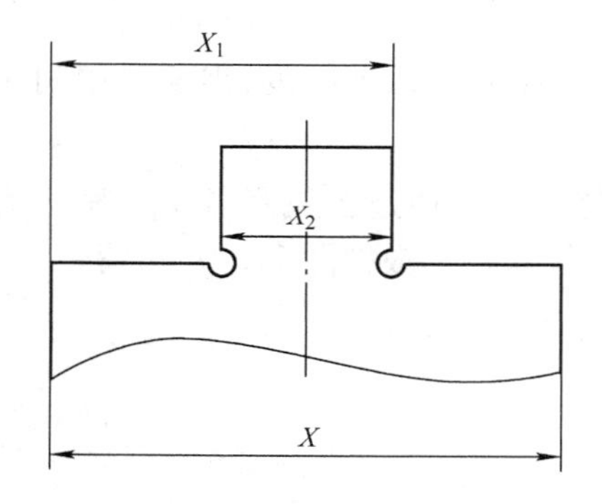

图 17－9　凸台尺寸控制

虽然当 X_1 保证尺寸 $X/2 + 10^{+0.030}_{-0.0465}$(mm),在下一步骤中可能合格,但下一步骤同时保证尺寸和对称度难度较大,应尽可能使 X_1 接近公差带中值 $X/2 + 9.991\ 75$(mm)。

2. 再去除第二角

如图 17－9 所示,计算工艺尺寸 X_2。X_2 应符合尺寸公差,还要同时保证对称度,即($X_1 - X_2$)与($X - X_2$)之差小于对称度公差 0.06 mm。

[问题 1]　本工件加工外形尺寸时,宽度实际值 $X = 59.96$ mm,符合尺寸要求 60h10($^{\ 0}_{-0.12}$),试计算去除第一角时的测量尺寸 X_1。

解:

$$X_{1\max} = X/2 + X_{2\max}/2 + \Delta = X/2 + 10.03 = 40.01\ \text{mm}$$

$$X_{1\min} = X/2 + X_{1\min}/2 - \Delta = X/2 + 9.953\ 5 = 39.933\ 5\ \text{mm}$$

测量尺寸 $X_1 = 40^{+0.01}_{-0.0665}$ mm。

[问题 2]　如去除第一角时 X_1 的实际尺寸是 40.00 mm,符合加工要求,试计算去除第二角时,凸台 X_2 的允许范围。

解:根据题目和图 17－1 标注,($X_1 - X_2$)的范围是 20.000 ~ 20.033 mm,而 $X - X_1 =$ 19.96 mm。

只有当(X_1-X_2)的范围是 20.000～20.02 mm 时,才能保证满足(X_1-X_2)与($X-X_2$)之差小于 0.06 mm。

[结论]　凸台尺寸 X_2 的允许范围是 $20^{\ 0}_{-0.02}$ mm。

[注意]　由于 X_1(40.00)与尺寸“$40^{+0.01}_{-0.0665}$ mm”的中值差距较大,为保证对称度,X_2 的公差变小,增加了加工难度。

● **技能训练**

一、工艺分析

1. 毛坯

毛坯为任务一完成后的零件(图 17－5)。

2. 工艺步骤

凸形体工艺步骤见表 17－1。

表 17－1　凸形体工艺步骤

步骤	加工内容	图　示
1	钻工艺孔	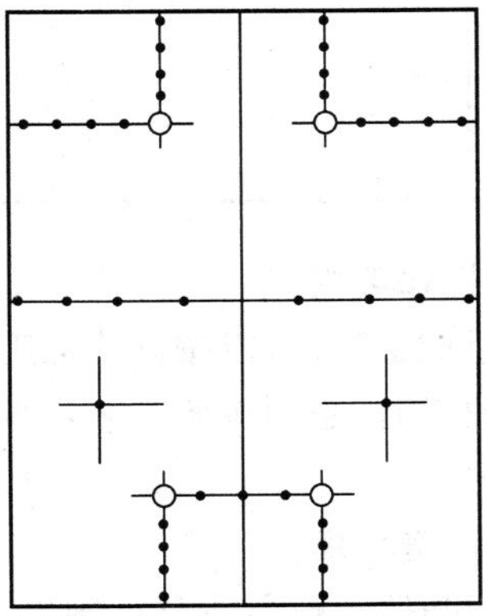
2	选择一个角,按照划好的线锯去一个角,粗、精锉两垂直面。根据 80 mm 处的实际尺寸,通过控制 65 mm 的尺寸偏差,保证尺寸$15^{\ 0}_{-0.027}$ mm。同样通过控制 40 mm 的尺寸偏差,保证 20 mm 的尺寸公差和凸台的对称度	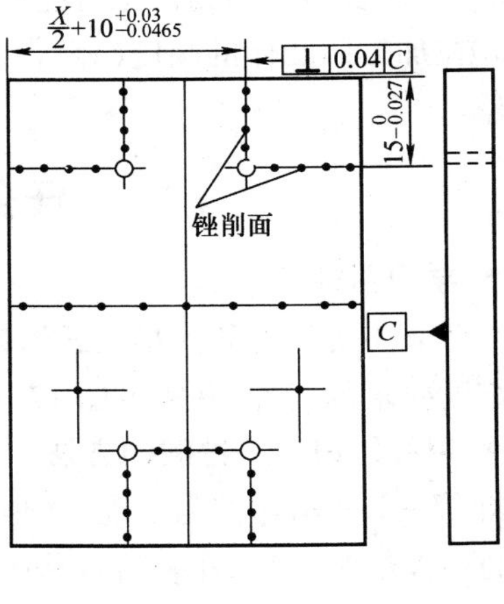 $\frac{X}{2}+10^{+0.03}_{-0.0465}$　⊥ 0.04 C　$15^{\ 0}_{-0.027}$　锉削面　C

续表

步骤	加工内容	图　　示
3	按照划线锯去另一个角。用上述方法保证尺寸公差和对称度公差	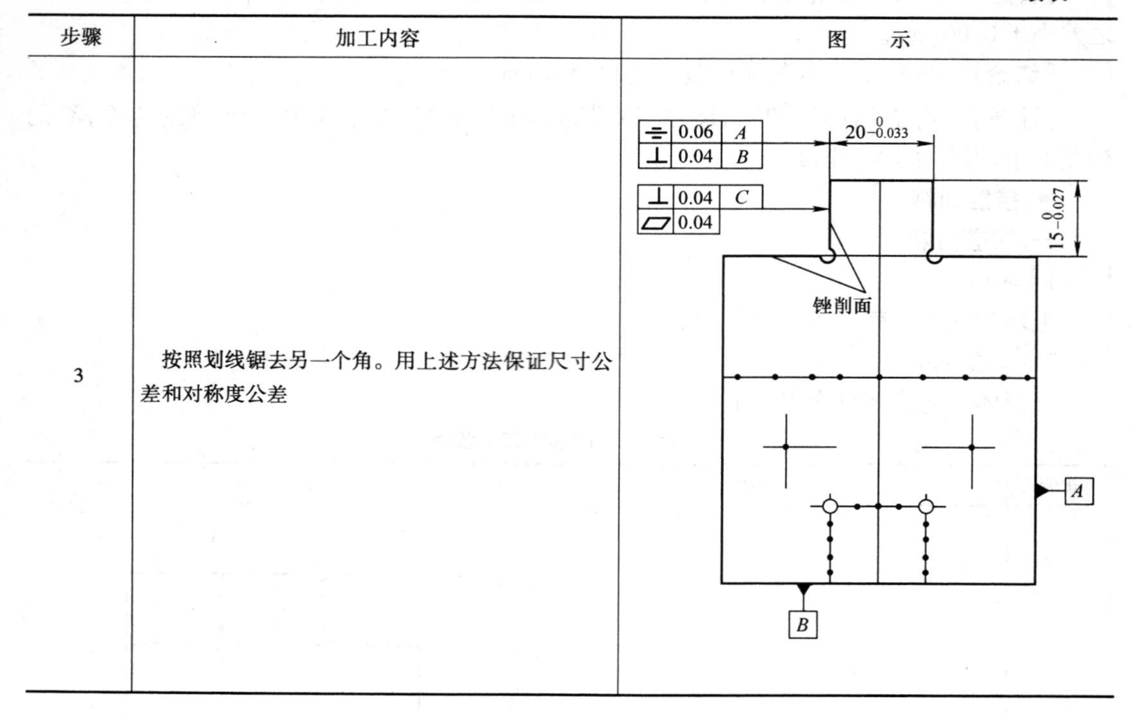

二、操作要求

①粗加工时，可以按划线加工；精加工时，一定要按照计算好的工艺尺寸进行加工。

②加工时，必须按照工艺步骤操作。由于受到测量工具的限制，不能先锯去两个角，然后再锉削。

三、注意事项

①凹凸体锉配主要是控制好对称度误差，采用间接测量的方法控制工件的尺寸精度，必须控制好有关的工艺尺寸。若想用好工艺尺寸就得学会计算工艺尺寸。

②为达到配合后的转位互换精度，加工时必须要保证垂直度要求。若没有控制好垂直度，尺寸公差合格的凹凸体也可能不能配合，或者出现很大的间隙。

③在加工凹凸体的高度（$15_{-0.027}^{\ 0}$ mm 和$15_{\ 0}^{+0.027}$ mm）时，初学者易使工件出现尺寸超差的现象。

任务三　加工凹形体

- **学习目标**

本任务主要学习如何加工凹形体。通过本任务的学习，掌握锉配的方法，掌握如何加工有对称度要求的工件，并完成图 17 - 10 所示零件加工。

- **相关知识——锉配的方法**

图 17 - 1 所示零件为盲配，就是通过保证两个零件的尺寸公差、形位公差，来达到配合的目的。锉配时，由于外表面容易达到较高的精度，所以一般先加工凸形体，后加工凹形体。加工内表面时，为了便于控制，一般应选择有关外表面作测量基准，切不可为了能配合上，而

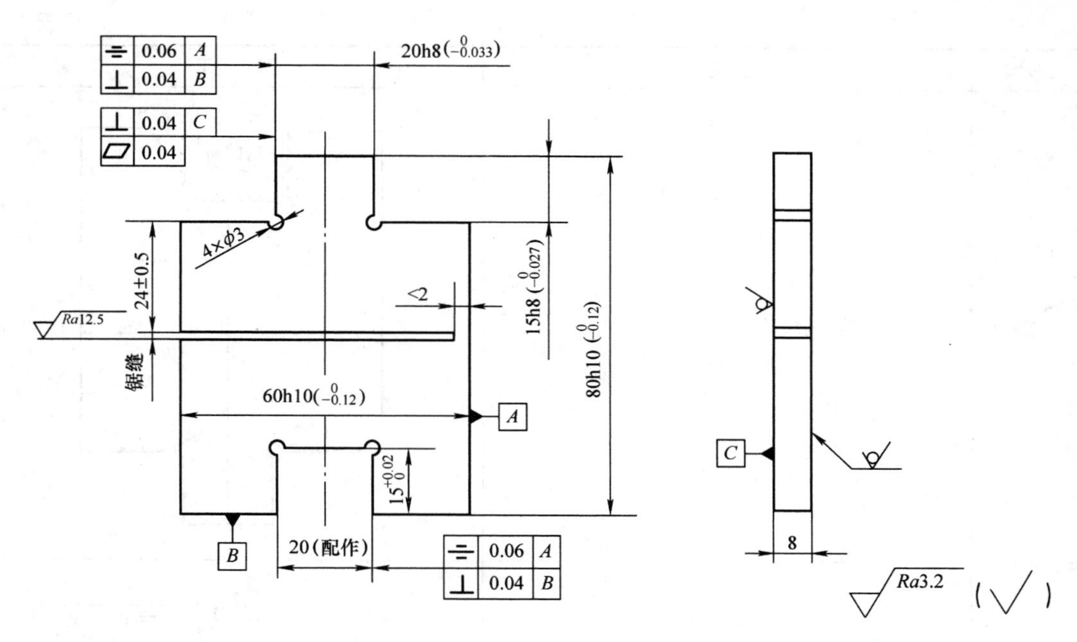

图 17－10　凹形体零件图

随意加工。在做配合修锉时,可以通过透光法和涂色显示法来确定修锉部位和锉削余量。

- **技能训练**

一、工艺分析

1. 毛坯

毛坯为任务二完成后的零件。

2. 工艺步骤

凹形体工艺步骤见表 17－2。

表 17－2　凹形体工艺步骤

步骤	加工内容	图　　示
1	钻排孔	

续表

步骤	加工内容	图　　示
2	去除凹形体多余部分	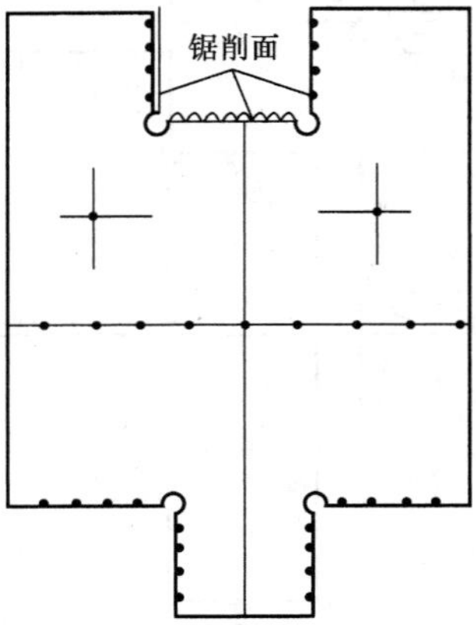
3	粗、精锉凹形体各面，达到与凸形体配合的精度要求	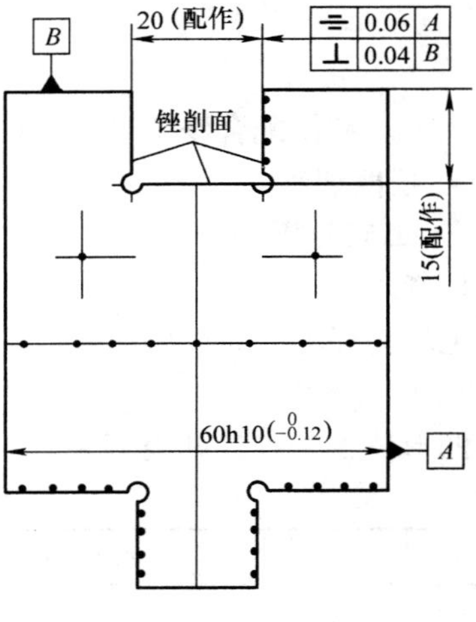
4	锯削，达到(24 ±0. 5) mm，留有小于 2 mm 的余量	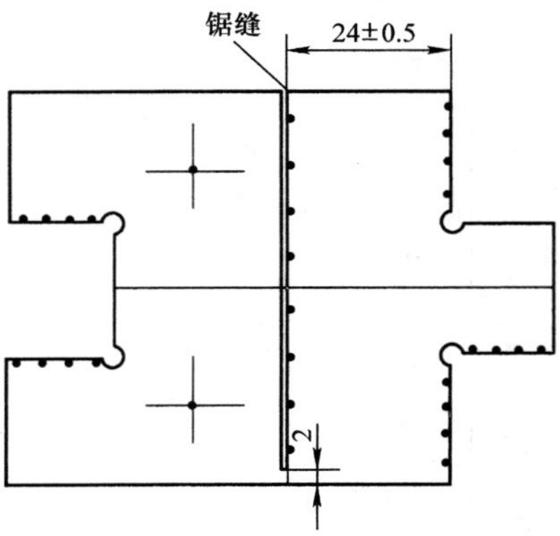

二、操作要求

①在钻排孔时,由于小直径钻头的刚性较差,容易损坏弯曲,致使钻孔产生倾斜,造成孔径超差。用小直径钻头钻孔时,由于钻头排屑槽狭窄,排屑不流畅,所以应及时地进行退钻排屑。

②加工凹形体前,应确保 60 mm 的实际外形尺寸和凸形体 20 mm 的实际尺寸已经测量准确,并计算出凹形体 20 mm 的尺寸公差。

③加工结束后,锐边要倒角,并清除毛刺。

三、注意事项

在加工垂直面时,要防止锉刀侧面碰坏另一个垂直面,可以在砂轮上修磨锉刀的一侧,并使其与锉刀面夹角略小于 90°,刃磨好后最好用油石磨光。

任务四　孔加工与攻螺纹

- **学习目标**

掌握通过"钻—扩—铰"的工艺保证孔的尺寸精度和位置精度的方法,要求孔的精度达到 9 级,表面结构参数值≤3.2 μm。通过本任务的学习,完成图 17－1 所示零件加工。

- **技能训练**

一、工艺分析

1. 毛坯

毛坯为任务三完成后的零件。

2. 工艺步骤

①钻两个底孔 $\phi 6$ mm。

②用麻花钻将螺纹孔扩孔至 $\phi 8.5$ mm,将光孔扩孔至 $\phi 7.8$ mm。

③孔口倒角。

④光孔铰孔至 $\phi 8^{+0.022}_{0}$ mm。

⑤在螺纹孔位置攻螺纹 M10×1.5。

二、操作要求

1. 用麻花钻扩孔的方法

用麻花钻扩孔时,由于钻头横刃不参加切削,轴向力小,进给省力,但是要控制进给量,不宜过大。

2. 铰孔的方法

由于铰孔时产生的热量容易引起工件和铰刀的变形,从而降低铰刀的寿命,影响铰孔的表面质量和尺寸精度,所以在铰孔时要选择合适的切削液。

3. 铰削要点

①工件要夹正、夹牢。

②手铰时,双手用力要平衡,旋转铰杠速度要均匀,铰刀不得摇摆,避免在孔口处出现喇叭口或将孔径扩大。

③手铰时,要变换每次停歇的位置,以消除振痕。

- **检测与评价**

锉配凹凸形体检测与评价表见表 17－3。

表 17－3　锉配凹凸形体检测与评价表

序号	考核项目	配分	量具	检测结果	学生评分	教师评分
1	$20h8(^{0}_{-0.033})$	8				
2	$15h8(^{0}_{-0.027})$	8				
3	$60h10(^{0}_{-0.12})$	4				
4	$80h10(^{0}_{-0.12})$	4				
5	$15^{+0.027}_{0}$	8				
6	$\phi 8^{+0.022}_{0}$	8				
7	M10×1.5	4				
8	27	2				
9	36	2				
10	(24±0.5)	2				
11	⌯ | 0.06 | A	4×2				
12	⊥ | 0.04 | B	4×2				
13	⊥ | 0.04 | C	4				
14	▱ | 0.04	4				
15	配合(10 处)	2×10				
16	$Ra \leq 3.2\ \mu m$(12 处)	0.5×12				
17	文明生产	违纪一项扣 20 分				
合　计		100				

【思考与练习】

制作图 17－11 所示的凹凸体工件，并写出其加工步骤。

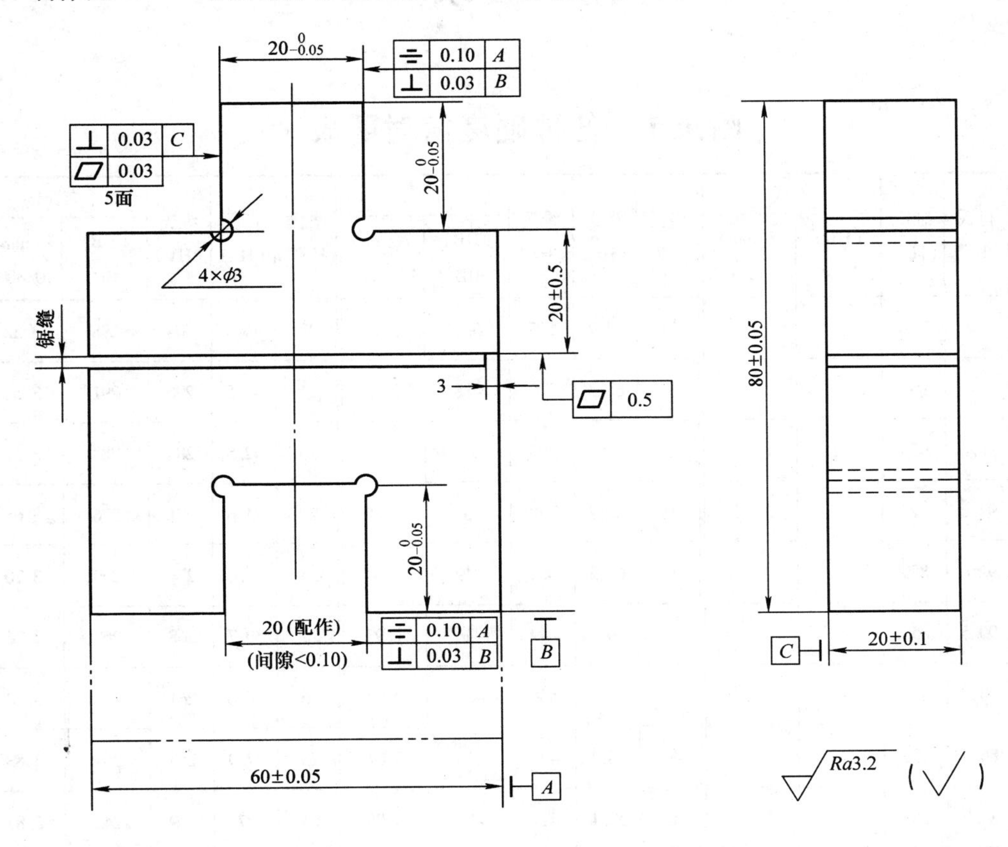

图 17－11　凹凸体工件

附　　录

附录 1　各种硬度值对照表

洛氏 (HRC)	肖氏 (HS)	维氏 (HV)	布氏		洛氏 (HRC)	肖氏 (HS)	维氏 (HV)	布氏		洛氏 (HRC)	肖氏 (HS)	维氏 (HV)	布氏	
			(HB) $30D^2$	d(mm) 10/3000				(HB) $30D^2$	d(mm) 10/3000				(HB) $30D^2$	d(mm) 10/3000
70	—	1037			51	67.7	525	501	2.73	32	44.5	304	298	3.52
69	—	997			50	66.3	509	488	2.77	31	43.5	296	291	3.56
68	96.6	959			49	65	493	474	2.81	30	42.5	289	283	3.61
67	94.6	923			48	63.7	478	461	2.85	29	41.6	281	276	3.65
66	92.6	889			47	62.3	463	449	2.89	28	40.6	274	269	3.70
65	90.5	856			46	61	449	436	2.93	27	39.7	268	263	3.74
64	88.4	825			45	59.7	436	424	2.97	26	38.8	261	257	3.78
63	86.5	795			44	58.4	423	413	3.01	25	37.9	255	251	3.83
62	84.8	766			43	57.1	411	401	3.05	24	37	249	245	3.87
61	83.1	739			42	55.9	399	391	3.09	23	36.3	243	240	3.91
60	81.4	713			41	54.7	388	380	3.13	22	35.5	237	234	3.95
59	79.7	688			40	53.5	377	370	3.17	21	34.7	231	229	4.00
58	78.1	664			39	52.3	367	360	3.21	20	34	226	225	4.03
57	76.5	642			38	51.1	357	350	3.26	19	33.2	221	220	4.07
56	74.9	620			37	50	347	341	3.30	18	32.6	216	216	4.11
55	73.5	599			36	48.8	338	332	3.34	17	31.9	211	211	4.15
54	71.9	579			35	47.8	329	323	3.39	—		—	—	—
53	70.5	561			34	46.6	320	314	3.43	—		—	—	—
52	69.1	543			33	45.6	312	306	3.48					

附录2　常用材料的密度

材料名称	密度（g/cm³或t/m³）	材料名称	密度（g/cm³或t/m³）	材料名称	密度（g/cm³或t/m³）
碳钢	7.8～7.85	黄铜	8.4～8.85	轧锌	7.1
铸钢	7.8	铸造黄铜	8.62	铅	11.37
高速钢(含钨9%)	8.3	锡青铜	8.7～8.9	锡	7.29
高速钢(含钨18%)	8.7	无锡青铜	7.5～8.2	金	19.32
合金钢	7.9	轧制磷青铜	8.8	银	10.5
镍铬钢	7.9	冷拉青铜	8.8	汞	13.55
灰铸铁	7.0	工业用铝	2.7	镁合金	1.74
白口铸铁	7.55	可铸铝合金	2.7	硅钢片	7.55～7.8
可锻铸铁	7.3	铝镍合金	2.7	锡基轴承合金	7.34～7.75
紫铜	8.9	镍	8.9	铅基轴承合金	9.33～10.67
硬质合金(钨钴)	14.4～14.9	酚醛层压板	1.3～1.45	生石灰	1.1
硬质合金(钨钴钛)	9.5～12.4	尼龙—6	1.13～1.14	熟石灰	1.2
胶木板、纤维板	1.3～1.4	尼龙—66	1.14～1.15	水泥	1.2
纯橡胶	0.93	尼龙—1010	1.04～1.06	黏土耐火砖	2.10
皮革	0.4～1.2	橡胶夹布传动带	0.8～1.2	硅质耐火砖	1.8～1.9
聚氯乙烯	1.35～1.40	木材	0.4～0.75	镁质耐火砖	2.6
聚苯乙烯	0.91	石灰石	2.4～2.6	镁铬质耐火砖	2.8
有机玻璃	1.18～1.19	花岗石	2.6～3.0	高铬质耐火砖	2.2～2.5
无填料的电木	1.2	砌砖	1.9～2.3	碳化硅	3.10
赛璐珞	1.4	混凝土	1.8～2.45		

附录3 国内外常用钢号对照表

分类	中国	美国			日本	英国
	GB	AISI SAE	ACI	ASTM	JIS	BS
碳素结构钢	10	1010 1012			S10C	En2A
	15	1015			S15C	En2 En2B En2E
	20	1020			S20C	En2C 4S21 T54
	25	1025			S25C	En4 En4A
	30	1030			S30C	En5A En5B
	35	1035			S35C	En8A S93
	40	1040			S40C	En8D S116
	45	1045			S45C	
	50	1050			S50C	En43
	55	1055			S55C	En9 En9K
	60	1060			S60C	En43D
合金结构钢	15Mn	C1115 1115			SB46	En14A
	30Mn	C1033 1033			—	En5D En5K
	30Mn2	1 330			—	En14B S92 S514 3T35 3T45
	42SiMn	—			—	En46
	15Cr	5115			SCr21	En206
	20Cr	5120			SCr22	En207
	40Cr	5140			SCr4	En18 S117
	45Cr	5145 5147			SCr5	—
	38CrSi	—			—	—
	35CrMo	E4132 E4135			SCM3	En19B
	40CrV	6140			—	—
	18CrMnTi	—			—	—
	30CrMnTi	—			—	—
	30CrMnSi	—			—	—
	38CrMoAlA	—			SACMl	En41B
	40B	TS14 B35			—	—
	40CrB	50840			—	
	20MnMoB	80820			—	
	12CrNi3A	E3310 3310			SNC22	En36A En36B S107
	12Cr2Ni4A	2515 2515H			—	En39A En39B 2C82
	18CrNiWA	—			—	
	40CrNiMoA	4340			SNCM8	En110 S95 S118
	40CrMnMo	4140			—	En19C

续表

分类	中国	美国			日本	英国
	GB	AISI SAE	ACI	ASTM	JIS	BS
弹簧钢	65	C1065 1065			SUP2 SWR7	En43E
	75	1074			SUP3 SWR9	
	65Mn	C1065 1065			—	En43E
	60SiMn	9260			SUP6	En45A
	55Si2Mn	9255			—	En45 1429
	60Si2Mn	9260			SUP7	—
	50CrVA	6150			SUP10	En47
轴承钢	GCr6	E50100 50100			—	—
	GCr9	E51100 51100			SUJ1	En31
	GCr15	E52100 52100			SUJ2	En31
	GCr15SiMn	—			—	—
碳素工具钢	T7A	—			—	—
	T8	W1－0.8			SKU3	D1
	T8A	W1－0.8C－Special			—	—
	T10	W1－0.8C			SK3	D1
	T10A	3W11.0C－Special				
	T12	W1－1.2C			SK2 SKU3	D1
	T12A	W1－1.2C－Special				
	T13	—			SK1 SKU1	D1
	T8MnA	—			SK5	
高速钢	W9Cr4V2	T7			SKH6	(A)14% W
	W18Cr4V	T1			SKH2	(A)18% W
	W6M05Cr4V2	M2			SKH9	
合金工具钢	9SiCr	—				
	Cr	—				
	CrMn	L4				
	CrWMn	—			SKS31	Steel for cold working C
	5CrMnMo	—			SKT5	
	5CrNiMo	L6			SKT4	
	CrW5	—			SKS1	
	3Cr2W8V	H21			SKD5	AlW－Cr
	Cr12	—			SKD1	Steel for cold working A1
	Cr12W	D6			SKD2	
	Cr12MoV	D3①			SKD11	Type(A)2

续表

分类	中国	美国			日本	英国
	GB	AISI SAE	ACI	ASTM	JIS	BS
耐热钢	Cr5Mo	501 50251501				
	4Cr10Si2Mo	—			SEH3	
	4Cr14Ni14W2Mo	—			SHE4	En54
	Cr15Ni36W3Ti	330			—	—
不锈耐酸钢	1Cr13	410			—	En56A
	1Cr13	403			SUS21	En56A En56AM
	2Cr13	4105141060410	CA－15	A－296	SUS22	En56B En6C
	3Cr13	4205142060420	CA－40	A－296	SUS23	En56M
	4Cr13	—	—	—	—	En56D
	Cr17	4305143060442	CB－30	A－296	SUS24	En60
	Cr17Ti	—	—	—	—	—
	Cr17Ni2	431 51446	—	—	SUS44	En57
	Cr25	446 51446 60446	CC－50	A－296	—	—
	9Cr18	—	HC	—	—	—
	0Cr18Ni9	304 30304 60304	—	—	SUS27	En58E
	1Cr18Ni9	302 30302 60302	CF－8	A－296	SUS40	En58A
	1Cr18Ni9Ti	321 30321	CF－20	A－296	SUS29	En58B En58C
	1Cr18Ni11Nb	347 348 30347	—	—	SUS43	En58F En58G

注：①这种钢还含0.4%～0.6%（质量）的钨。

附录4　常用钢的临界点

钢　号	临界点/℃						
	A_{c1}	A_{c3}	A_{ccm}	A_{r1}	A_{r3}	M_s	M_f
15	735	865		685	840	450	
30	732	815		677	796	380	
45	724	780		682	751	345 ~ 350	
50	725	760		690	720	290 ~ 320	
55	727	774		690	755	290 ~ 320	
65	727	752		696	730	285	
30Mn	734	812		675	796	355 ~ 375	
65Mn	726	765		689	741	270	
20Cr	766	838		702	799	390	
30Cr	740	815		670	—	350 ~ 360	
40Cr	743	782		693	730	325 ~ 330	
20CrMnTi	740	825		650	730	360	
30CrMnTi	765	790		660	740	—	
35CrMo	755	800		695	750	271	
25MnTiB	708	817		610	710	—	
40MnB	730	780		650	700	—	
55Si2Mn	775	840		—	—	—	
60Si2Mn	755	810		700	770	305	
50CrMn	750	775		—	—	250	
50CrVA	752	788		688	746	270	
GCr15	745		900	700	—	240	
GCr15SiMn	770		872	708	—	200	
T7	730	770		700	—	220 ~ 230	
T8	730	—		700	—	220 ~ 230	-70
T10	730		800	700	—	200	-80
9Mn2V	736		765	652	—	125	—
9SiCr	770		870	730	—	170 ~ 180	—
CrWMn	750		940	710	—	200 ~ 210	—
Cr12MoV	810		1 200	760	—	150 ~ 200	-80
5CrMnMo	710	770		680	—	220 ~ 230	—
3Cr2W8	820	1 100		790	—	380 ~ 420	-100
W18Cr4V	820		1 330	760	—	180 ~ 220	—

附录5　初级钳工考核大纲

一、考核对象

中专三年级末学生。

高职二年级末学生。

二、考核要求

1. 考核内容

考核内容包括应知(知识)和应会(技能)两部分。

2. 考核时间

应知为2小时,应会为8小时。

3. 考核地点

应知在教室考核(闭卷)。

应会在实习工厂考核(学校提供材料和工、量具)。

三、考核范围

(一)应知部分

基础知识

1. 识图知识

①正投影的基本原理。

②简单零件剖视的表达方法。

③常用零件的规定画法及代号标注方法。(包括螺纹、键、齿轮等)

④简单装配图的识读知识。

2. 量具与公差配合知识

①常用量具的结构、使用及维护保养。(包括游标卡尺、千分尺和宽座角尺等)

②公差配合、形位公差和表面结构有关知识。

3. 机械传动与液压传动一般知识

①机械传动的基本知识。

②带传动、螺旋传动、链传动、齿轮传动的工作原理及特点。

4. 金属切削和刀具夹具的一般知识

①常用工具的种类、牌号、规格和性能。

②刀具几何参数及其对切削性能的影响。

③常用夹具的名称、规格和用途。

5. 金属材料的种类、牌号及性能

①种类。

②牌号。

③性能。

④热处理一般概念。

⑤钢的常用热处理。

专业知识

1. 钳工基本知识

①划线工具的种类及使用。

②划线基本操作。

③平面划线和立体划线。

④锯削。

⑤錾削。

⑥锉削。

⑦矫正与弯形。

⑧钻头的种类和用途及钻削。

⑨铰削的基本操作。

⑩攻螺纹和套螺纹。

2. 常用设备和工具使用维护知识

①台虎钳。

②分度头。

③砂轮切割机。

④砂轮机。

⑤钻床。

3. 装配基本知识

①装配工艺。

②螺纹联接的预紧和装配方法。

③键联接。

④销联接。

⑤轴的装配。

⑥轴承的装配。

⑦润滑剂的种类和使用。

相关知识

1. 起重设备使用方法和安全操作规程

①起重设备的使用要求。

②起重设备的安全操作规程。

③起重安全知识。

2. 机械加工常识

①车削。

②铣削。

③磨削。

④刨削。

⑤切削刀具的名称及几何参数。

3. 电气安全知识

①通用设备常用电器的种类及用途。

②电力拖动及控制原理基础知识。

③安全用电知识。

(二)应会部分

1. 基本要求

较熟练掌握锉、锯、錾、钻、划线等钳工基本技能。

2. 考核实例

锉配四方体(另附图纸)。

3. 考前准备

校实习工厂提供游标卡尺、千分尺、塞尺、宽座角尺、锉刀、板料等。

4. 考核项目

①锉削外正四方:两组对面尺寸$40_{-0.08}^{\ 0}$ mm,平行度公差0.06 mm,外四面对端面垂直度公差及外四面平面度公差均为0.04 mm,表面结构参数值$Ra3.2$ μm。

②锉配:配合间隙小于0.1 mm,四角清晰并能转位互换,表面结构参数值$Ra3.2$ μm。

5. 评分细则

初级钳工技能操作评分标准

姓名________ 学号________ 得分________

项目	序号	考核要求	数目	配分	得分
外四方	1	$40_{-0.08}^{\ 0}$	两组	4×2	
	2	▱ 0.04	四处	2×4	
	3	⊥ 0.04 B C	两处	2×2	
	4	// 0.06 A	两处	2×2	
	5	⊥ 0.04 A B	两处	2×2	
	6	// 0.06 C	两处	2×2	
	7	$Ra\leqslant3.2$ μm	四处	2×4	
内四方	8	70±0.3	两组	2×2	
	9	$40_{\ 0}^{+0.1}$	两组	4×2	
	10	▱ 0.04	四处	2×4	
	11	$Ra\leqslant3.2$ μm	八处	2×8	
配合	12	间隙≤0.1	十六面	1.5×16	
其他	13	安全文明生产	视违者情节扣1~10分		
备注					

附录6　初级钳工知识试卷及答案

初级钳工知识试卷

一、选择题(第1～50题。选择正确的答案,将相应的字母填入题内的括号中。每题1分,满分50分)

1. 在中等中心距时,测量V带的张紧程度一般可在带的中间,用拇指能按下(　　)mm为宜。

(A)5　　(B)10　　(C)15　　(D)20

2. 承载能力较大、传动平稳、无噪声的传动是(　　)。

(A)链传动　　(B)摩擦轮传动　　(C)齿轮传动　　(D)蜗杆副传动

3. 读数值为0.02 mm的游标卡尺的读数原理是将尺身上(　　)mm等于游标50格刻线的宽度。

(A)20　　(B)50　　(C)49　　(D)19

4. 机械传动是采用由轴、齿轮、蜗轮蜗杆、链、皮带等机械零件组成的传动装置来进行能量的(　　)。

(A)转换　　(B)输送　　(C)传递　　(D)交换

5. 带传动是依靠传动带与带轮之间的(　　)来传动的。

(A)作用力　　(B)张紧力　　(C)摩擦力　　(D)弹力

6. 油缸活塞的有效面积为5×10^5 mm^2,工作压力为25 Pa,则油缸的推力为(　　)。

(A)125 N　　(B)1 250 N　　(C)1.25 N　　(D)12.5 N

7. 一台8极的三相异步电动机,接于频率为25 Hz的三相电源,此电动机同步转速为(　　)r/min。

(A)1 500　　(B)915　　(C)750　　(D)375

8. 消耗功率最多,作用在切削速度方向上的分力是(　　)。

(A)切向抗力　　(B)径向抗力　　(C)轴向抗力　　(D)总切削力

9. 车削时切削热主要是通过(　　)进行传导的。

(A)切屑　　(B)工件　　(C)刀具　　(D)周围介质

10. 粗车时,选择切削用量的顺序是(　　)。

(A)a_p—v—f　　(B)f—a_p—v　　(C)v—f—a_p　　(D)a_p—f—v

11. 制造麻花钻头应选用(　　)材料。

(A)T10　　(B)W18Cr4V　　(C)5CrMnMo　　(D)4Cr9Si2

12. 过共析钢的淬火加热温度应选择在(　　)。

(A)A_{c1}以下　　(B)A_{c1} +30～50 ℃

(C)A_{c3} +30～50 ℃　　(D)A_{ccm} +30～50 ℃

13. 一般划线精度能达到(　　)。

(A)0.025～0.05 mm　　(B)0.1～0.3 mm

(C)0.25～0.5 mm　　(D)0.25～0.8 mm

14. 对轴承座进行立体划线,需要翻转90°角,安放(　　)。

(A)一次位置　　(B)二次位置　　(C)三次位置　　(D)四次位置

15. 錾子的种类有(　　)、狭錾和油槽錾三种。
(A)长錾　(B)宽錾　(C)短錾　(D)扁錾
16. 锯削时起锯角约为(　　)。
(A)10°　(B)15°　(C)20°　(D)25°
17. 中性层的位置与材料的(　　)有关。
(A)种类　(B)长度　(C)材料截面形状　(D)硬度
18. 标准群钻是在标准麻花钻上修磨出(　　)分屑槽。
(A)单边　(B)双边　(C)三边　(D)四边
19. 锥形锪钻的锥角有60°、75°、90°、120°四种,其中最常用的是(　　)。
(A)60°　(B)75°　(C)90°　(D)120°
20. 螺纹相邻两牙沿轴线方向对应点的距离称为(　　)。
(A)导程　(B)螺距　(C)头数　(D)旋向
21. 进行细刮时,推研显示出有些发亮的研点,应(　　)。
(A)重些刮　(B)轻些刮　(C)不轻也不重刮　(D)长刮
22. 平面粗刮刀的楔角一般为(　　)。
(A)90°~92.5°　(B)95°左右
(C)97.5°左右　(D)85°~90°
23. 台虎钳的规格以钳口的(　　)表示。
(A)长度　(B)宽度　(C)高度　(D)夹持尺寸
24. Z4012钻床表示(　　)。
(A)立钻　(B)摇臂钻　(C)台钻　(D)电钻
25. 改变台钻转数应(　　)。
(A)改换电机　(B)更换塔轮
(C)调整三角带松紧度　(D)改变三角带在两个塔轮上的相对位置
26. 使用三相工频式手电钻要注意手电钻的额定电压应为(　　)。
(A)36 V　(B)180 V　(C)220 V　(D)380 V
27. 快换钻夹头从夹头体到钻头是通过(　　)传递动力的。
(A)钢球　(B)滑套　(C)可换套　(D)弹簧环
28. 按规定的技术要求,将若干零件结合成部件或若干零件和部件结合成机器的过程称为(　　)。
(A)装配　(B)组件装配　(C)部件装配　(D)总装配
29. 常用的装配方法有完全互换装配法、(　　)、修配装配法、调整装配法。
(A)选择装配法　(B)直接装配法　(C)分组装配法　(D)集中装配法
30. 为达到螺纹联接可行和坚固的目的,要求纹牙间有一定的(　　)。
(A)摩擦力矩　(B)拧紧力矩　(C)预紧力　(D)摩擦力
31. 用测力扳手使预紧力达到给定值称(　　)。
(A)控制扭矩法　(B)控制螺栓伸长法
(C)控制螺母扭角法　(D)控制摩擦力法
32. 静联接花键装配时,如果过盈较大,则应将套件加热(　　)后,进行装配。

(A)50～80 ℃　(B)80 ℃　(C)80～100 ℃　(D)80～120 ℃

33. 带传动机构装配时，两带轮中心平面应(　　)，其倾斜角和轴向偏移量不应过大。

(A)倾斜　(B)重合　(C)相平行　(D)互垂直

34. 带传动机构装配时，要保证两带轮相互位置的正确性，可用直尺或(　　)进行测量。

(A)角尺　(B)拉线法　(C)划线盘　(D)光照法

35. 链轮两轴线必须平行，否则会加剧链条和链轮的磨损，降低传动(　　)并增加噪声。

(A)平稳性　(B)准确性　(C)可靠性　(D)坚固性

36. 链传动机构常见的损坏现象有链被拉长、(　　)磨损、链环断裂等。

(A)轴颈　(B)链和链轮　(C)链轴　(D)链节

37. 在蜗杆传动机构中，蜗杆的(　　)和轴向窜动及径向跳动都将以线值误差形式传给蜗轮。而蜗轮的传动误差同斜齿圆柱齿轮相似。

(A)直径误差　(B)螺距误差　(C)半角误差　(D)中径误差

38. 蜗杆传动机构装配后应进行啮合质量检验，主要是蜗轮轴向位置、接触斑点、(　　)和转动灵活性。

(A)中心距　(B)齿侧间隙　(C)轴线垂直度　(D)配合间隙

39. 凸缘式联轴器装配要求主要有：两轴(　　)要求严格；保证各连接件联接可靠；受力均匀，不允许自动松脱。

(A)平行度　(B)相交程度　(C)同轴度　(D)垂直度

40. 凸缘式联轴器装配时要保证两凸缘盘端面间间隙(　　)。

(A)上大下小　(B)上小下大　(C)左右不等　(D)各处均匀

41. 牙嵌式离合器离合时动作要灵敏，能传递(　　)扭矩，工作平稳可靠。

(A)较大　(B)较小　(C)设计的　(D)巨大

42. 牙嵌式离合器主动轴上的结合子要(　　)。

(A)能滑动　(B)固定在轴上　(C)能转动　(D)能转动和滑动

43. 整体式向心滑动轴承的装配步骤一般分(　　)。

(A)二步　(B)三步　(C)四步　(D)五步

44. 试车工作是将静止的设备进行运转，以进一步发现设备中存在的问题，然后作最后的(　　)，使设备的运行特点符合生产的需要。

(A)改进　(B)修理和调整　(C)修饰　(D)检查

45. 开始工作前，必须按规定穿戴好防护用品是安全生产的(　　)。

(A)重要规定　(B)一般知识　(C)规章　(D)制度

46. 车削外圆是由工件的(　　)和车刀作纵向移动完成的。

(A)纵向移动　(B)横向移动　(C)垂直移动　(D)旋转运动

47. 牛头刨床适宜于加工(　　)零件。

(A)箱体类　(B)床身导轨　(C)小型平面、沟槽　(D)机座类

48. 冷作加工时，材料产生冷作硬化现象，采取(　　)工艺，消除内应力后，才能继续加工。

(A)正火　　(B)退火　　(C)淬火　　(D)回火

49. CA6140 代号中 C 表示(　　)类。

(A)车床　　(B)钻床　　(C)磨床　　(D)刨床

50. 磨削加工的主运动是(　　)。

(A)砂轮圆周运动　(B)工件旋转运动　(C)工作台移动　(D)砂轮架运动

二、判断题(第 51～100 题。将判断结果填入括号中,正确的填"√",错误的填"×"。每题 1 分,满分 50 分)

(　)51. 读装配图的基本方法是:概括了解,弄清表达方法;具体分析,掌握形体结构;归纳总结,获得完整概念。

(　)52. 用百分表测量工件时,测量杆的行程可以超出它的测量范围。

(　)53. 游标卡尺量爪的测量面和尺身等表面若有不平、毛刺弯曲等情况,操作者应用砂布、锉刀等工具进行修复。

(　)54. 游标高度尺与游标卡尺的读数原理相同。

(　)55. 配合是指基本尺寸相同的相互结合的孔和轴公差带之间的关系,这种关系构成间隙配合、过盈配合和过渡配合三种配合。

(　)56. 链传动是以链条作为中间挠性传动件,通过链节与链轮齿的不断啮合和脱开而传递运动和动力的,它属于啮合传动。

(　)57. 齿轮齿廓的特定曲线决定了齿轮传动具有过载保护作用。

(　)58. 液压系统一般由动力部分、执行部分、控制部分、辅助装置组成。

(　)59. 车削加工就是在车床上利用工件和刀具的旋转运动来改变毛坯的形状和尺寸,把它加工成符合图样要求的零件。

(　)60. 刀具磨损限度规定在后刀面上测量。

(　)61. 采用布置恰当的六个支承点来消除工件六个自由度的方法,称为六点定位。

(　)62. 熔断器的熔体是由低熔点金属铅、锡、铜、银及合金制成。

(　)63. 三相异步电动机机座的作用是支承定子和散热。

(　)64. 钢回火的加热温度在 A_{c1} 以下,因此回火过程中无组织变化。

(　)65. 感应加热表面淬火法,电流频率越高,淬硬层深度越深。

(　)66. 錾削不能在圆弧面上加工油槽。

(　)67. 使用新锉刀时,应先用一面,紧接再用另一面。

(　)68. 圆锉刀和方锉刀的尺寸规格,都是以锉身长度表示的。

(　)69. 锯齿的角度是:前角为 0°,后角为 40°,楔角为 50°。

(　)70. 按材料分,铆钉有钢铆钉、铜铆钉、铝铆钉。

(　)71. 两块板在同一平面上,上面覆有盖板,同盖板一起铆接,这种铆接就叫搭接。

(　)72. 黏结剂分有机黏合剂和无机黏合剂两种。

(　)73. 环氧树脂对各种材料具有良好的黏结性能,因此广泛应用。

(　)74. 无机黏合剂操作方便,成本低,在设备修理中常应用。

(　)75. 矫正工作就是对材料的弹性变形进行矫正。

(　)76. 中间凸起的金属板料,矫正时应从材料中间向四周锤击,锤击点由密到稀、由重到轻。

(　)77. 冷矫正就是将工件冷却到常温以下再进行的矫正。

(　)78. 麻花钻主切削刃上各点的前角大小是相等的。

(　)79. 扩孔是用扩孔钻对工件上已有的孔进行扩大加工。

(　)80. 铰刀是用于对粗加工的孔进行精加工的刀具。

(　)81. 研磨的基本原理包含着物理和化学的综合作用。

(　)82. 零件通过研磨可提高耐磨性、抗腐蚀能力和疲劳强度并且延长零件的使用寿命。

(　)83. 当螺栓断在孔内时,可用直径比螺纹小径小 0.5 ~ 1 mm 的钻头钻去螺栓,再用丝锥攻出内螺纹。

(　)84. 根据结构特点和用途不同,键联接可分为松键联接、紧键联接和花键联接三大类。

(　)85. 为传递较大扭矩,带轮与轴的装配还需要用紧固件保证轴的周向固定和轴向固定。

(　)86. 齿轮传动机构装配要保证齿面有一定的接触面积和正确的接触位置。

(　)87. 齿轮轴装入箱体后,应进行啮合质量检查,即齿侧间隙和接触精度检查。

(　)88. 蜗杆蜗轮装配后,接触斑点位置正确即可,大小可不必考虑。

(　)89. 根据滑动轴承与轴颈之间的润滑状态,滑动轴承分液体摩擦滑动轴承和非液体摩擦滑动轴承。

(　)90. 滑动轴承多用在低速、重载和高速、大功率情况下。

(　)91. 滚动轴承优点很多,故无论在什么情况下,使用滚动轴承比使用滑动轴承好。

(　)92. 国家标准规定,滚动轴承代号由前、中、后三段组成。

(　)93. 滚动轴承的装配方法应根据轴承结构、尺寸大小及轴承部件的配合性质来确定。

(　)94. 设备首次启动时,应先用其作数次试验,观察各部分动作,确认良好后方可正式启动。

(　)95. 试车时,轴承的温升不得超过 25 ~ 30 ℃。

(　)96. 手提式泡沫灭火器在使用时,一手提环,一手抓筒底边,把灭火器颠倒过来,轻轻抖动几下,泡沫便会喷出。

(　)97. 台钻转速不高,因此可在台钻上进行锪孔、铰孔及螺纹加工。

(　)98. 铣削精加工时,多用顺铣。

(　)99. 企业的生产能力,通常是用最终产品的实物量来反映的。

(　)100. 直接对劳动对象进行加工,把劳动对象变成产品的过程叫基本生产过程。

标准答案与评分标准

一、选择题

评分标准:各小题答对给 1 分;答错或漏答不给分,也不扣分。

1. C	2. C	3. C	4. C	5. C
6. D	7. B	8. A	9. A	10. D
11. B	12. B	13. C	14. C	15. D
16. B	17. C	18. A	19. C	20. B
21. A	22. A	23. B	24. C	25. D
26. D	27. A	28. A	29. A	30. A
31. A	32. D	33. B	34. B	35. A
36. B	37. B	38. B	39. C	40. D
41. C	42. B	43. C	44. B	45. B
46. D	47. C	48. B	49. A	50. A

二、判断题

评分标准:各小题答对给 1 分;答错或漏答不给分,也不扣分。

51. √	52. ×	53. ×	54. √	55. √
56. √	57. ×	58. √	59. ×	60. √
61. √	62. √	63. √	64. ×	65. ×
66. ×	67. ×	68. ×	69. √	70. √
71. ×	72. √	73. √	74. √	75. ×
76. ×	77. ×	78. ×	79. √	80. √
81. √	82. √	83. √	84. √	85. √
86. √	87. √	88. ×	89. √	90. √
91. ×	92. √	93. √	94. √	95. √
96. √	97. ×	98. √	99. √	100. √

附录7 金属材料的性能

金属材料在现代工业、农业、交通运输、国防和科学技术等各个部门都占有极其重要的地位，为了充分认识金属材料的特点，更有效地发挥材料的潜力，必须了解材料的性能。

材料性能包括使用性能和工艺性能。使用性能是指材料在某种工作条件下表现出来的性能，如物理性能（密度、熔点、导电性、导热性、热膨胀性、磁性等）、化学性能（耐腐蚀性、耐氧化性等）、力学性能（强度、塑性、硬度、韧度、疲劳强度等）等。工艺性能是指材料在某种加工过程中表现出来的性能，如铸造性能、压力加工性能、焊接性能、切削加工性能等，本部分主要介绍金属材料的力学性能。

一、金属材料的工艺性能

金属材料的工艺性能一般是指切削加工性能、铸造性能、可锻性能、焊接性能和热处理性能。

1. 切削加工性

切削加工性是指金属材料接受切削成形的能力，是在一定的切削条件下，根据工件的精度和表面结构以及刃具的磨损速度和切削力的大小等进行评定的。

实践证明，硬度过高或过低的金属材料，其切削加工性能较差。碳钢的布氏硬度在160~230HBS范围内时，切削加工性能最佳。

2. 铸造性

铸造性是指金属熔化后，浇铸成合格铸件的难易程度。评定金属材料的铸造性，主要是依据其流动性（液态金属能够充满铸型的能力）、收缩性（金属由液态凝固时和凝固后的体积收缩程度）和偏析倾向（金属在凝固过程因结晶先后而造成的内部化学成分和组织的不均匀现象）等三项内容。灰铸铁、铸造铝合金、青铜和铸钢等，都具有较好的铸造性。

3. 可锻性

可锻性是指金属材料在热加工过程中成形的难易程度。如材料的塑性和塑性变形抗力及应力裂纹倾向等都反映锻压性能的好坏。低碳钢、低碳合金钢具有良好的锻压性能，而铸铁则不能锻压加工。

4. 焊接性

焊接性是指金属材料能适应常用的焊接方法和焊接工艺，其焊缝质量能达到要求的特性。焊接性能好的金属材料能获得无裂缝、气孔等缺陷的焊缝及较好的力学性能。低碳钢的焊接性能比较好，而铸铁的焊接性能较差。

5. 热处理性能

热处理性能是指金属材料在通过热处理后改变或改善性能的能力。钢是采用热处理最为广泛的金属材料，通过热处理，可以改善切削加工性能，提高力学性能，延长使用寿命。

二、金属材料的力学性能

金属材料的力学性能是指金属材料在外力作用下表现出来的性能，包括强度、塑性、硬度、冲击韧度等。

1. 强度和塑性

材料在外力作用下，抵抗塑性变形或断裂的能力称为强度。按外力作用方式的不同，强度可分为抗拉强度、抗压强度、抗弯强度、抗剪强度等，工程上最常用的金属材料强度指标有屈服强度和抗拉强度等。

材料的强度、塑性通常用拉伸试验来测定，按国家标准加工的标准试样在外加拉力作用下，塑性材料一般先发生弹性变形，再产生塑性变形，最后被拉断。附图 7－1 所示为万能材料试验机的结构。

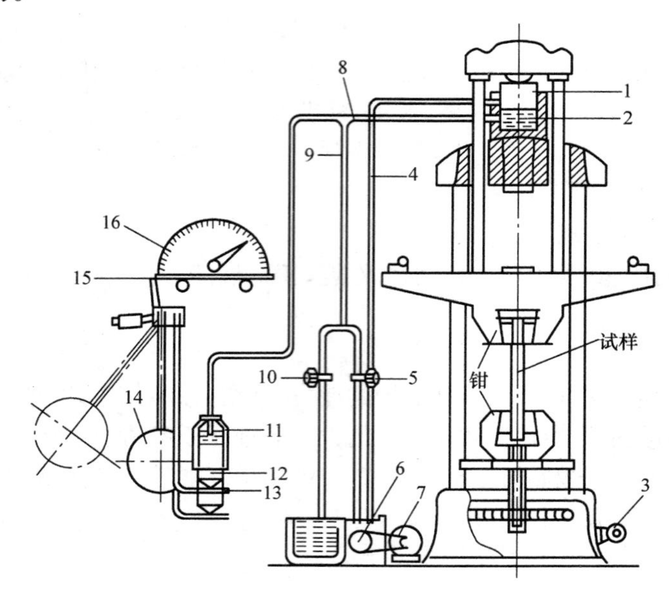

附图 7－1　万能材料试验机结构

1—大活塞；2—工作液压缸；3—下夹头电动机；4—渗油回油管；5—送油阀；6—液压泵；7—电动机；8—测力油管；9—送油管；10—回油阀；11—测力液压缸；12—测力活塞；13—测力拉杆；14—摆杆；15—推杆；16—测力盘

在外力作用下的试样内部会产生内力，其数值与外力相等，方向相反，材料单位面积上的内力称为应力(Pa)，以 σ 表示，即

$$\sigma = P/A_0$$

式中　P——试验时所加的外力(载荷)，N；

A_0——试样原始横截面面积，m^2。

(1)拉伸曲线

在进行拉伸试验时，载荷 F 和试样伸长量 ΔL 之间的关系曲线，称为“力—伸长量”曲线，简称拉伸曲线。通常把载荷 F 作为纵坐标，伸长量 ΔL 作为横坐标，退火低碳钢的拉伸曲线，如附图 7－2 所示。

观察拉伸试验和拉伸曲线，将会发现在拉伸试验的开始阶段，试样的伸长量 ΔL 与载荷 F 之间成正比例关系，拉伸曲线 Op 为一条斜直线，即试样伸长量与载荷成正比地增加，当去除载荷后试样伸长变形消失，恢复到原来形状，其变形规律符合胡克定律，试样处于弹性变形阶段。载荷在 $F_p \sim F_e$ 之间，试样的伸长量与载荷已不再成正比关系，拉伸曲线不成直线，但试样仍处于弹性变形阶段，去除载荷后仍能恢复到原来形状。

当载荷不断增加，超过 F_e 后，去除载荷，变形不能完全恢复，即有塑性变形产生，塑性伸长将被保留下来。当载荷继续增加到 F_s 时，拉伸曲线在 s 点后出现一个平台，即在载荷不再增加的情况下，试样也会明显伸长，这种现象称为屈服现象。载荷 F_s 称为屈服载荷。

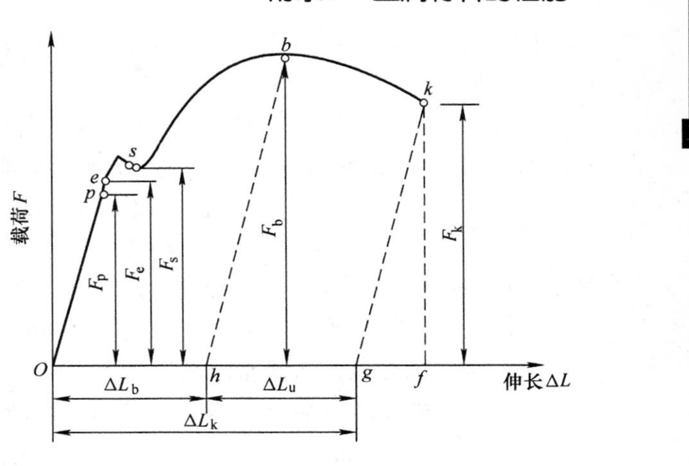

附图 7－2 低碳钢的拉伸曲线图

当载荷超过屈服载荷后，试样抵抗变形的能力将会增加，此现象称为冷变形强化，即抗力增加现象。在拉伸曲线上表现为一段上升曲线，即随着塑性的增大，试样变形抗力也逐渐增大。

当载荷达到 F_b 时，试样的局部截面开始收缩，产生了颈缩现象。由于颈缩使试样局部截面迅速缩小，最终导致试样被拉断。颈缩现象在拉伸曲线上表现为一段下降的曲线。F_b 是试样拉断前能承受的最大载荷，称为极限载荷。

从完整的拉伸试验和拉伸曲线可以看出，试样从开始拉伸到断裂要经过弹性变形、屈服阶段、变形强化阶段、颈缩与断裂四个阶段。

（2）屈服强度

在附图 7－2 中，在载荷达到 e 点的试样仅产生弹性变形，故 e 点所对应的应力，称为弹性极限。当载荷超过 s 点后，试样开始产生塑性变形，虽然不再增加载荷，但变形仍在继续，使拉伸曲线出现下平台或水平波动，这种现象称为屈服。s 点所对应的应力值称为屈服强度，用 σ_s 表示。它表示外力 F 使材料开始产生明显塑性变形时的最低应力值，屈服强度计算公式为

$$\sigma_s = F_s / A_0$$

式中 F_s——试样发生屈服时的最大外力（载荷），N。

许多金属材料在拉伸时并没有明显的屈服点，难以确定材料开始产生塑性变形时的最小应力值，因此工程上规定以试样产生 0.2% 塑性变形时的应力值作为屈服强度指标，称为条件屈服强度，用 $\sigma_{0.2}$ 表示，即

$$\sigma_s = P_{0.2} / A_0$$

式中 $F_{0.2}$——试样产生 0.2% 塑性变形时的外力（载荷），N。

（3）抗拉强度

在附图 7－2 中，载荷继续增加至 b 点时，试样横截面出现局部变细的颈缩现象，至 k 点时试样被拉断。试验时，试件承受的最大拉力 F_b 所对应的应力即为强度极限。试件断裂后指针所指示的载荷读数就是最大载荷 F_b，强度极限 σ_b 计算公式为

$$\sigma_b = F_b / A_0$$

在工程中还经常用到一个指标——屈强比，即屈服强度与抗拉强度的比值（σ_s/σ_b）。屈强比值越高则该材料的强度越高，屈强比值越低则塑性越佳，冲压成形性越好。如深冲钢板的屈强比值≤0.65。

弹簧钢一般均在弹性极限范围内服役，承受载荷时不允许产生塑性变形，因此要求弹簧

钢经淬火、回火后具有尽可能高的弹性极限和屈强比值（$\sigma_s/\sigma_b \geqslant 0.90$）。

(4)塑性

材料在外力作用下产生塑性变形而不被破坏的性能称为塑性。拉伸试验的试样如附图7－3所示，常用的塑性指标有延伸率 δ 和断面收缩率 ψ，且

$$\delta = (L_1 - L_0)/L_0 \times 100\%$$

$$\psi = (A_0 - A_1)/A_0 \times 100\%$$

其中 L_0——标距（试样原始标准距离），mm；

L_1——拉断后的试件标距（将断口密合在一起，用游标卡尺直接量出），mm；

A_0——试件原始横截面面积，mm^2；

A_1——断裂后颈缩处的横截面面积（将断口密合在一起，用游标卡尺量出直径计算），mm^2。

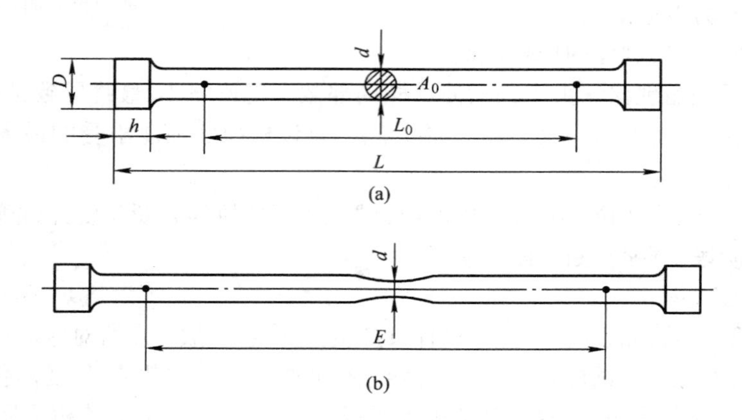

附图7－3 拉伸试样

(a)拉伸前 (b)拉伸后

延伸率 δ 和断面收缩率 ψ 的数值越大，表示材料的塑性越好。工程上一般把 $\delta > 5\%$ 的材料称为塑性材料，如低碳钢、退火铝合金等；把 $\delta < 5\%$ 的材料称为脆性材料，如铸铁等。金属材料具有一定的塑性是进行压力加工的必要条件。塑性还可以提高工件工作的可靠性，以防工件突然断裂。

2. 硬度

硬度是衡量金属材料软硬程度的指标，是指材料表面抵抗更硬物体压入其内的能力。最常用的硬度值表示方法有布氏硬度和洛氏硬度。

(1)布氏硬度

布氏硬度试验（附图7－4）是指施加一定大小的载荷 F，将直径为 D 的钢球压入被测金属表面保持一定时间，然后卸除载荷，根据钢球在金属表面上所压出的凹痕面积求出平均应力值，以此作为硬度值的计量指标，并用符号 HB 表示。

$$HB = 0.102 \frac{2F}{\pi D(D - \sqrt{D^2 - d^2})}$$

式中 F——所加载荷，N；

D——压头直径，mm；

d——压痕直径,mm。

当压头为淬火钢球时,布氏硬度用 HBS 表示,适于布氏硬度值为 140～450 的材料;当压头为硬质合金球时用 HBW 表示,适于布氏硬度值为 450～650 的材料。

布氏硬度的优点是测量方法简单,且由于其压痕面积较大,所测硬度值比较准确;但正是由于压痕较大,不适宜测定成品和薄片材料;受压头硬度的限制,不宜测定硬度太高的材料,主要用于测定较软的金属材料及半成品,如有色金属、低合金结构钢、铸铁等。

(2)洛氏硬度

洛氏硬度同布氏硬度一样也属压入硬度法,但它不是测定压痕面积,而是根据压痕深度来确定硬度值指标。洛氏硬度试验(附图 7－5)所用压头有两种:一种是顶角为 120°的金刚石圆锥,另一种是直径为 1.588 mm 的淬火钢球。根据金属材料软硬程度,可选用不同的压头和载荷配合使用,常用的是 HRA、HRB 和 HRC,且以 HRC 应用最为广泛。测定时应满足三种洛氏硬度的压头、负荷及使用范围。附图 7－6 所示为 HR－150A 洛氏硬度试验结构。

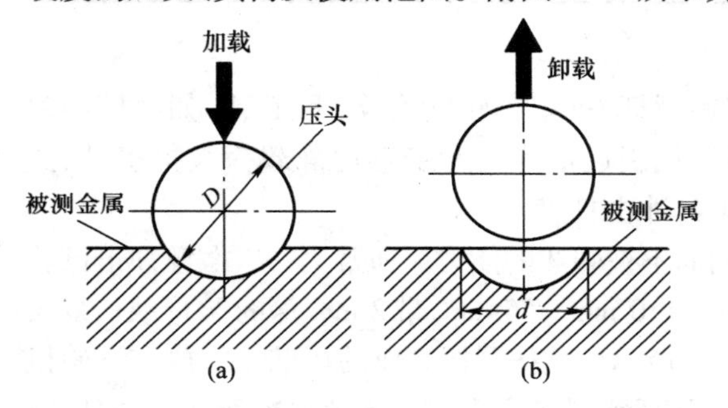

附图 7－4　布氏硬度试验的原理示意图

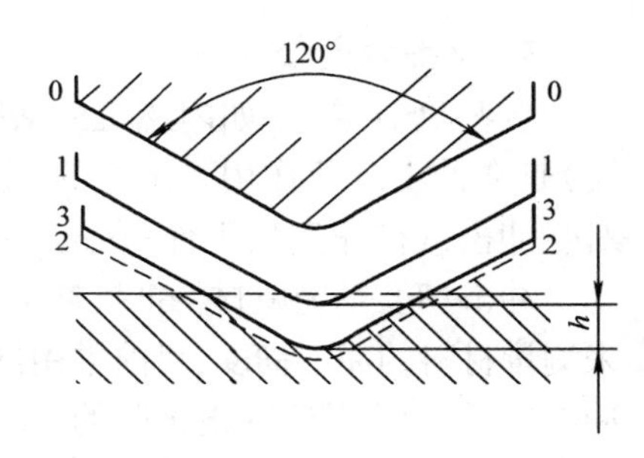

附图 7－5　洛氏硬度试验示意图

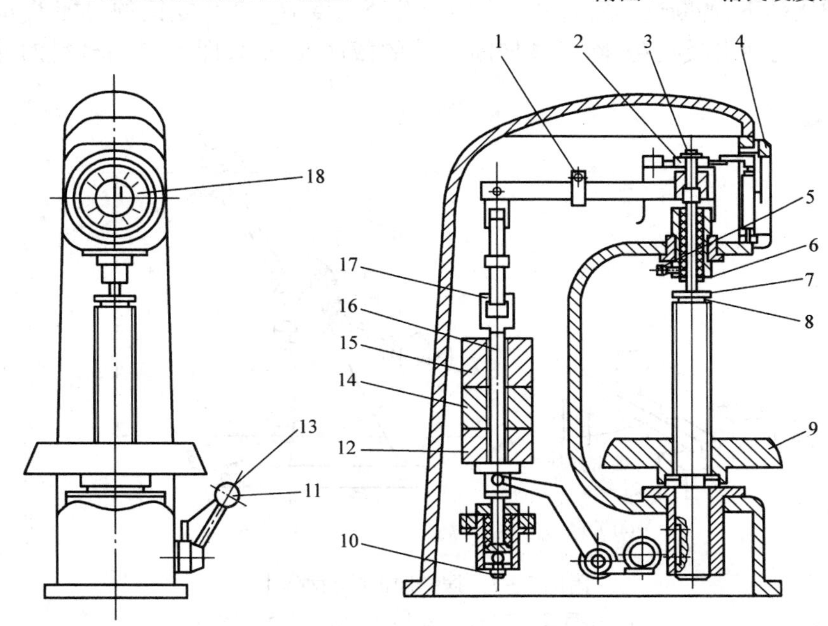

附图 7－6　HR—150A 洛氏硬度的试验结构

1—调整块;2—顶杆;3—调整螺钉;4—调整盘;5—按钮;6—紧固螺母;7—试样;8—工作台;9—手轮;10—放油螺钉;11—操纵手柄;12、14、15—砝码;13—油针;16—杆;17—吊套;18—指示器

洛氏硬度测量操作简便、效率高、压痕小、不损伤工件，应用不同规范（附表7－1）可测量较软、很硬或较薄的成品件。其缺点是压痕小、读数不够准确，故需多测几点，取其平均值。

附表7－1　洛氏硬度的试验规范

符号	压头	负荷/N	硬度值有效范围	使用范围
HRA	120°金刚石圆锥体	588.4	60～85	适用测量硬质合金、表面淬火层、渗碳层
HRB	ϕ1.588mm淬火钢球	980	25～100	适用测量有色金属、退火及正火钢
HRC	120°金刚石圆锥体	1 470	20～67	适用测量调质钢、淬火钢

作为重要的综合力学性能指标，硬度与强度之间有一定的关系，附表7－2的经验数据可供参考。

附表7－2　常用金属材料的布氏硬度与强度换算表

材料	低碳钢	高碳钢	调质合金钢	灰铸铁
抗拉强度 σ_b/MPa	≈0.36HBS	≈0.34HBS	≈0.325HBS	≈0.1HBS

3. *冲击韧度*

有些机器零件（如内燃机的活塞连杆、锻锤锤杆、火车车厢挂钩等）和工具（如冲模和锻模）是在冲击载荷作用下工作的，由于冲击载荷所引起的应力和变形比静载荷大得多，因此对受冲击载荷作用的零件，在选材时必须考虑其冲击韧度。

冲击韧度是金属材料抵抗冲击载荷的作用而不被破坏的能力。通常用一次摆锤冲击试验来测量材料的冲击韧度，目前常用试样为10 mm×10 mm×55 mm，带2 mm深的V形缺口夏氏冲击试样，一次摆锤冲击试验的原理如附图7－7所示。把按国标制成的标准试样放在试验机的支座上，然后用摆锤将试样一次冲断，将摆锤升高到规定高度 H_1，试验时按动开关，使摆锤从 H_1 高度自由落下，冲断试样后向另一方向回升至高度 H_2，产生摆锤的势能差 A_{KU}，即消耗在试样断口上的冲击吸收功，除以试样断口处的截面面积 A，即可得到材料的冲击韧度值 a_{KU}。

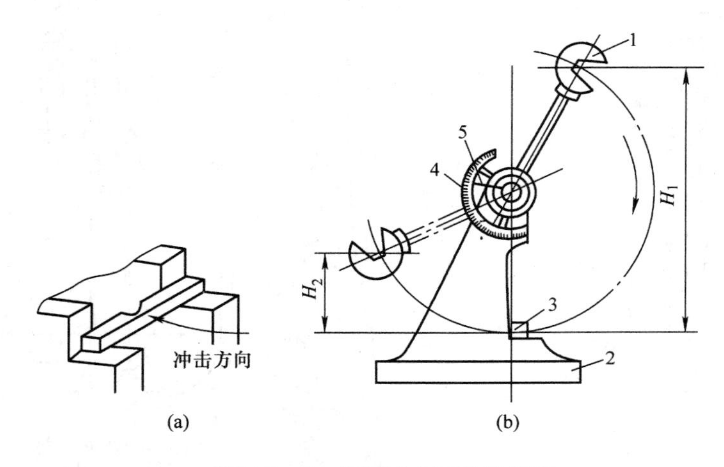

附图7－7　摆锤冲击试验示意图

1—摆锤；2—支座；3—试样；4—刻度盘；5—指针

冲击韧度值 a_{KU} 可由下式计算：

$$a_{KU} = \frac{A_{KU}}{A}$$

式中　A_{KU}——冲断试样所消耗的能量(冲击功),J;

A——试样缺口处的原始横截面面积,cm^2。

显然,冲击功 A_{KU} 愈小说明冲击韧度值愈低,材料脆性愈大。由于冲击韧度对组织缺陷很敏感,它能灵敏地反映材料的内部质量,因此在生产上常用来检验原材料缺陷及铸、锻件和热处理工艺的质量,而不作为选材设计计算的指标。

4. *疲劳及疲劳强度*

金属材料在低于屈服强度的交变应力作用下发生破裂的现象称为疲劳。疲劳强度是指金属材料承受无限次交变载荷作用而不破裂的最大应力。

为防止机器零件的疲劳断裂,在成批生产之前,对机器的重要零件,例如汽车的连杆、钢板弹簧、齿轮等,需做疲劳试验,以保证使用的可靠性。材料的疲劳抗力可用附图7-8应力与应力循环次数之间的关系曲线即疲劳曲线加以说明。当金属材料承受较大应力 σ 时,应力循环了较少的次数 N,就发生了断裂。降低交变应力,循环次数增加。

从曲线上可以看出,当应力降到一定值时,曲线为一条水平线,它说明在该应力作用下,循环次数可以是无限的。当应力对称循环时(如附图7-9所示),疲劳极限用符号 σ_{-1} 表示。

实际上,试验规定,黑色金属交变载荷试验循环次数为 $10^6 \sim 10^7$ 次,有色金属为 $10^7 \sim 10^8$ 次就可以了。

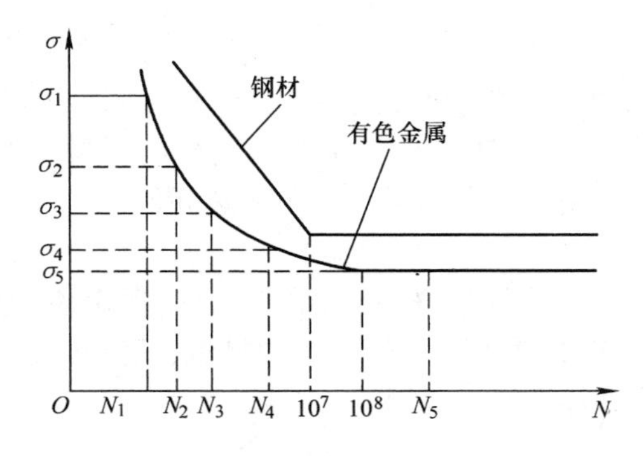

附图7-8　疲劳强度 σ—N 曲线

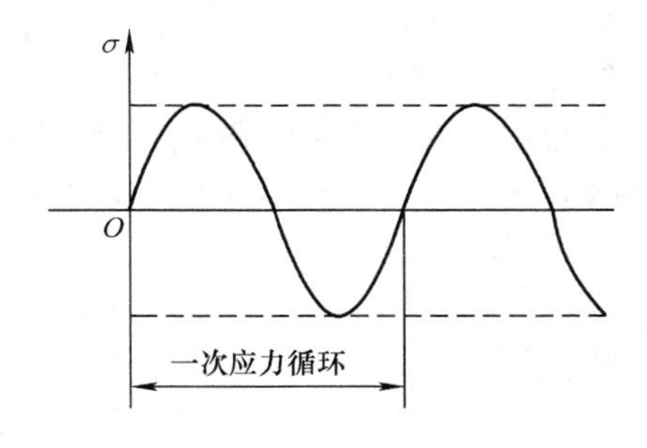

附图7-9　对称循环应力

机器零件的疲劳断裂有很大的危险性,常造成事故,必须引起足够的重视。疲劳的实质,主要是由于金属材料的表面粗糙或内部杂质等缺陷引起疲劳裂纹源,在交变应力作用下,逐渐扩展导致断裂的。因此,为防止材料的疲劳破坏,除正确选材外,在设计时应避免截面突变,防止应力集中;在加工时零件的表面结构参数值要低;对零件表面精细加工,必要时可对零件进行表面热处理、表面滚压和喷丸强化等,都会有效地提高构件的疲劳强度。

金属材料的疲劳极限与抗拉强度之间存在如下的近似比例关系:

非合金钢　$\sigma_{-1} \approx (0.4 \sim 0.55)\sigma_b$

灰铸铁　$\sigma_{-1} \approx 0.4\sigma_b$

非铁合金　$\sigma_{-1} \approx (0.3 \sim 0.4)\sigma_b$

三、金属材料的物理和化学性能

1. 金属材料的物理性能

金属材料的物理性能是指金属本身所固有的属性,包括密度、熔点、热膨胀性、导电性、导热性和导磁性。不同用途的机械零件,对其物理性能的要求也各不相同。

(1)密度

密度是指单位体积物质的质量,用符号 ρ 表示,单位为 kg/m^3。材料的密度关系到产品的质量和效能。金属材料按照密度的大小可分为轻金属和重金属。如铝、镁、钛及其合金属于轻金属;铁、铅和钨等属于重金属。

实际生产中,一些零部件的选材必须考虑材料的密度,如在制造质量小、运动惯性小的发动机活塞时,一般要采用密度小的铝合金。生产中还常用密度和体积来计算钢材的质量。

(2)熔点

熔点是指材料由固态转变成液态的温度。熔点是冶炼、铸造和焊接等热加工工艺规范的一个重要参数,也是选材的重要依据之一。钨、钼和钒等难熔金属可以用来制造耐高温零件,在火箭、导弹、燃气轮机和喷气式飞机等方面获得广泛应用。而锡和铅等易熔金属,则可用来制造印刷铅字、保险丝和防火安全阀等零件。

(3)热膨胀性

热膨胀性是指材料随着温度的变化产生膨胀、收缩的特性。在金属加工和使用过程中,许多地方都要考虑到热胀冷缩现象。例如,在铸模设计时应考虑到铸件冷却时的体积收缩;铺设钢轨时,各接头处应留有一定的间隙,给热胀留有余地;在装配机器时,轴与轴瓦之间也要根据线膨胀系数来控制其间隙尺寸。

(4)导电性

材料传导电流的能力称为导电性。金属中银的导电性最好,铜、铝次之。一般来说,金属的纯度越高,其导电性就越好。合金的导电性较纯金属差。生产中常用的导电材料是纯铜和纯铝;电阻率大和抗氧化性较好的金属如康铜、铁铬铝合金适用于做电热元件。

(5)导热性

材料传导热量的能力称为导热性。金属中银的导热性最好,铜、铝次之。一般来说,金属的纯度越高,其导热性就越好。合金的导热性较纯金属差。导热性好的材料,其散热性能也好,制造散热器、热交换器与活塞等零件应选用导热性好的材料。

(6)导磁性

材料能被磁场吸引或磁化的性能称为磁性或导磁性。磁性是金属的基本属性之一。金属材料根据其磁性不同,可分为以下几种。

①铁磁性材料:在外磁场中能强烈地被磁化,如铁、钴和镍等。铁磁材料主要用于制造变压器、继电器的铁芯以及电动机转子和定子等零部件。

②顺磁性材料:在外磁场中只能微弱地被磁化,如铬、锰、钼和钨等。

③抗磁性材料:能够抗拒或削弱外磁场的磁化作用,如铜、锌、铅、锡和钛等。抗磁材料多用于仪表壳等要求不被磁化或能避免电磁干扰的零件。

金属的磁性只存在于一定的温度内,在高于一定温度时,磁性就会消失。如铁在 770 ℃以上就会失去磁性,这一温度称为“居里点”。

2. 金属材料的化学性能

金属材料的化学性能主要是指它们在室温或高温时抵抗各种介质化学侵蚀的能力,包括以下几个方面。

(1)耐腐蚀性

材料在常温下抵抗周围介质(如大气、燃气、水、酸和盐等)腐蚀的能力称为耐腐蚀性。金属材料被腐蚀的原因是产生化学腐蚀或电化学腐蚀,其中电化学腐蚀的危害性更大。因此对金属制品的腐蚀防护十分重要。如铬镍不锈钢中的铬可以在金属表面形成一层致密的氧化膜,提高其抗化学腐蚀的能力;一定含量的铬镍能大幅度地提高钢的电极电位,进而提高其抗电化学腐蚀的能力。

(2)抗氧化性

材料在高温下抵抗氧化的能力称为抗氧化性,又称为热稳定性。在钢中加入铬和硅等元素,可大大提高钢的抗氧化性。如在高温下工作的发动机气门和内燃机排气阀等就是采用抗氧化性好的4Cr9Si2等材料来制造的。

(3)化学稳定性

化学稳定性是金属的耐腐蚀性和抗氧化性的总称。

附录8　钢的热处理

一、钢的热处理方法

随着科学技术的发展,人们对钢铁材料性能的要求越来越高。提高钢材性能主要有两个途径,一是调整钢的化学成分,在其中有意加入一些合金元素,即合金化的方法;二是对钢进行热处理,通过热处理改变其内部组织,从而改善材料的加工工艺性能和使用性能。例如,用T8钢制定錾子,淬火前硬度仅为180~200HBS,耐磨性差,难以錾削金属,经淬火处理后,硬度可达60~62HRC,耐磨性好,切削刃锋利。由此可见,热处理可以充分挖掘材料潜力、节约原材料,而且也可以改善产品工艺性能、提高生产效率和产品质量、延长零件使用寿命、减少刀具磨损。因此,热处理在机器制造业中占有很重要的地位。

1. 钢的热处理

热处理是将合金在固态下加热、保温和冷却,使合金内部组织发生符合规律的变化,从而获得要求性能的一种工艺方法。通常热处理可以用热处理工艺曲线表示,如附图8-1所示。

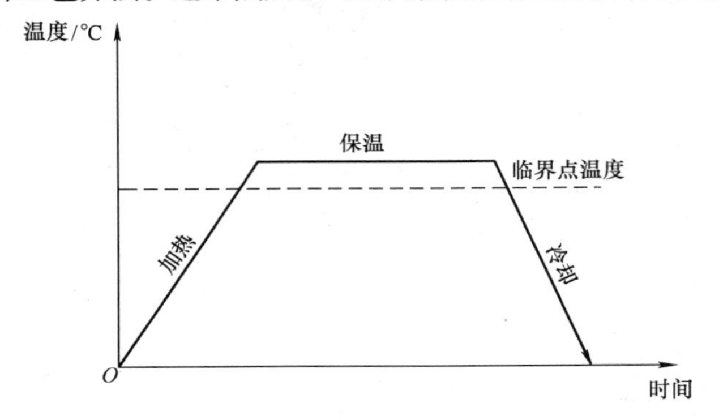

附图8-1　热处理工艺过程示意图

根据不同目的,热处理可分为整体热处理(普通热处理)和表面热处理。普通热处理主要包括退火、正火、淬火、回火;表面热处理分为表面淬火和表面化学热处理,表面淬火主要有火焰加热和感应加热两种,化学热处理主要有渗碳、渗氮、碳氮共渗、渗铬和渗硼等。

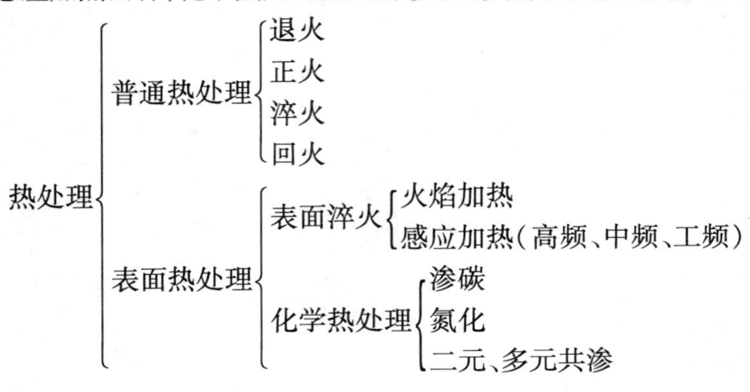

2. 热处理工艺

在热处理时，为了改善钢的性能，一般是要改变钢的组织，而要改变钢的组织，大多是先将钢的各种组织加热到奥氏体或奥氏体与渗碳体（以下简称奥氏体）区域，使其转变为均匀的奥氏体组织，然后再以不同速度冷却，就可以得到需要的组织结构与性能。但是物质变化总是要经过从无到有、从小到大过程。钢在加热到奥氏体区域后，先产生微小的奥氏体，这种微小的新组织叫晶核。晶核作为核心溶解周围旧组织不断长大，最后全部变成奥氏体（附图 8－2）。由于晶核长大时发生接触，并互相阻碍其自由长大，所以最终在材料内部形成许多外形不规则的小晶体颗粒，这就叫晶粒。因此，为了完成组织转变过程，在加热到一定温度后还必须保持温度一段时间，这叫做保温，同时为了加速组织转变过程，加热温度也稍高于 A_1、A_3、A_{cm} 线，代号为 A_{c1}、A_{c3}、A_{ccm}，称为加热临界温度（附图 8－3），经过加热保温以后，再以不同速度冷却，可以得到不同的组织性能。根据冷却方式和其他条件的不同，热处理分为退火、正火、淬火、回火和表面热处理等。

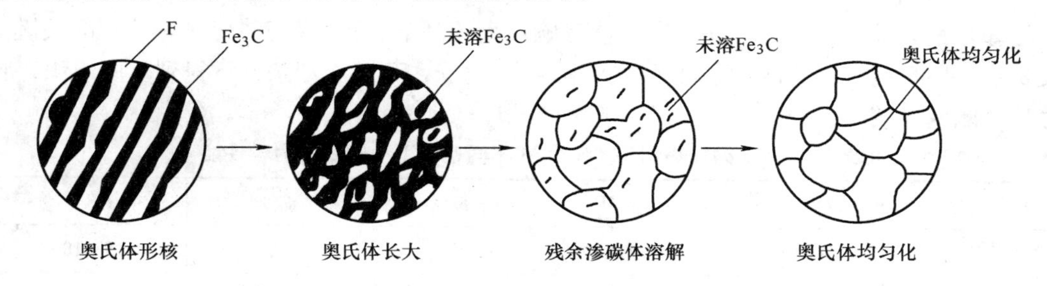

附图 8－2　共析钢的奥氏体化过程示意图

加热是热处理的第一个工序，铁碳合金状态图是确定加热温度的理论基础。根据 $Fe-Fe_3C$ 相图可知，A_1、A_3 和 A_{cm} 是固态下组织转变的平衡临界点。但在实际生产中，加热或冷却并不是极其缓慢的，加热时，钢的组织实际转变温度往往是高于相图中理论相变温度，冷却时也往往低于相图中的理论相变温度。在热处理工艺中，加热温度要稍高于 A_1、A_3、A_{cm} 线，代号为 A_{c1}、A_{c3}、A_{ccm}，称为加热临界温度（附图 8－3）。

碳钢在室温下的组织经加热转变成奥氏体，这一过程称为奥氏体化。大多数热处理加热的主要目的就是获得全部或大部分均匀而细小的奥氏体晶粒。以共析钢为例，奥氏体化的过程一般包括奥氏体形核、长大和均匀化三个阶段。

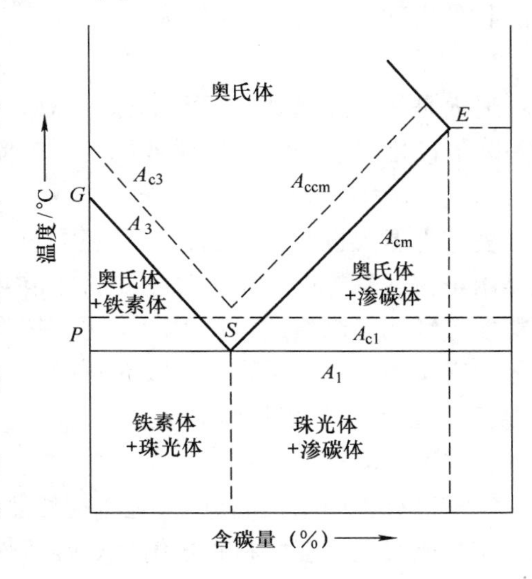

附图 8－3　临界温度图

奥氏体的晶核首先在铁素体和渗碳体的相界面上形成。这是由于相界面上成分不均匀，原子排列不规则，因而为形成奥氏体晶核提供了能量、结构和浓度条件。

奥氏体晶核形成后，便开始长大。长大的过程包括珠光体中的铁素体向奥氏体转变和渗碳体不断地溶入奥氏体。

但由于铁素体的晶体结构和含碳量与奥氏

体相近，而渗碳体熔点高，其含碳量和晶格结构与奥氏体差别较大，所以珠光体中的铁素体转变为奥氏体的速度较高而渗碳体溶入奥氏体的速度较低，即铁素体总是优先于渗碳体先转变为奥氏体。

刚形成的奥氏体晶粒中，碳浓度是不均匀的。原先渗碳体的位置，碳浓度较高；原先铁素体的位置，碳浓度较低。因此，必须保温一段时间，通过碳原子的扩散获得成分均匀的奥氏体。共析钢奥氏体化过程如附图 8－2 所示。

珠光体向奥氏体转变刚完成时，奥氏体的晶粒是非常细小的，但随着加热温度升高或保温时间延长，会出现晶粒长大现象。奥氏体晶粒长大的结果，是使钢的力学性能降低，特别是塑性和韧度下降，所以热处理加热过程应该严格控制加热温度和保温时间。

合金元素对加热组织转变有影响，合金钢在加热时，奥氏体的均匀化过程比碳钢要慢，加热时必须进行较长时间的保温。

3. 钢在冷却时的转变

冷却是钢热处理的三个工序中对性能影响最大的环节，所以冷却转变是热处理的关键。附表 8－1 是 45 钢在不同冷却条件下的力学性能，由于在不同冷却条件下得到不同组织，所以力学性能差异较大。

附表 8－1　45 钢加热到 840℃后，在不同条件下冷却后的力学性能

冷却方法	σ_b/MPa	σ_s/MPa	δ/%	ψ/%	HRC
炉冷（退火）	519	272	32.5	49.3	15～18
空冷（正火）	670～720	333	15～18	45～50	18～24
油冷（油淬）	882	608	18～20	48	40～50
水冷（水淬）	1 100	706	7～8	12～14	52～60

二、整体热处理

整体热处理一般是对构件整体进行热处理，也称普通热处理，主要包括退火、正火、淬火、回火，俗称热处理的“四把火”。

1. 退火

退火是将钢加热到一定温度保温以后，随炉缓慢冷却（炉冷）的热处理工艺。其主要目的是降低硬度、提高塑性、细化或均匀组织成分、消除内应力。常用的退火有以下三种。

（1）去应力退火

去应力退火也叫保温退火，是将钢加热到 500～600 ℃进行保温、炉冷的热处理工艺。主要用于铸、锻、焊以及切削加工工件去除内应力（不发生组织变化）。内应力是由于金属材料在各种加工制造或使用过程中，受热、冷、外力引起内部受力变形不均或组织转变而产生的相互作用力。这种力如不及时消除，常常会使工件变形、弯曲甚至产生裂纹、裂缝以至断裂，所以要及时加以消除。

（2）完全退火

完全退火也叫重结晶退火，是将钢加热到 A_{c3} 以上 30～50℃进行保温、炉冷的热处理工艺。完全退火用于亚共析钢的铸、锻、焊接件等细化或均匀组织、成分，充分消除内应力以及降低硬度，改善切削性能等。

(3)球化退火

球化退火是将钢加热到 A_{c2} 以上 20 ~ 30 ℃,保温后以更慢速度冷却,以得到铁素体基体上均匀分布着球状渗碳体——球化组织的热处理工艺。过共析钢不进行完全退火,而进行球化退火。因为完全退火产生网状渗碳体不利于钢的强度、韧度,而球化退火可降低硬度(HBS <1 097),改善切削性能,消除内应力,并为淬火作组织准备。球化退火前钢的组织如有网状渗碳体须进行正火加以消除。

2. 正火

正火是将钢加热到 A_{c3} 或 A_{ccm} 以上 30 ~ 50 ℃,保温后在空气中冷却(空冷)的热处理工艺。

正火与退火的基本目的相同,但正火冷却快,所得组织更加细密,强度、硬度较高。这是因为细晶粒界面(晶界)总面积大于粗晶粒,而晶界变形抗力大于晶粒内部,所以细晶粒一般强度、硬度较高(冷却速度对亚共析钢中珠光体影响更突出)。同时,空冷设备利用率高,生产成本低,所以一般尽可能采用正火。正火与退火应用范围主要有以下区别。

①亚共析钢不论是细化、均匀组织及成分,还是为热处理做准备或充分消除内应力,尽可能采用正火,特别是要求不高的零件,正火可作最终热处理。但对形状复杂的零件,正火冷却过快,易产生内应力,则可采用完全退火。

②改善切削性能,低碳钢可采用正火处理,过共析钢可采用球化退火,不在以上范围的中、高碳钢可进行完全退火。

③过共析钢一般采用球化退火,为消除网状渗碳体(为球化退火做准备)可采用正火处理。

退火和正火温度可综合表示,如附图 8 - 4 所示。

3. 淬火

淬火是将钢加热到一定温度保温后,快速冷却,以获得马氏体组织(M)的热处理工艺。淬火可以提高钢的硬度、强度和耐磨性。

所谓马氏体,是钢在取得奥氏体以后,快速冷却得到的一种碳在 α-Fe 铁中过饱和固溶体。其性能是硬度高、韧度小,而且含碳量越高,硬度越高,脆性越大,组织很不稳定,遇热即会转变。

(1)淬火温度

亚共析钢淬火温度选在 A_{c3} 以上 30 ~ 50 ℃(附图 8 - 5),以便经过保温取得均匀奥氏体,冷却以后得到板条状马氏体。这种组织,硬度和强度较高,还有一定的韧度。

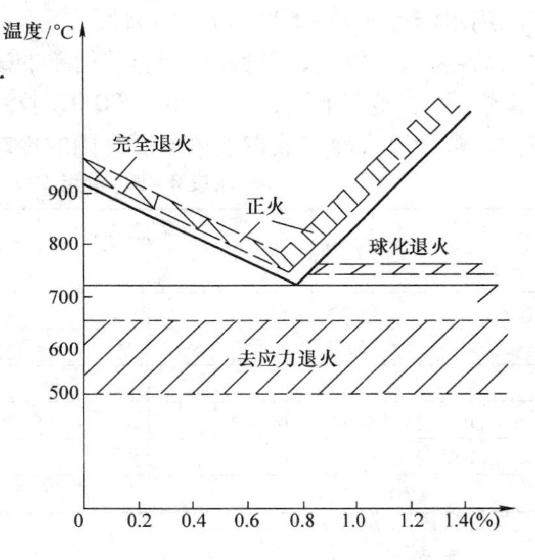

附图 8 - 4 退火、正火温度图

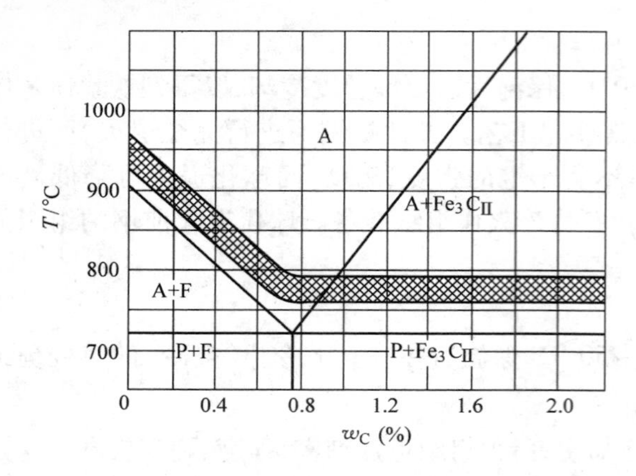

附图 8－5 碳钢的淬火加热温度范围

过共析钢淬火一般不选在 A_{c3} 以上 30～50 ℃，因为这样不但使奥氏体晶粒长大，而且淬火后残留奥氏体过多，影响淬火效果，而选 A_{c1} 以上 30～50 ℃，这样淬火后可以得到针状马氏体加球状渗碳体，其硬度、耐磨性均很高。

(2)淬透性

工件在淬火时，它的表层容易散热、冷却、淬硬，心部不容易散热、淬硬。不同材料淬火以后淬硬层厚薄是不同的，工件淬火后获得一定淬硬层的能力叫做淬透性，一般合金钢比碳素钢淬透性好，含碳多的钢比含碳少的钢淬透性好，低碳钢淬透性差，一般不进行淬火；同样成分的材料小截面的容易冷却，淬透性要求不高；大截面的不容易散热、冷却，淬透性要求高，否则淬硬层太浅，不能发挥钢材的潜力。

(3)淬火冷却液

淬火是在冷却液中进行冷却的，理想的淬火冷却液应该保证工件在 650～500 ℃快速冷却，而在 300～200 ℃慢速冷却。这是因为马氏体的转变大约是在 300 ℃以下进行的，在 300～200 ℃马氏体开始转变时，容易产生内应力，而采用慢速冷却可使内应力减小；650～500 ℃时最容易产生珠光体，必须快速冷却不使其转变。

用水淬火，650～500 ℃冷速很快，容易淬上火，但水在 300～200 ℃时冷却过快，淬火应力大，容易造成废品，一般适用于形状简单的碳钢零件。用矿物油淬火，650～500 ℃时冷却速度慢，不容易淬上火，但在 300～200 ℃时冷却速度很慢，淬火应力小，一般适用于合金钢零件。常用淬火冷却液在上述温度范围的冷却速度如附表 8－2 所示。

附表 8－2 常用淬火冷却液的淬火冷却速度

淬火冷却液	冷却速度/℃/s	
	650～500 ℃	300～200 ℃
水(18 ℃)	600	270
水(50 ℃)	100	270
水(74 ℃)	30	200
10%苛性钠水溶液(18 ℃)	1 200	300
10%氯化钠水溶液(18 ℃)	1 100	300
50 ℃矿物油	100	20

4. 回火

回火是将淬火后的工件重新加热到较低温度保温冷却的热处理工艺。工件淬火后得到的马氏体脆性大，不能直接应用，必须进行回火，回火常常是工件的最终热处理，回火的目的是消除淬火应力与脆性，稳定淬火组织，并获得较高的力学性能，“淬火＋回火”是强化钢材的一个完整过程。根据回火温度的不同，回火可分为以下三种。

(1)低温回火(回火温度 160～260 ℃)

淬火马氏体是不稳定组织，在一定条件下就会转变为渗碳体与铁素体。低温回火时马氏体已开始转变，这种组织叫回火马氏体，它降低了淬火应力与脆性，又保持其高硬度、高耐磨性（56～64 HRC），适用于刀具、模具、量具的处理。

（2）中温回火（回火温度350～500 ℃）

中温回火后的组织称为回火屈氏体，它是由铁素体和细颗粒渗碳体组成的混合物，它基本消除淬火应力，具有较高屈服强度和一定硬度（40～50 HRC），多用于高碳钢制作的热锻模、弹簧等。

（3）高温回火（回火温度500～650 ℃）

高温回火时铁素体中渗碳体集聚较大，这种组织叫回火索氏体，它硬度与正火相当（26～40 HRC），但强度、韧度较高，具有良好的综合力学性能。通常把淬火后再进行高温回火的热处理操作叫做调质，其广泛用于中碳钢制作的重要机械零件的热处理。

三、表面热处理

有些工件（如齿轮、曲轴等）要求表面硬度高、耐磨性好、抗腐蚀性高、心部韧度和塑性高，采用表面热处理可以达到这种要求。表面热处理分为表面淬火和表面化学热处理两大类。

1. 表面淬火

表面淬火是利用特定加热方式快速地只把工件表面层加热至奥氏体，随即快速冷却使其转变为马氏体，最后再以低温回火处理的工艺，处理后表面具备较高的硬度和耐磨性，心部却能够保留高韧度。表面淬火的加热方法有火焰加热和感应加热两种。火焰加热采用“氧气—乙炔”混合气体等火焰作为热源加热工件表面（附图8－6）；感应加热则是将钢件放置在感应器内，采用钢件中产生涡流的加热方式（附图8－7），由于涡流的电流密度在钢件表面最大，心部很小，所以钢件表面被迅速加热至淬火温度，而心部却保持室温。表面淬火适应于中碳钢和中碳合金钢。

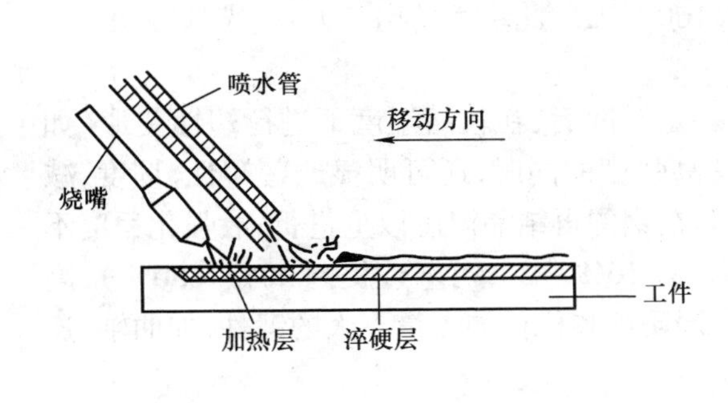

附图8－6　火焰加热表面淬火示意图

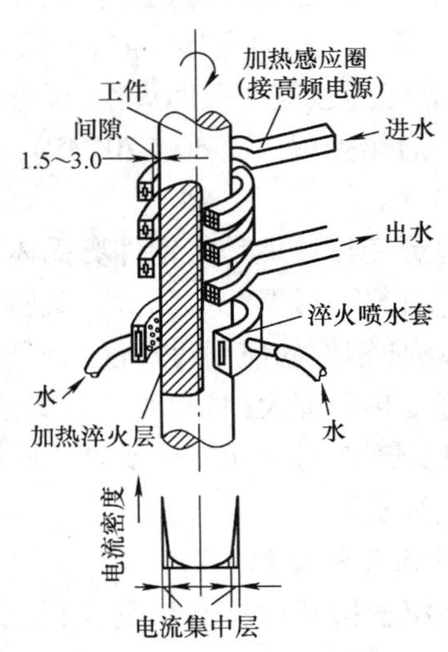

附图8－7　感应加热淬火示意图

2. 表面化学热处理

表面化学热处理就是把钢置于化学活性介质中，加热到一定温度使钢的表面层被某种元素渗入的过程。由于材料表面成分和组织发生了改变，所以钢的表面层具备特有的性能，比如较高的硬度、耐磨性、耐腐蚀性等。常见的化学热处理有渗碳、渗氮、碳氮共渗和渗金属元素等方法。

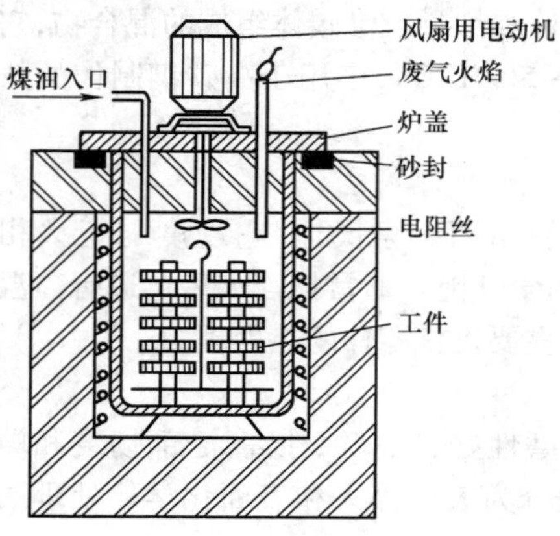

附图 8－8　气体渗碳示意图

渗碳是把钢件置于渗碳介质中加热，使碳原子进入材料表层的过程（附图 8－8），主要目的是提高表面的硬度和耐磨性。渗碳适用于低碳钢和低碳合金钢。渗氮是把氮渗入到钢表面层的热处理工艺，主要目的是提高表面硬度、耐磨性、疲劳强度、耐腐蚀性等。由于渗氮层极薄、极硬，渗氮后可直接使用，渗氮前钢须经过调质处理。渗氮一般适用于中碳合金钢。渗金属常用的处理有渗铬、渗铝及渗硼等，分别使铬、铝和硼等元素渗入钢件的表层，渗金属可明显提高材料的耐磨性和耐腐蚀性。

四、热处理新技术简介

1. 形变热处理

形变热处理是指将塑性变形和热处理有机结合在一起，以提高工件力学性能的复合热处理方法。它能同时达到形变强化和相变强化的综合效果，可显著提高钢的综合力学性能。形变热处理方法较多，按形变温度的不同，分为低温形变热处理和高温形变热处理。

低温形变热处理是将钢件奥氏体化保温后，快冷至 A_1 温度以下（500～600 ℃）进行大量（50%～75%）塑性变形，随后淬火、回火。其主要特点是在保证塑性和韧度不下降的情况下，显著提高强度和耐回火性，改善抗磨损能力。例如，在塑性保持基本不变情况下，抗拉强度比普通热处理提高 30～70 MPa，甚至可达 100 MPa。此法主要用于刀具、模具、板簧、飞机起落架等。

高温形变热处理是将钢件奥氏体化，保持一定时间后，在较高温度下进行塑性变形（如锻、轧等），随后立即淬火、回火。其特点是在提高强度的同时，还可明显改善塑性、韧度，减小脆性，增加钢件的使用可靠性。但形变通常是在钢的再结晶温度以上进行，故强化程度不如低温形变热处理大（抗拉强度比普通热处理提高 10%～30%，塑性提高 40%～50%），高温形变热处理对材料无特殊要求。此法多用于调质钢和机械加工量不大的锻件，如曲轴、连杆、叶片、弹簧等。

2. 表面气相沉积

气相沉积按其过程本质的不同，分为化学气相沉积（CVD）和物理气相沉积（PVD）两类。

（1）化学气相沉积（CVD）

化学气相沉积是将工件置于炉内加热到高温后，向炉内通入反应气（低温下可气化的金属盐），使其在炉内发生分解或化学反应，并在工件上沉积成一层所要求的金属或金属化合物薄膜的方法。

碳素工具钢、渗碳钢、轴承钢、高速工具钢、铸铁、硬质合金等材料均可进行气相沉积。化学气相沉积法的缺点是加热温度较高，目前主要用于硬质合金的涂覆。

(2)物理气相沉积(PVD)

物理气相沉积是通过蒸发或辉光放电、弧光放电、溅射等物理方法提供原子、离子，使之在工件表面沉积形成薄膜的工艺。此法包括蒸镀、溅射沉积、磁控溅射、离子束沉积等方法，因它们都是在真空条件下进行的，所以又称真空镀膜法，其中离子镀发展最快。

进行离子镀时，先将真空室抽至高度真空后通入氩气，并使真空度调至 1 ~ 10 Pa，工件(基板)接上 1 ~5 kV 负偏压，将欲镀的材料放置在工件下方的蒸发源上。当接通电源产生辉光放电后，由蒸发源蒸发出的部分镀材原子被电离成金属离子，在电场作用下，金属离子向阴极(工件)加速运动，并以较高能量轰击工件表面，使工件获得需要的离子镀膜层。

CVD 法和 PVD 法在满足现代技术所要求的高性能方面与常规方法相比有许多优越性，如镀层附着力强、均匀，质量好，生产率高，选材广，公害小，可得到全包覆的镀层，能制成各种耐磨膜(如 TiN、TiC 等)、耐蚀膜(如 Al、Cr、Ni 及某些多层金属等)、润滑膜(如 MoS_2、WS_2、石墨、CaF_2 等)、磁性膜、光学膜等。另外，气相沉积所适应的基体材料可以是金属、碳纤维、陶瓷、工程塑料、玻璃等多种材料。因此，在机械制造、航空航天、电器、轻工、原子能等方面应用广泛。例如，在高速工具钢和硬质合金刀具、模具以及耐磨件上沉积 TiC、TiN 等超硬涂层，可使其寿命提高几倍。

3. 激光热处理

激光热处理是利用高能量密度的激光束，对工件表面扫描照射，使其在极短时间内被加热到相变温度以上，停止扫描照射后，热量迅速传至周围未被加热的金属，加热处迅速冷却，达到自行淬火的目的。

激光热处理具有如下特点：加热速度极快(千分之几秒至百万分之几秒)；不用冷却介质，变形极小；表面光洁，不需再进行表面加工就可直接使用；细化晶粒，显著提高工件表面硬度和耐磨性(比常规淬火表面硬度高 20% 左右)；对任何复杂工件均可局部淬火，不影响相邻部位的组织和表面质量；因为激光热处理可控性好；因此常用于精密零件的局部表面淬火。

4. 真空热处理

真空热处理是指在低于 1×10^5 Pa(通常是 10^{-1} Pa ~ 10^{-3} Pa)的环境中进行加热的热处理工艺，它包括真空淬火、真空退火、真空回火和真空化学热处理(真空渗碳、渗铬等)等。

真空热处理的工件不产生氧化和脱碳；升温速度慢，工件截面温差小，热处理变形小；因金属氧化物、油污在真空加热时分解，被真空泵抽出，使工件表面光洁，提高了疲劳强度和耐磨性；劳动条件好；但设备较复杂，投资较高。目前多用于精密工模具、精密零件的热处理。

5. 可控气氛热处理

可控气氛热处理是指在炉气成分可控制的炉内进行的热处理。其目的是：减少甚至防止工件在加热时氧化和脱碳，提高工件表面质量和尺寸精度；控制渗碳时渗碳层的含碳量，且可使脱碳的工件重新复碳。

【知识链接：热处理的历史】

金属热处理是机械制造的重要工艺之一，与其他加工工艺相比，热处理一般不改变工件的形状和整体的化学成分，而是通过改变工件内部的显微组织，或改变工件表面的化学成分，赋予或改善工件的使用性能。其特点是能够改善工件的内在质量，而这一般不是肉眼所能看到的。

为使金属工件具有所需要的力学性能、物理性能和化学性能，除合理选用材料和各种成形工艺外，热处理工艺往往是必不可少的。钢铁是机械工业中应用最广的材料，钢铁显微组织复杂，可以通过热处理予以控制，所以钢铁的热处理是金属热处理的主要内容。另外，铝、铜、镁、钛及其合金等也都可以通过热处理改变其力学、物理和化学性能，以获得不同的使用性能。

在从石器时代进展到铜器时代和铁器时代的过程中，热处理的作用逐渐为人们所认识。早在春秋战国时期，中国人在生产实践中就已发现，铜铁的性能会因温度和加压变形的影响而变化。白口铸铁的柔化处理就是制造农具的重要工艺。

公元前6世纪，钢铁兵器逐渐被采用，为了提高钢的硬度，淬火工艺得到迅速发展。中国河北省易县燕下都出土的两把剑和一把戟，其显微组织中都有马氏体存在，说明是经过淬火的。

随着淬火技术的发展，人们逐渐发现淬冷剂对淬火质量的影响。三国时期蜀人蒲元曾在今陕西斜谷为诸葛亮打制3 000把刀，相传是派人到成都取水淬火的。这说明中国在古代就注意到不同水质的冷却能力了，同时也注意到了油和水的冷却能力。中国出土的西汉（公元前206年至公元25年）中山靖王墓中的宝剑，心部含碳量为0.15% ~0.4%，而表面含碳量却达0.6%以上，说明已应用了渗碳工艺。但当时作为个人“手艺”的秘密，不肯外传，因而发展很慢。

1863年，英国金相学家和地质学家展示了钢铁在显微镜下的六种不同的金相组织，证明了钢在加热和冷却时，内部会发生组织改变，钢中高温时的相在急冷时转变为一种较硬的相。法国人奥斯蒙德确立的铁的同素异构理论以及英国人奥斯汀最早制定的铁碳相图，为现代热处理工艺初步奠定了理论基础。与此同时，人们还研究了在金属热处理的加热过程中对金属的保护方法，以避免加热过程中金属的氧化和脱碳等。

1850—1880年，对于应用各种气体（诸如氢气、一氧化碳等）进行保护加热曾有一系列专利。1889—1890年英国人莱克获得多种金属光亮热处理的专利。

20世纪以来，金属物理的发展和其他新技术的移植应用，使金属热处理工艺得到更大发展。一个显著的进展是1901—1925年，在工业生产中应用转筒炉进行气体渗碳；20世纪30年代出现露点电位差计，使炉内气氛的碳势达到可控，以后又研究出用二氧化碳红外仪、氧探头等进一步控制炉内气氛碳势的方法；60年代，热处理技术运用了等离子场的作用，发展了离子渗氮、渗碳工艺；激光、电子束技术的应用，又使金属获得了新的表面热处理和化学热处理方法。

附录9　钢 铁 材 料

一、工程材料简介

材料是人类用来制造各种产品的物质，是人类生活和生产的物质基础；本课程所学习和实践的各种成形工艺、切削加工都是基于材料而进行的，所以在进入课程全面学习之前，有必要首先对工程材料作初步了解。

材料种类繁多，按其组成特点，可分为金属材料、非金属材料、复合材料和新型材料等四大类；按使用性能，可分为主要作为承力结构使用的材料和主要利用光、电、磁、热、声等特殊性能的功能材料两大类；按材料的应用领域，可分为信息材料、能源材料、建筑材料、工程材料、生物材料、航空航天材料等多种类别。

工程材料主要是用于制造结构件、机械零件和工具，通常有金属材料、非金属材料、复合材料等。

二、金属材料

金属是具有光泽且有良好的导电性、导热性与力学性能，并具有正的温度电阻系数的物质。金属，是个大家庭，现在世界上有86种金属。通常人们把金属分成两大类，黑色金属和有色金属。

黑色金属和有色金属的名称，常常使人误会，以为黑色金属一定是黑的，其实不然。黑色金属只有三种：铁、锰与铬。而它们三个都不是黑色的！纯铁是银白色的，锰是银白色的，铬是灰白色的。因为铁的表面常常生锈，盖着一层黑色的四氧化三铁与棕褐色的三氧化二铁的混合物，看上去就是黑色的，所以人们称之为“黑色金属”。常说的“黑色冶金工业”，主要是指钢铁工业。因为最常见的合金钢是锰钢与铬钢，所以人们把锰与铬也算成是“黑色金属”了。除了铁、锰、铬以外，其他的金属，都算是有色金属。

钢铁材料是指以铁、碳为主要元素组成的铁碳合金，又分为工业用钢和工程铸铁。

钢是含碳量在0.04%～2.3%之间的铁碳合金，人们通常将其与铁合称为钢铁。为了保证其韧度和塑性，含碳量一般不超过1.7%。钢的主要元素除铁、碳外，还有硅、锰、硫、磷等。按照国家标准GB/T 13304—1991《钢分类》规定，钢按化学成分分为非合金钢、低合金钢、合金钢三大类。

只含有少量杂质元素的铁碳合金称为非合金钢（碳钢），通常分为非合金结构钢、优质非合金结构钢、非合金工具钢、铸造非合金钢等。

目前使用的金属材料中，因为非合金钢（碳钢）价格较低廉，冶炼较容易，能满足大多数工程上的要求，所以占有重要的地位。工程上使用的碳钢一般是指含碳量不超过1.4%的铁碳合金。

钢的分类方法多种多样，其主要方法有如下几种。

1. 按品质分类

①普通钢，$w_P \leq 0.045\%$，$w_S \leq 0.050\%$。

②优质钢，w_P、w_S 均$\leq 0.035\%$。

③高级优质钢，$w_P \leq 0.035\%$，$w_S \leq 0.030\%$。

2. 按化学成分分类

①碳素钢：低碳钢（C≤0.25%）、中碳钢（C≤0.25%～0.60%）、高碳钢（C≤0.60%）。

②合金钢：低合金钢（合金元素总含量≤5%）、中合金钢（合金元素总含量>5%～10%）、高合金钢（合金元素总含量>10%）。

3. 按成形方法分类

按成形方法，分为锻钢、铸钢、热轧钢和冷轧钢。

4. 按金相组织分类

①退火状态的：亚共析钢（铁素体+珠光体）、共析钢（珠光体）、过共析钢（珠光体+渗碳体）、莱氏体钢（珠光体+渗体）。

②正火状态的：珠光体钢、贝氏体钢、马氏体钢、奥氏体钢。

③无相变或部分发生相变的。

5. 按用途分类

①建筑及工程用钢：普通碳素结构钢、低合金结构钢、钢筋钢。

②结构钢：机械制造用钢——调质结构钢、表面硬化结构钢（包括渗碳钢、表面淬火用钢）、易切结构钢、冷塑性成形用钢（包括冷冲压用钢、冷镦用钢）、弹簧钢、轴承钢。

③工具钢：碳素工具钢、合金工具钢、高速工具钢。

④特殊性能钢：不锈耐酸钢、耐热钢（包括抗氧化钢、热强钢、气阀钢）、电热合金钢、耐磨钢、低温用钢、电工用钢。

⑤专业用钢：如桥梁用钢、船舶用钢、锅炉用钢、压力容器用钢、农机用钢等。

6. 综合分类

①普通钢：碳素结构钢——Q195、Q215（A、B）、Q235（A、B、C）、Q255（A、B）、Q275；低合金结构钢；特定用途的普通结构钢。

②优质钢（包括高级优质钢）：结构钢——优质碳素结构钢、合金结构钢、弹簧钢、易切钢、轴承钢、特定用途优质结构钢；工具钢——碳素工具钢、合金工具钢、高速工具钢；特殊性能钢——不锈耐酸钢、耐热钢、电热合金钢、电工用钢、高锰耐磨钢。

7. 按冶炼方法分类

①按炉种分：平炉钢——酸性平炉钢、碱性平炉钢；转炉钢——酸性转炉钢、碱性转炉钢，或底吹转炉钢、侧吹转炉钢、顶吹转炉钢；电炉钢——电弧炉钢、电渣炉钢、感应炉钢、真空自耗炉钢、电子束炉钢。

②按脱氧程度和浇注制度分：沸腾钢、半镇静钢、镇静钢、特殊镇静钢。

三、非合金钢（碳钢）

1. 常存杂质对碳钢性能的影响

碳钢除了含铁和碳元素外，还含有少量的非特意加入的杂质元素，如锰、硅、硫、磷等。这些杂质元素的种类和含量对钢的性能有较大的影响。

（1）锰

锰主要是炼钢时用锰铁脱氧而残留于钢中的。锰是一种有益的元素，其作用主要表现为两个方面：一方面锰元素以置换固溶体的形式溶于铁素体中起固溶强化作用；另一方面锰元素与硫元素形成 MnS，以消除硫在钢中的热脆性，在碳钢中锰的含量一般不超1.2%。

（2）硅

硅也是炼钢时用硅铁脱氧时残存在钢中的。硅也是一种有益的元素，在钢中含量一般不超过4%,可以溶入铁素体中,使钢的强度和弹性升高。

(3)硫

硫是从矿石和燃料带入钢中的,在钢中一般是有害元素。硫几乎不溶于铁素体,而是以FeS形式与铁形成一种共晶体,这种共晶体一般分布在晶界处,熔点为985 ℃,当钢在1 100~1 200 ℃轧、锻时,共晶体就会熔化从而发生晶间开裂,导致零件报废,这种现象称为钢的热脆。当钢中有锰存在时,硫和锰形成熔点高的MnS(1 620 ℃),可以消除硫的热脆性。此外,硫还降低钢的耐腐蚀性,并使钢的焊接性能降低。

(4)磷

磷也是从矿石和燃料带入钢中的,在钢中一般也是有害元素。少量的磷在钢中全部溶于铁素体时,会引起强烈的固溶强化效果,使钢的强度和硬度明显增加,塑性和韧度急剧下降,特别在低温时使钢的冲击韧度明显下降,这种现象称为钢的冷脆。此外,随着钢中含磷量增加,钢的焊接性能变差。

(5)其他杂质

除了以上四种常见杂质外,钢中还有氢、氧、氮等杂质。氢溶入钢中可使钢的塑性和韧度下降,这种现象称为氢脆。氮在钢中会使钢的强度和硬度提高,塑性和韧度下降。氧在钢中的会导致钢的强度和塑性降低。

常见的非合金钢分类见附表9-1。

附表9-1 非合金钢(碳钢)

类别	常用牌号	成分	性能	用途
非合金结构钢(碳素结构钢)	Q235	低、中碳	塑性、韧度较高,强度较低	制造一般工程结构、普通机械零件,如小轴、连杆、螺栓、螺母、法兰等
优质非合金结构钢(优质碳素结构钢)	45	低、中、高碳	性能优化	制造尺寸小、受力小的各类结构零件,如连杆、曲轴等
非合金工具钢(碳素工具钢)	T10	高碳	硬度、耐磨性好,热硬性差	制造低速、手动工具,如钻头、冲模、丝锥、锯条、刮刀等
铸造非合金钢(铸钢)	ZG200-400	低、中碳	力学性能较好	制造形状复杂、对力学性能要求高的零件,如机座、变速箱体等

2. 碳素结构钢

碳素结构钢主要用于制造机械零件和工程结构件,常用于制造如齿轮、轴、螺母、弹簧等机械零件以及如桥梁、船舶、建筑等工程的结构件。根据质量可分为普通碳素结构钢和优质碳素结构钢。

(1)普通碳素结构钢

普通碳素结构钢的牌号由代号(Q)、屈服点数值、质量等级符号和脱氧方法符号四个部分表示。其中,“Q”是钢材的屈服强度“屈”字的汉语拼音字首,紧跟后面的是屈服强度值,再其后分别是质量等级符号和脱氧方法符号。国标中规定了A、B、C、D四种质量等级,其中,A级质量最差,D级质量最好。表示脱氧方法时,沸腾钢在钢号后加“F”,半镇静钢在钢号后加“b”,特殊镇静钢在钢号后加“TZ”,镇静钢在钢号后加“Z”,其中特殊镇静钢和镇静钢则可省略不加任何字母。例如:Q235AF即表示屈服强度值为235 MPa的A级沸腾钢。

普通碳素结构钢的常用牌号(钢号)和化学成分、力学性能见附表9-2。

附表 9-2　普通碳素结构钢牌号、化学成分和力学性能（摘自 GB 700—1988）

牌号	等级	化学成分 w/%					脱氧方法	拉伸试验													冲击试验	
		C	Mn	Si	S	P		屈服点 σ_s/MPa（不小于）						抗拉强度 σ_b/MPa	伸长率 δ/%（不小于）						温度 t/℃	冲击功（纵向）A_{KU}/J（大于）
				不大于				钢材厚度 δ（直径 d）/mm							钢材厚度 δ（直径 d）/mm							
								≤16	>16~40	>40~60	>60~100	>100~150	>150		≤16	>16~40	>40~60	>60~100	>100~150	>150		
Q195		0.06~0.12	0.25~0.50	0.30	0.050	0.045	F,b,Z	(195)	(185)					315~390	33	32	—	—	—	—	—	—
Q215	A	0.09~0.15	0.25~0.55	0.30	0.050	0.045	F,b,Z	215	205	195	185	175	165	335~410	31	30	29	28	27	26		
	B				0.045																20	27
Q235	A	0.14~0.22	0.30~0.65	0.30	0.050	0.045	F,b,Z	235	225	215	205	195	185	375~460	26	25	24	23	22	21	—	—
	B	0.12~0.20	0.30~0.70		0.045																20	27
	C	≤0.18	0.35~0.80		0.040	0.040	Z														0	
	D	≤0.17			0.035	0.035	TZ														-20	
Q255	A	0.18~0.28	0.40~0.70	0.30	0.050	0.045	Z	255	245	235	225	215	205	410~510	24	23	22	21	20	19	—	—
	B				0.045																20	27
Q275	—	0.28~0.38	0.50~0.80	0.35	0.050	0.045	Z	275	265	255	245	235	225	490~610	20	19	18	17	16	15	—	—

注：新的国家标准采用冲击吸收功来表征材料抗击冲击载荷的能力。

(2)优质碳素结构钢

优质碳素结构钢是指除普通质量非合金钢和特殊质量非合金钢以外的非合金钢,在生产过程中需要特别控制质量,但硫、磷的含量比普通质量碳钢低,以达到质量要求。与普通质量非合金钢相比,有良好的抗脆断性能和冷成形性等。主要包括机械结构用优质非合金钢、工程结构用非合金钢、冲压低碳非合金结构钢、焊接用非合金钢、切削用非合金结构钢等。优质碳素结构钢的主要化学成分、力学性能及用途列于表9-3。

附表9-3 优质碳素结构钢的化学成分、力学性能及用途(摘自GB 699—1988)

牌号	化学成分 w/%			力学性能(不小于)					用途举例
	C	Si	Mn	σ_b /MPa	σ_s /MPa	δ /%	ψ /%	A_{KU} /J	
08F	0.05~0.11	≤0.03	0.25~0.50	295	175	35	60	—	强度、硬度低,塑性、韧性高,冷塑性加工性和焊接性优良,切削加工性欠佳,热处理强化效果不显著。碳含量较低的常轧制成薄钢板,广泛用于深冲压和深拉延制品;碳含量较高的(15%~25%)可用做渗碳钢,用于制造表硬心韧的中小尺寸的耐磨零件
08	0.05~0.12	0.17~0.37	0.35~0.65	325	195	33	60	—	
10F	0.07~0.14	≤0.07	0.25~0.50	315	185	33	55	—	
10	0.07~0.14	0.17~0.37	0.35~0.65	335	205	31	55	—	
15F	0.12~0.19	≤0.07	0.25~0.50	355	205	29	55	—	
15	0.12~0.19	0.17~0.37	0.35~0.65	375	225	27	55	—	
20	0.17~0.24	0.17~0.37	0.35~0.65	410	245	25	55	—	
25	0.22~0.30	0.17~0.37	0.05~0.11	410	245	23	55	71	
30	0.27~0.35	0.17~0.37	0.50~0.80	490	295	21	50	63	综合力学性能好,热塑性加工性和切削加工性较差,冷变形能力和焊接性中等。多在调质或正火状态下使用,还可用于表面脆化处理以提高零件的疲劳性能和表面耐磨性,45应用最广
35	0.32~0.40	0.17~0.37	0.50~0.80	530	315	20	45	55	
40	0.37~0.45	0.17~0.37	0.50~0.80	570	335	19	45	47	
45	0.42~0.50	0.17~0.37	0.50~0.80	600	355	16	40	39	
50	0.47~0.55	0.17~0.37	0.50~0.80	630	375	14	40	31	
55	0.52~0.60	0.17~0.37	0.50~0.80	645	380	13	35	23	
60	0.57~0.65	0.17~0.37	0.50~0.80	675	400	12	35	—	具有较高的强度、硬度、耐磨性和良好的弹性,切削性能中等,焊接性能不佳,淬火开裂倾向较大。主要用于制造弹簧、轧辊和凸轮等耐磨件与钢丝绳等,其中65是常用的弹簧钢
65	0.62~0.70	0.17~0.37	0.50~0.80	695	410	10	30	—	
70	0.67~0.75	0.17~0.37	0.50~0.80	715	420	9	30	—	
75	0.72~0.80	0.17~0.37	0.50~0.80	1080	880	7	30	—	
80	0.77~0.85	0.17~0.37	0.50~0.80	1080	930	6	30	—	
85	0.82~0.90	0.17~0.37	0.50~0.80	1130	245	6	30	—	

续表

牌号	化学成分 w/%			力学性能(不小于)					用途举例
	C	Si	Mn	σ_b /MPa	σ_s /MPa	δ /%	ψ /%	A_{KU} /J	
15Mn	0.12～0.19	0.17～0.37	0.70～1.00	410	275	26	55	—	应用范围基本同于相对应的普通含锰钢,但因淬透性和强度较高,可用于制造截面尺寸较大或强度要求较高的零件,其中以65 Mn最常用
20Mn	0.17～0.24	0.17～0.37	0.70～1.00	450	295	24	50	—	
25Mn	0.22～0.30	0.17～0.37	0.70～1.00	490	275	22	50	71	
30Mn	0.27～0.35	0.17～0.37	0.70～1.00	540	315	20	45	63	
35Mn	0.32～0.40	0.17～0.37	0.70～1.00	560	335	19	45	55	
40Mn	0.37～0.45	0.17～0.37	0.70～1.00	590	355	17	45	47	
45Mn	0.42～0.50	0.17～0.37	0.70～1.00	620	375	15	40	39	
50Mn	0.47～0.55	0.17～0.37	0.70～1.00	645	390	13	40	31	
60Mn	0.57～0.65	0.17～0.37	0.70～1.00	695	410	11	35	—	
65Mn	0.62～0.70	0.17～0.37	0.90～1.20	735	430	9	30	—	
70Mn	0.67～0.75	0.17～0.37	0.90～1.20	785	450	8	30	—	

注:①试样毛坯为25 mm;表中屈服点为 σ_s 或 $\sigma_{0.2}$,采用冲击吸收功来表征材料抗击冲击载荷能力。
②表中除75、80和85三种钢是“820 ℃淬火,480 ℃回火”外,其他牌号的钢均为正火状态。

四、合金钢

由于科学与工程技术的迅猛发展,对钢的性能要求也越来越高。如对大尺寸高强度零件,要求钢具有优良的综合力学性能和高的淬透性;某些特殊条件下工作的零件,要求耐腐蚀、抗氧化、耐磨等特殊性能;切削速度较高的刀具,要求较高的红硬性。这种情况下非合金钢已不能满足要求,所以必须采用各种性能优异的低合金钢与合金钢。

为了改善钢的某些性能或使之具有某些特殊性能,有目的地在冶炼钢的过程中加入一些元素,这些元素称为合金元素。含有一种或数种有意添加的合金元素的钢,称为合金钢。钢中加入的合金元素主要有硅(Si)、锰(Mn)、铬(Cr)、镍(Ni)、钨(W)、钼(Mo)、钒(V)、钛(Ti)、铝(Al)、硼(B)及稀土元素(RE)等。根据我国资源条件,在合金钢中主要使用硅、锰、硼、钨、钒、钛及稀土元素。

根据合金含量的多少可分为低合金钢和合金钢。

1. 低合金钢

在非合金钢(低碳钢)的基础上有目的的加入少量的合金元素(总量不超5%,一般 < 3%)便形成了低合金高强度结构钢。钢中的碳的含量≤0.2%,常加入的合金元素有锰、硅、钒、钛、铌等。

钢因低碳而获得良好的塑性、焊接性和冷变形能力。合金元素硅、锰主要溶于铁素体中,起固溶强化作用。钛、铌、钒等在钢中形成细小碳化物,起细化晶粒和弥散强化作用,从而提高钢的强韧度。此外,合金元素能降低钢的共析含碳量,与相同含碳量的非合金钢相比，低合金高强度结构钢组织中珠光体较多，且晶粒细小，故可提高钢的强度。

低合金高强度结构钢大多在热轧、正火状态下使用，也有在淬火＋回火状态下使用的。

它与相同碳含量的非合金钢相比具有较高的强度、韧度、耐腐蚀性及良好的焊接性，而且价格与非合金钢接近。

常用的低合金高强度结构钢的成分、力学性能及用途如附表9－4所示。

附表9－4　常用低合金高强度结构钢的成分、力学性能及用途

牌号		化学成分 w/%				钢材厚度/mm	力学性能			冷弯试验	用途举例
新标准	旧标准	C	Si	Mn	其他		σ_b/MPa	σ_s/MPa	δ/%	a(试件厚度) d(心棒直径)	
Q295	09Mn2	≤0.12	0.20～0.60	1.40～1.80	—	4～10	450	300	21	180℃ ($d=2a$)	油槽、油罐、机车车辆、梁柱等
Q345	14MnNb	0.12～0.18	0.20～0.60	0.80～1.20	0.15～0.50Nb	≤16	500	360	20		油罐、锅炉、桥梁等
	16Mn	0.12～0.20	0.20～0.60	1.20～1.60	—	≤16	520	350	21		桥梁、船舶、车辆、压力容器、建筑结构等
	16MnCu	0.12～0.20	0.20～0.60	1.25～1.50	0.20～0.35Cu	≤16	520	350	21		桥梁、船舶、车辆、压力容器、建筑结构等
Q390	15MnTi	0.12～0.18	0.20～0.60	1.25～1.50	0.12～0.20Ti	≤25	540	400	19	180℃ ($d=3a$)	船舶、压力容器、电站设备等
	15MnV	0.12～0.18	0.20～0.60	1.25～1.50	0.04～0.14V	≤25	540	400	18		船舶、压力容器、桥梁、车辆、起重机械等

2. 合金钢

在非合金钢的基础上，有目的地加入一定量（总量＞5%）的一种或几种元素而形成的钢，称为合金钢。它不仅大大改善了非合金钢的力学性能，而且还可以获得某些特殊性能，是钢铁材料中应用最广泛的材料，性能优越，种类繁多，通常分为机械结构用合金钢、合金工具钢和高速工具钢、特殊性能钢等。常用合金钢的类别、特点、用途等如附表9－5所示。

五、工程铸铁

工程铸铁是指碳的含量＞2.11%，并含有较多硅元素的铁碳合金，其磷、硫等杂质含量高于工业用钢；良好的铸造性能是工程铸铁的主要优点，同时具有生产工艺简便、成本低等优点，所以在工业生产中获得广泛应用。通常机器中50%（以重量计）以上的零件是铸铁件，一般分为灰铸铁、球墨铸铁、可锻铸铁和蠕墨铸铁等。有时为了增加铸铁的力学性能或特殊性能，还可加入铬、铜、铝等合金元素使其成为合金铸铁。

常用工程铸铁的分类、性能、用途等见附表 9－6 所示。

附表 9－5　常用合金钢的类别、特点、用途、典型牌号及热处理工艺

类别			特点	用途举例	典型牌号	常用热处理工艺
低合金高强度结构钢			低碳、低合金、高强度	桥梁、船舶、车辆	Q235	
机械结构用合金钢	合金渗碳钢		低碳，外硬内韧	汽车拖拉机齿轮等	20CrMnTi	渗碳→淬火＋低温回火
	合金调质钢		中碳，综合力学性能好	汽车、拖拉机的传动轴	40Cr	调质→局部表面淬火＋低温回火
	合金弹簧钢		中、高碳，弹性极限及疲劳强度高	汽车板簧	60Si2Mn	淬火＋中温回火
	滚动轴承钢		高碳高铬、高硬度	滚动轴承	GCr15、GCr15SiMn	淬火＋低温回火
合金工具钢	量具刃具钢		高硬度、高耐磨	块规、丝锥	CrWMn、9SiCr	球化退火→淬火＋低温回火
	合金模具钢	冷作模具钢	高硬度、高耐磨及足够强韧度	冲模、冷压模	CrWMn、9Mn2V	球化退火→淬火＋低温回火
		热作模具钢	高温下力学性能好	中型锻模	5CrMnMo	淬火＋回火
		塑料模具钢	耐蚀、加工性好			
	高速工具钢		高的热硬性	成形车刀	W18Cr4V	淬火＋多次回火
特殊性能钢	不锈钢		耐蚀，一定的力学性能	火箭上液氧贮箱	0Cr18Ni9	固溶处理
	耐热钢		高温下抗氧化，有一定强度	内燃机气阀	4Cr9Si2	调质
	耐磨钢（高锰钢）		高压、高冲击下表现出高耐磨性	坦克、拖拉机履带	ZG13－4	水韧处理

附表 9－6　常用工程铸铁的分类、性能及应用

分类（牌号）	石墨形态	生产方法	性能	应用
普通灰铸铁（HT）	片状	铁液在共析温度及以上温度区间时缓慢冷却，使石墨化充分进行而获得	抗拉强度低，塑性、韧度低，石墨片数量越多、尺寸越大、分布越不均匀，抗拉强度就越低。抗压强度、硬度主要取决于基体，石墨影响不大	制作箱体、机座等承压零件
球墨铸铁（QT）	球状	在铁液中加入球化剂使石墨呈球状；在出铁液时加入孕育剂促进石墨化而获得	由于球状石墨对基体的割裂作用和引起应力集中现象明显减小，故其力学性能比灰铸铁高得多	制造受力复杂、性能要求高的重要零件。如珠光体球墨铸铁制造拖拉机曲轴、齿轮；铁素体球墨铸铁制造阀门、汽车后桥壳等

续表

分类（牌号）	石墨形态	生产方法	性能	应用
可锻铸铁（KTH或KTZ）	团絮状	先浇铸成白口铸件，再经石墨化退火，使渗碳体分解为团絮状石墨	与灰铁比，强度高、塑性和韧度好，但不能锻造。与球铁比，具有质量稳定、铁液处理简单、易组织流水线生产等优点	制造形状复杂，有一定塑性、韧度，承受冲击和振动、耐蚀的薄壁铸件，如汽车、拖拉机的后桥、转向机构等
蠕墨铸铁（RuT）	蠕虫状	在铁液中加入蠕化剂，使石墨成蠕虫状，再加孕育剂进行孕育处理	性能介于灰铁与球铁之间，强度接近于球铁，具有一定的塑性和韧度。耐热疲劳性、减振性和铸造性能优于球铁，接近灰铁，切削性能和球铁相似，比灰铁稍差	制作形状复杂，组织致密、强度高、承受较大热循环载荷的铸件，如柴油机的汽缸盖、汽缸套、进（排）气管、阀体等

灰铸铁属于脆性材料，不能锻造和冲压。同时，焊接时产生裂纹的倾向大，故焊接性较差，但灰铸铁的铸造性能优良。

灰铸铁的牌号是由“HT”（“灰铁”两字的汉语拼音字母的字首）+最低抗拉强度数值表示。例如：HT300表示最低抗拉强度数值为300 MPa的灰铸铁。

灰铸铁主要应用于结构复杂的受压和要求耐磨性、减振性好的零件，例如减速器箱体、机床床身、壳体、汽缸体和导轨等。灰铸铁的牌号、组织、性能和用途见附表9-7。

附表9-7 灰铸铁的牌号、组织、性能和用途

牌号	铸件壁厚/mm		最低抗拉强度 σ_b/MPa	显微组织		性能和应用举例
	>	≤		基体	石墨形状	
HT100	2.5	10	130	铁素体+珠光体	粗片状	铸造性能好，工艺简便，铸造应力小，减振性优良。适用于制造低负荷和对摩擦、磨损无特殊要求的零件，如外罩、手枪、支架、重锤等
	10	20	100			
	20	30	90			
	30	50	80			
HT150	2.5	10	175	铁素体+珠光体	较粗片状	用于制造承受中等应力、耐磨损的零件及在弱腐蚀介质中工作的零件，如普通机床的底座、齿轮箱、刀架、床身、轴承座等及碱性介质中工作的泵壳、法兰等
	10	20	145			
	20	30	130			
	30	50	120			
HT200	2.5	10	220	珠光体	中等片状	强度较高，耐磨性、耐热性、减振性、铸造性能较好，用于制造承受较大应力、耐磨损的零件以及要求一定气密性或耐腐蚀性的零件。如汽车和拖拉机中较重要的铸件（如汽缸、齿轮、机座、制动轮、联轴器、轴承座等）以及要求有一定耐腐蚀能力和较高强度的化工容器、泵壳等
	10	20	195			
	20	30	170			
	30	50	160			
HT250	4	10	270	细珠光体	中等片状	
	10	20	240			
	20	30	220			
	30	50	200			

续表

牌号	铸件壁厚/mm		最低抗拉强度	显微组织		性能和应用举例
	>	≤	σ_b/MPa	基体	石墨形状	
HT300	10	20	290	索氏体或屈氏体	细小片状	高强度,高耐磨性,铸造性能差。用于制作承受高弯曲及高抗拉应力的重要零件,或耐磨损的零件以及要求高气密性的零件,如剪床,压力机,自动车床和其他重型机床的床身、机架以及受力大的齿轮、车床卡盘、衬套,大型发动机的汽缸体、高压液压缸、泵体、阀体等
	20	30	250			
	30	50	230			
HT350	10	20	340			
	20	30	290			
	30	50	260			

由附表9-7可以看出,灰铸铁的抗拉强度与铸件的壁厚有关,壁厚越大,铸造时的冷却速度越慢,结晶出的片状石墨也越粗,强度等力学性能也就下降。减速箱体常选用抗拉强度为200 MPa的灰铸铁HT200制造。

【知识链接1:钢铁材料的生产过程概述】

钢铁材料是以铁元素为主要成分,同时含有碳和其他元素的金属材料。工业上按碳的质量分数分为工业纯铁、钢和生铁三类。现代钢铁联合企业的生产流程是:高炉炼铁→铁水预处理→氧气转炉炼钢→炉外精炼→连铸→钢坯热装热送→连轧。

1. 生铁的生产过程

自然界中的铁主要以铁矿石形式存在,炼铁的实质就是从铁矿石中提取铁及其有用元素形成生铁的过程。

高炉炼铁的主要原料是铁矿石、燃料(焦炭)、熔剂(石灰石)和空气。炼铁时,把铁矿石、焦炭和石灰石按一定配比从高炉炉顶加入炉内,同时把预热过的空气从炉腹底部的进风门鼓入炉内。因为炉料由上向下落,热的气体由下向上升,它们在炉内能够充分接触,使反应得以顺利进行。铁矿石中的铁被还原出来,少量来自矿石和燃料(焦炭)中的杂质元素(如Si、Mn、S、P和C等)在高温下熔于铁里,成为生铁。铁水可直接送去炼钢或铸成生铁块,作为炼钢或铸铁的原料。

高炉生铁可分为两类:一类为铸造生铁,主要用于铸件生产,硅的质量分数较高,断口呈暗灰色;另一类为炼钢生铁,主要用作炼钢原料,硅的质量分数较低,断口呈白色。

2. 炼钢

炼钢的基本原料是炼钢生铁和废钢,根据工艺要求,还需加入各种铁合金或金属以及各种造渣剂和辅助材料。利用氧化作用将碳及其他元素调到规定范围之内,就得到了钢。原材料的优劣对钢的质量有一定的影响,而炼钢设备和冶炼工艺对钢的性能也有一定的影响。所以应按钢种和质量要求正确合理地选择炼钢炉,并制订相应的冶炼工艺。

用于大量生产的炼钢炉主要有氧气转炉、高功率和超高功率电弧炉,还有平炉和普通功率电弧炉。为了满足特殊需要还应用电渣炉、感应炉、电子束炉、等离子炉等。现代炼钢工艺中,几种主要炼钢炉只是作为初炼炉,其主要功能是完成熔化和初调钢液成分和温度,而钢的精炼和合金化是在炉外精炼装备中完成的。炉外精炼是提高钢材内在质量的关键技术,多种炉外精炼技术可实现脱碳、脱硫、脱磷、脱氧、去除微量有害杂质和夹杂物等功能。

脱氧工艺及钢水脱氧程度与钢的凝固结构、钢材性能、质量有密切关系。当加入足够数量的强脱氧剂(Si,Al)时,能使钢水脱氧良好,在钢锭模内凝固时不产生CO气体,钢水保持平静,这样生产的钢称镇静钢。如果控制脱氧剂种类和加入量(主要是锰)使钢液中残留一定量的氧,在凝固过程中形成CO气泡逸出而产生沸腾现象,这样生产的钢称沸腾钢。脱氧程度介于镇静钢和沸腾钢之间的钢,称半镇静钢。国家标准规定,普通质量非合金钢按沸腾钢、镇静钢和半镇静钢生产和供应;合金钢除个别钢种外,一般都是镇静钢。

沸腾钢由于容易生产,钢锭无缩孔,成材率高,且板材表面质量好,所以一直在钢产量中占有一定比例;但由于它不适于连铸,不能在钢包中脱硫和进行钙处理,内部质量满足不了用户对均质性和纯洁度的高要求,故产量和用途受到限制。

炼钢的主要任务是按所炼钢种的质量要求,调整钢中碳和合金元素含量到规定范围之内,并使P、S、H、O、N等杂质的含量降至允许限量之下。

炼钢过程实质上是一个氧化过程,炉料中过剩的碳被氧化,燃烧成CO气体逸出,其他Si、P、Mn等氧化后进入炉渣中。S部分进入炼渣中,部分则生成SO_2排出。当钢水成分和温度达到工艺要求后,即可出钢。为了除去钢中过剩的氧及调整化学成分,可以添加脱氧剂和铁合金或合金元素。

3. 转炉炼钢

从鱼雷车运来的铁水经过脱硫、挡渣等处理后即可倒入转炉中作为主要炉料,另加10%以下的废钢;然后向转炉内吹氧燃烧,铁水中的过量碳被氧化并放出大量热量,当探头测得达到预定的低碳含量时,即停止吹氧并出钢。一般在钢包中需进行脱氧及调整成分操作,然后在钢液表面抛上碳化稻壳防止钢水被氧化,即可送往连铸或模铸工区。

对要求高的钢种可增加底吹氩、RH真空处理、喷粉处理,可以有效降低钢中的气体与夹杂,并有进一步降碳及降硫的作用。在这些炉外精炼措施后还可以最终微调成分,满足优质钢材的需求。

4. 初轧

模铸钢锭采取热装、热送新工艺,进入均热炉加热,然后通过初轧机及钢坯连轧机轧成板坯、管坯、小方坯等初轧产品,经过切头、切尾、表面清理(火焰清理、打磨),高品质产品则还需对初轧坯进行扒皮和探伤,检验合格后入库。

目前初轧厂的产品有初轧板坯、轧制方坯、氧气瓶用钢坯、齿轮用圆管坯、铁路车辆用车轴坯及塑模用钢等。

初轧板坯主要供应热轧厂作为原料,轧制方坯除部分外供,主要送往高速线材轧机作原料。

由于连铸板坯的先进性,对初轧板坯的需求量大为削减,因此转向上述其他产品了。

5. 热连轧

用连铸板坯或初轧板坯作原料,经步进式加热炉加热,高压水除磷后进入粗轧机,粗轧料经切头、切尾再进入精轧机,实施计算机控制轧制,终轧后即经过层流冷却(计算机控制冷却速率)和卷取机卷取,成为直发卷。直发卷的头、尾往往呈舌状及鱼尾状,厚度、宽度精度较差,边部常存在浪形、折边、塔形等缺陷。其卷重较重,钢卷内径为760 mm(一般制管行业喜欢使用)。

将直发卷经切头、切尾、切边及多道次的矫直、平整等精整线处理后，再切板或重卷，即成为热轧钢板、平整热轧钢卷、纵切带等产品。

热轧精整卷若经酸洗去除氧化皮并涂油后即成热轧酸洗板卷。该产品有局部替代冷轧板的趋向，由于价格适中，深受广大用户喜爱。宝钢就新投资了一条热轧酸洗线。

6. 冷连轧

用热轧钢卷为原料，经酸洗去除氧化皮后进行冷连轧，其成品为轧硬卷，由于连续冷变形引起的冷作硬化使轧硬卷的强度、硬度上升，韧塑指标下降，因此冲压性能将恶化，只能用于简单变形的零件。轧硬卷可作为热镀锌厂的原料，因为热镀锌机组均设置有退火线。轧硬卷重一般在 6 ~ 13. 5 t，钢卷内径为 610 mm。

一般冷连轧板、卷均应经过连续退火或罩式炉退火消除冷作硬化及轧制应力，达到相应标准规定的力学性能指标。

冷轧钢板的表面质量、外观、尺寸精度均优于热轧板，且其产品厚度能轧薄至 0. 18 mm 左右，因此深受广大用户青睐。

以冷轧钢卷为基板进行深加工的产品，成为高附加值产品。如电镀锌、热镀锌、耐指纹电镀锌、彩涂钢板卷及减振复合钢板、PVC 覆膜钢板等，使这些产品具有美观、高抗腐蚀等优良品质，得到了广泛应用。

冷轧钢卷经退火后必须进行精整，包括切头、切尾、切边、矫平、平整、重卷或纵剪切等。冷轧产品广泛应用于汽车制造、家电产品、仪表开关、建筑、办公家具等行业。钢板捆包后的每包质量为 3 ~5 t，平整分卷质量一般为 3 ~10 t/卷，钢卷内径为 610 mm。

【知识链接 2：合金元素在钢中的主要作用】

1. 强化铁素体

大多数合金元素都能溶于铁素体，形成合金铁素体。由于合金铁素体与铁的晶格类型和原子半径的差异，引起铁素体的晶格畸变，产生固溶强化作用，使合金钢中铁素体的强度、硬度提高，塑性和韧度有所下降。有些合金元素对铁素体韧度的影响与它们的含量有关，在明显强化铁素体的同时还可使铁素体的韧度提高，从而提高合金钢的强度和韧度。

2. 形成合金碳化物

锰、铬、钼、钨、钒、钛等元素与碳能形成碳化物，当这些碳化物呈细小颗粒并均匀分布在钢中时，能显著提高钢的强度和硬度。

3. 细化晶粒

几乎所有的合金元素都有抑制钢在加热时奥氏体晶粒长大的作用，达到细化晶粒的目的。强碳化物形成元素铌、钒、钛等形成的碳化物、铝在钢中形成的 AlN 和 Al_2O_3 细小质点，均能强烈地阻碍奥氏体晶粒长大，使合金钢在热处理后获得比碳钢更细的晶粒。

4. 提高钢的淬透性

除钴外，所有的合金元素溶解于奥氏体后，均可增加过冷奥氏体的稳定性，推迟其向珠光体的转变，使 c 曲线右移，从而可减小钢的临界冷却速度，提高钢的淬透性。

5. 提高钢的回火稳定性

淬火钢在回火时，抵抗硬度下降的能力称为钢的回火稳定性。合金钢在回火过程中，由于合金元素的阻碍作用，马氏体不易分解，碳化物不易析出，即使析出后也不易聚集长大，而保持较大的弥散度，所以钢在回火过程中硬度下降较慢。由于合金钢回火稳定性比碳钢高，在相同的回火温度下,合金钢比相同碳含量的碳素钢具有更高的硬度和强度。在硬度要求相同的情况下,合金钢可在更高的温度下回火,以充分消除内应力,而使韧度更好。高的回火稳定性可使钢在较高温度下仍能保持高硬度和高耐磨性。金属材料在高温下保持高硬度的能力称为红硬性,这种性能对一些工具钢具有重要意义。如高速切削时,刀具温度很高,若刀具材料的回火稳定性高,就可以使刀具在较高的温度下仍保持高的硬度和耐磨性,从而延长刀具的使用寿命。

由以上对合金元素作用的分析可以看出,通过合理的热处理才能将合金钢的优势充分发挥出来,使合金钢具有优良的使用性能。

参 考 文 献

[1] 梁蓓．金工实训[M]．北京:机械工业出版社,2008.
[2] 卢建生．机钳工实训教程[M]．北京:机械工业出版社,2008.
[3] 范军．金工实习[M]．北京:中国劳动社会保障出版社,2006.
[4] 麻艳．钳工工艺与技能训练[M]．北京:中国劳动社会保障出版社,2007.
[5] 张云新．金工实训[M]．北京:化学工业出版社,2005.
[6] 曾宗福．工程材料及其成型[M]．北京:化学工业出版社,2004.
[7] 方海生．金工实习和机械制造基础[M]．北京:化学工业出版社,2007.
[8] 王庭俊．材料基础与钳工实训[M]．天津:天津大学出版社,2010.